软件开发 人才培养系列丛书

Python

程序设计基础教程

（微课版）

赵国安◎主编

人民邮电出版社

北　京

图书在版编目（CIP）数据

Python程序设计基础教程：微课版 / 赵国安主编
. -- 北京：人民邮电出版社，2024.5
（软件开发人才培养系列丛书）
ISBN 978-7-115-62190-0

Ⅰ. ①P… Ⅱ. ①赵… Ⅲ. ①软件工具－程序设计－
教材 Ⅳ. ①TP311.561

中国国家版本馆CIP数据核字(2023)第119646号

内 容 提 要

　　本书是一本介绍 Python 的基础性教材，适合零基础的读者学习和使用。本书内容涵盖 Python 的主要数据结构和基础编程结构，由 19 章组成。本书从 Python 程序设计概述引入，介绍了搭建 Python的开发环境、Python 的基本语法及对象、数字及其算术运算、程序调试、字符相关类型及其操作、运算符及其优先级、程序控制之分支结构、列表及其操作、元组及其操作、程序控制之循环结构、函数、集合及其操作、字典及其操作、基于字符串的文本处理、Python 的面向对象程序设计、异常处理、Python中的模块、Python 的文件及文件系统操作。读者读懂本书，不但能够理解 Python 的知识和构建理念，还能够实现完整程序。

　　本书适合作为普通高等院校 Python 程序设计课程的教材，也可作为程序设计爱好者的参考书。

◆ 主　　编　赵国安
　　责任编辑　刘　博
　　责任印制　王　郁　陈　犇
◆ 人民邮电出版社出版发行　　北京市丰台区成寿寺路 11 号
　　邮编　100164　电子邮件　315@ptpress.com.cn
　　网址　https://www.ptpress.com.cn
　　大厂回族自治县聚鑫印刷有限责任公司印刷
◆ 开本：787×1092　1/16
　　印张：18.25　　　　　　　　2024 年 5 月第 1 版
　　字数：504 千字　　　　　　 2024 年 5 月河北第 1 次印刷

定价：69.80 元

读者服务热线：**(010)81055256**　印装质量热线：**(010)81055316**
反盗版热线：**(010)81055315**
广告经营许可证：京东市监广登字 20170147 号

Python 是由荷兰人吉多·范罗苏姆（Guido van Rossum）创建的一种程序设计语言。目前 Python 已成为十分受欢迎的程序设计语言之一，并稳居 TIOBE（一个编程语言流行度指数）编程语言排行榜前列。作为编程语言中的后起之秀，Python 很快便受到国内外程序员的喜爱。广大程序员对 Python 的青睐主要源自其"三度"。

第一度——广度。

Python 的应用领域广泛，如常规软件开发、金融分析、科学计算、自动化运维、Web 开发、网络爬虫、游戏开发等，特别是在人工智能、数据分析等领域，Python 已经成为核心开发语言。同时，Python 拥有庞大的开源社区，许多程序员参与社区的建设，不断地开发新的库和框架，这为 Python 提供了丰富且强大的工具库。

第二度——深度。

Python 本身具有较强的专业性，它支持多种编程范式，包括面向过程、面向对象等，这使 Python 可以适应不同的编程风格。同时，Python 是一款包容性强的"胶水"语言，具有可扩展性和可嵌入性，很多高级语言（如 C、C++）都可对 Python 进行扩展或调用 Python 模块。另外，Python 拥有丰富的库和框架，并且开源，开发人员不仅可以用其编写简洁而高效的代码，而且可以深度定制自己的 Python 开发框架。

第三度——速度。

Python 能够快速提升开发效率。一方面，相较于 C、C++等编程语言，开发相同的功能，Python 的代码量往往是其他编程语言的 1/5～1/3，但开发效率却往往能提升 3～5 倍。另一方面，Python 源代码无须经过编译、链接等步骤，因此能够快速进行迭代和调试。Python 是一种动态类型语言，代码编写更加灵活，而且简单易读，易于维护。同时，Python 拥有丰富的标准库，这些库可以通过 Python 的接口提供给开发人员，开发人员可以用较少的时间实现目标。

Python 的优势不胜枚举，吉多·范罗苏姆曾说："人生苦短，我用 Python。"编者多年来使用 Python 进行教学和项目开发，积累了一些经验，因此撰写了本书。本书主要面向 Python 编程初学者，通过实例讲解和练习来帮助读者掌握编程技能，快速入门。本书简洁明了，注重实战，每章都有相应的案例和习题。本书具备以下 4 个特点。

第一，友好性。本书详细阐述了 Python 的基础知识，对初学者非常友好。另外，书中对一些案例进行了实现，读者可在理解基础知识的同时实现相应的程序。

第二，递进性。本书内容丰富、循序渐进。书中对源代码的展示较为全面、直观，分析讲解由易到难、逐步深入，兼顾概念、语法和具体的代码实现过程，在提升读者学习体验的同时帮助其迅速掌握 Python 的基础知识。

第三，可读性。本书组织结构清晰。每一章首先简介知识结构基本框架，然后通过案例、图形化等方式对主要内容进行详细讲解，最后通过配套习题来帮助读者做总结和应用。书中内容既体现了知识的逻辑关系，又通过代码讲解知识点，易学易用，让看似晦涩难懂的知识可读可用。

第四，趣味性。读者通过本书的学习和训练可快速掌握 Python 的程序设计思维，并可实现生活、学习中的小项目——词云图、文件处理等，增强学习的趣味性。

除以上特点外，本书的习题分为基础题、综合题和扩展题 3 类，循序渐进，帮助读者应用所学知识解决综合问题。另外，本书还配备了丰富的电子资源，包括课程讲义、程序源代码、微课视频、参考资料等，读者可访问人邮教育社区（www.ryjiaoyu.com）获取电子资源；本书还将开发数字教材。

感谢北京邮电大学江蓉、兰晓娟、王旋、陈金燕、滕丽婷、甄馨妍以及其他同事对本书编写的支持和提出的宝贵意见。编者水平有限，书中不足和疏漏之处在所难免，恩请读者批评和指正。读者和广大同人如有疑问可通过 zga@bupt.edu.cn 与编者交流，欢迎和编者联系。

赵国安

2023 年 3 月

目录
Contents

第19章　**Python 的文件及文件系统操作**

第 1 章 Python 程序设计概述

计算机是根据指令操作数据的设备。它具有两个特性：功能性和可编程性。功能性是指对数据的操作，可编程性是指根据指令集实现操作者的意图。指令集来自编程，而 Python 就是一种应用广泛的编程语言。

本章从计算机程序语言的产生与发展开始，介绍各种语言目前的使用情况以及 TIOBE 程序语言排名，再介绍 Python 的简要历史（创始人、Python 的特点、Python 的版本演化），最后概括为什么用 Python 写程序。本章积木式词云图（简称词云图）如图 1-1 所示（本书提供各章词云图的源代码文件，读者可访问人邮教育社区或联系编者获取）。

图 1-1　本章积木式词云图

Python 程序设计概述

1.1　程序语言的产生与发展

需求促进技术的进步，技术进步带动社会的发展，而社会的发展又会对技术提出更高的要求。世界上第一台通用电子计算机是美国为了进行弹道模拟计算而设计并使用的。它名叫 ENIAC（electronic numerical integrator and computer，电子数字积分计算机），占地约 135m^2，重达 30t，如图 1-2 所示。为了更好地控制计算机，实现操作意图，程序语言应运而生。

程序语言是人们与计算机对话的"符号体系"。早期人们用"机器语言""汇编语言"等实现对计算机的控制。虽然汇编语言所完成的操作文件具有容量小、运行速度快、可对硬件进行直接操作等优点，但是需要专业的基础知识，特别需要了解寄存器等计算机硬件的使用逻辑。这样便给应用开发带来了技术难度，但这个难度却不是应用上的困难。

图 1-2　第一台通用电子计算机

随着时间的推移和技术的进步，计算机种类越来越丰富、体积越来越小、应用越来越普及、性能越来越高，并出现了各种智能设备。程序设计语言也在不断发展，目前已达 600 多种，比较流行的高级程序设计语言包括以下几种：C 语言，诞生于 20 世纪 70 年代，是程序设计语言和过程化程序设计的典型代表；C++是 20 世纪 80 年代程序设计语言的代表，是对 C 语言的继承和发展，既可实现 C 语言面向过程的编程，又可进行以抽象数据类型为特点的基于对象的程序设计，还可实现以继承和多态为特点的面向对象的程序设计；Java 和 Python 是 20 世纪 90 年代程序设计语言的代表，都是面向对象的高级程序设计语言，但各自又有不同的特点。Java 是一种基于 JVM（虚拟机）运行的、可实现跨平台的编译型语言。本书将重点介绍 Python。2022 年年初 TIOBE 程序语言排名如图 1-3 所示。

Feb 2021	Feb 2020	Change	Programming Language	Ratings	Change
1	2	∧	C	16.34%	-0.43%
2	1	∨	Java	11.29%	-6.07%
3	3		Python	10.86%	+1.52%
4	4		C++	6.88%	+0.71%
5	5		C#	4.44%	-1.48%

图 1-3　2022 年年初 TIOBE 程序语言排名

基于 Python 稳定的使用人群和广阔的应用领域，本书以 Python 为例来讲解程序设计基础。

1.2　Python 概述

吉多·范罗苏姆（Guido van Rossum）在 1989 年年底决定开发一款继承 ABC 语言的解释型脚本语言，他旨在改变 ABC 语言自我封闭的语言体系，创建一款开放式的程序语言——Python 由此而生。"Python"一词的本意是蟒蛇，Python 的 Logo 也是两条蟒蛇的图案。

Python 具有很多特点，但备受创始人青睐的是其开源特性，该特性使其能更好地被程序员所熟悉、使用和修改，促进了 Python 的广泛应用。Python 是一种解释型、面向对象的高级程序设计语言。其中，解释型是相对编译型而言的，解释型语言本身更强调运行源代码，每次运行都需要对代码进行转换；而编译型语言需把源文件编译成可执行文件后才能运行。面向对象是指其支持面向对象的程序设计方法。高级语言是更便于人们使用和记忆的程序语言，更适合于一般程序员用于开发应用程序。同时，Python 更易集成或调用 C 语言等其他语言的程序，因此也被称为"胶水"语言。另外，Python 还具有跨平台、更多第三方库、自动内存管理等特性。

Python 构思于 1989 年，Python 1.0（第一版）发布于 1994 年 1 月。由于 Python 的广泛使用和版本升级，Python 2 和 Python 3 之间是语法不兼容的。虽有工具可以实现代码的转换，但是对于个别程序库的安装和使用，还是需要注意版本的区别。Python 2 最后的版本是 2.7，截至 2020 年元旦，Python 官方平台不再提供更新。

1.3 为什么用 Python 写程序

为什么写程序？可能很多人都有不同的答案，但写程序能使我们高效工作，这是不争的事实。程序是一种计算机语言，语言是沟通的"桥梁"。人与人之间要沟通，就要互相学习对方的语言，如汉语、英语、法语……；数学是人与自然之间最基础的语言；计算机语言是人与计算机沟通的手段。当今时代，各处都需要计算机，人与计算机之间的交互越来越频繁，学习计算机语言也就越来越重要。

选择一门语言可能没有任何理由，也可能有说不完的理由。"人生苦短，我用 Python"，这是 Python 创始人 Guido 的一句话，它充分概括了 Python 的高效等优点。直视生活，Python 可以给我们带来更多的便利，让我们有更多的自我空间；直视工作，Python 可以给我们带来更多的就业机会和更广泛的行业选择空间；直视娱乐，Python 可以给我们带来更多的自我实现程序设计的快乐；直视未来，Python 可以让我们用程序去演绎不同的人生。

1.4 习题

1. 基础题
（1）世界上第一台通用电子计算机问世于哪个国家？其主要设计目的是什么？
（2）比较常用的计算机编程语言有哪些？各自创建于什么年代？
（3）Python 的创始人是谁？Python 被创建的初衷是什么？
（4）Python 2 发展到什么版本后就不再更新了？

2. 综合题
（1）Python 经历了哪些版本？
（2）谈谈你对编程的认识以及学习 Python 的目标。

第2章 搭建 Python 的开发环境

解释器是 Python 运行必不可少的环境。Python 是开源的,且有多种解释器,如 CPython、IPython、Jython、IronPython 等。Python 的官方解释器是用 C 语言开发的,即 CPython。本书使用 CPython 解释器环境进行讲解。

本章在介绍 Python 拥有的多种解释器基础上,基于 CPython 进行讲解,重点讲解在 Windows 10 操作系统中 CPython 解释器的安装、检验、运行中可能出现的问题及处理方法;介绍 Python 提供的简单集成开发和学习环境(integrated development and learning environment,IDLE)及其提供的交互式编程和文件式编程两种方式;介绍 VS Code、Anaconda、PyCharm 和 Eclipse 等高级开发环境;演示一个从数字到字符串输出的简单案例。

本章词云图如图 2-1 所示。

图 2-1　本章词云图

2.1 安装 Python 解释器

Python 具有跨平台的特性,但其解释器的安装、检验方法需要区分操作系统及其类型。Windows 10 操作系统和 macOS 下载与安装 CPython 解释器的方法详见本书配套电子资源,下面只介绍 Windows 10 操作系统中 CPython 解释器的检验、运行中可能出现的问题及解决方法。文中如没有特殊说明,所使用的都是 3.7.9 版本的解释器,若有使用不同版本的解释器会指明具体版本。

安装 Python 解释器

Windows 10 操作系统中 CPython 解释器安装完成后，我们需要对安装环境进行确认。

1．检验是否安装成功

通常采用下列方法检验安装成功与否。

方法一如下。

在 Windows 搜索栏搜索"cmd"，以管理员身份运行"命令提示符"程序，如图 2-2 所示。

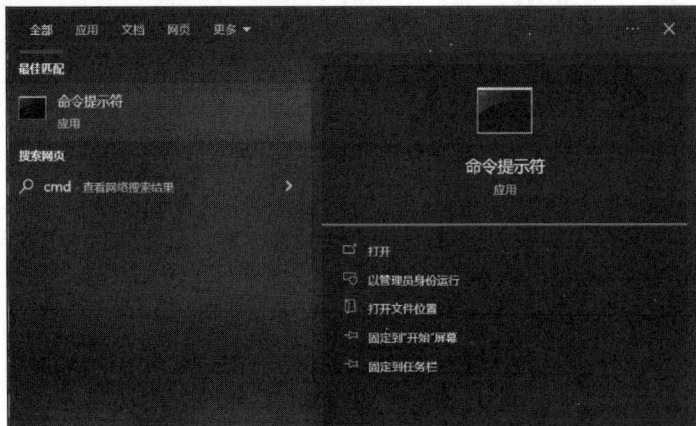

图 2-2　以管理员身份运行"命令提示符"程序

在"命令指示符"窗口中输入"python"并按 Enter 键，此时跳出图 2-3 所示的文字，说明调用成功。

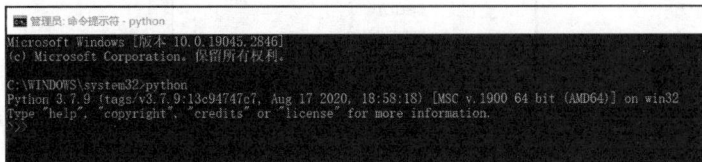

图 2-3　输入"python"并按 Enter 键后的结果

方法二如下。

在 Windows 搜索栏搜索并打开 IDLE，如图 2-4 所示。

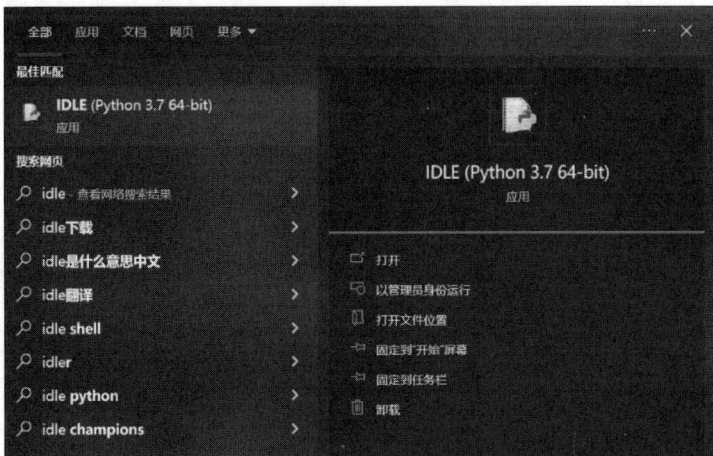

图 2-4　搜索并打开 IDLE

输入"print('hello world')"并按 Enter 键，此时输出"hello world"，如图 2-5 所示，即说明安装成功。

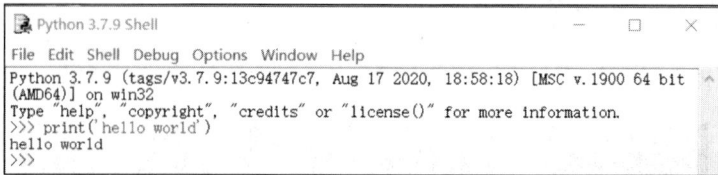

图 2-5　输出"hello world"

2. 在 Windows 10 操作系统中使用 Python 可能出现的问题

在 Windows 10 操作系统的"命令提示符"窗口中运行"python"命令的时候，可能会弹出微软应用商店界面。

解决方案一如下。

用鼠标右键单击"此电脑"→"属性"，如图 2-6 所示。

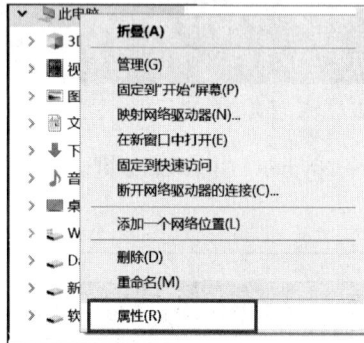

图 2-6　属性

单击"高级系统设置"，如图 2-7 所示。

图 2-7　高级系统设置

单击"环境变量"按钮，如图 2-8 所示。

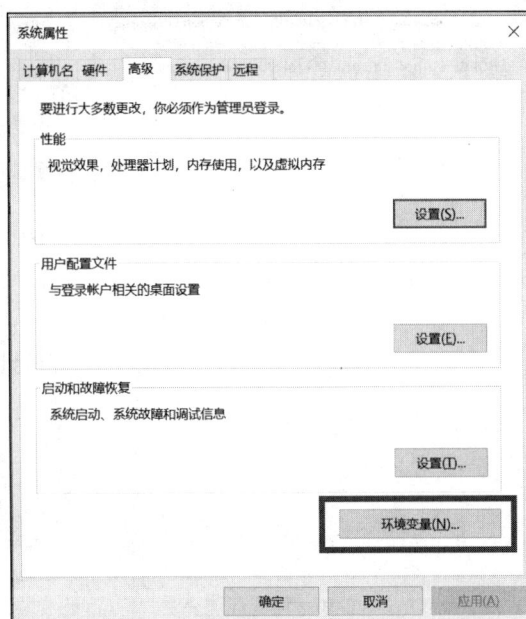

图 2-8　环境变量

选中"Path"，单击"编辑"按钮，如图 2-9 所示。

图 2-9　编辑 Path

将%USERPROFILE%\AppData\Local\Microsoft\WindowsApps 移到 Python 的环境变量下面，如图 2-10 所示。

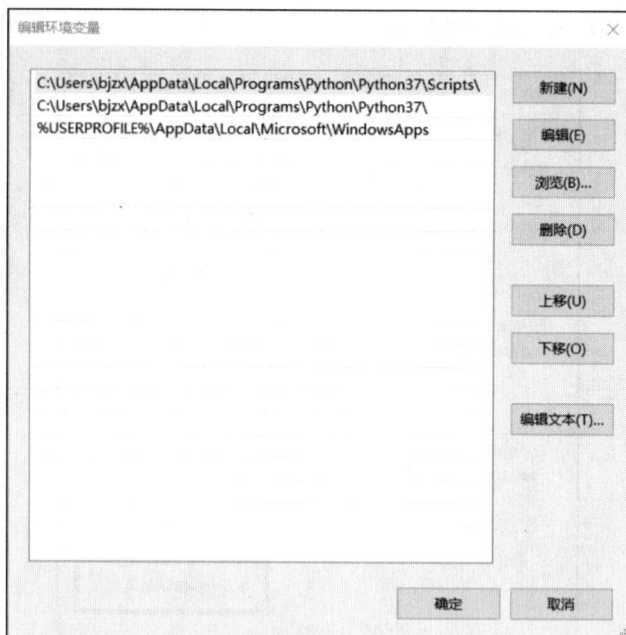

图 2-10   编辑环境变量

解决方案二如下。

解决方案一如果行不通，请看解决方法二——删除微软应用商店的环境变量。

在刚刚打开的"编辑环境变量"界面中，选中微软应用商店的环境变量，直接删除即可，如图 2-11 所示。

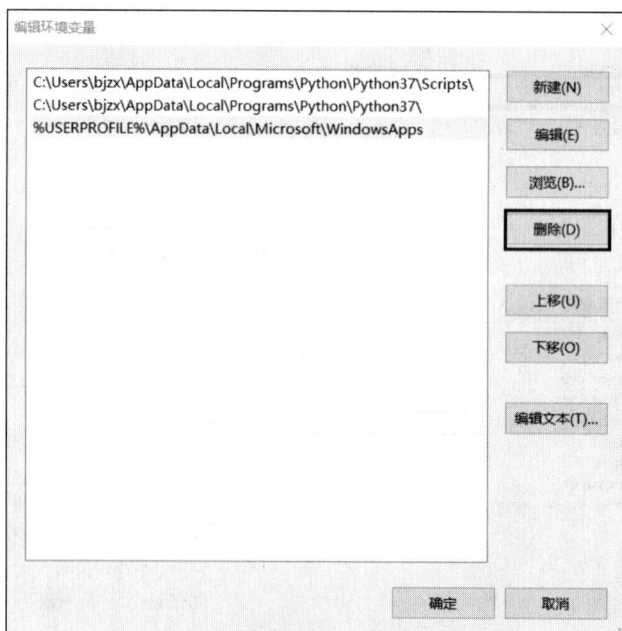

图 2-11   删除微软应用商店环境变量

然后无论是运行"python""python 2"还是运行"python 3"都不会弹出微软应用商店界面。这种方法的缺点是系统重启后这个环境变量中的路径可能又回来了。

3．修改 Windows 用户名导致的 IDLE 问题

确认安装环境后，如果修改了 Windows 10 的用户名，可能会导致在 IDLE 下运行程序没反应的问题。

注意：产生此问题的主要原因是修改了用户名导致路径修改。此时若要修复，必须以管理员身份运行 Python 解释器的安装程序，如图 2-12 所示。

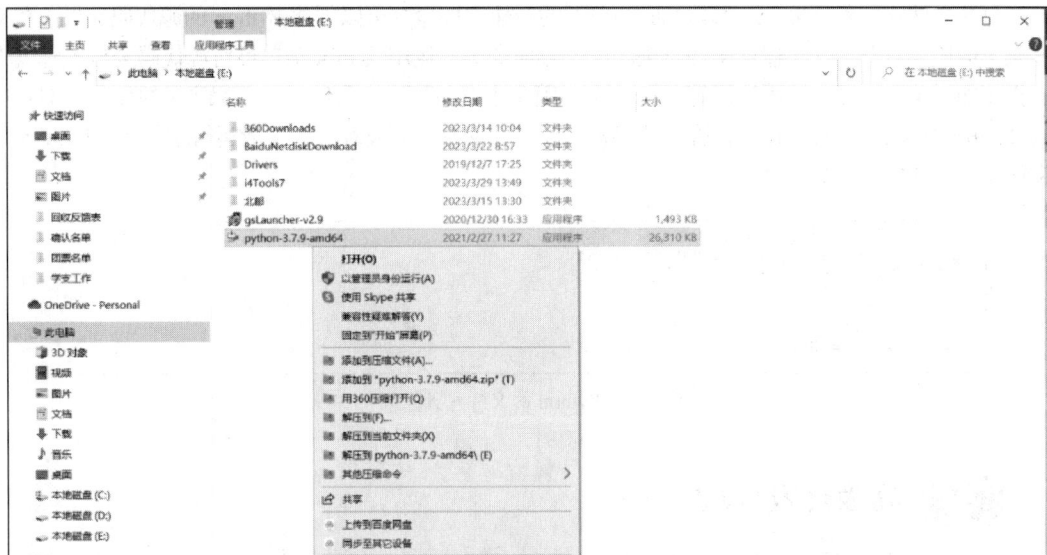

图 2-12　以管理员身份运行 Python 解释器的安装程序

单击"Repair"按钮，修复安装后程序能够正常运行。

2.2　认识 IDLE

搭建 Python 的开发环境

IDLE 是 Python 提供的简单集成开发和学习环境，它具有以下特点。

（1）IDLE 是用 Python 开发的，使用 Tkinter GUI（图形用户界面）工具箱。

（2）跨平台。在 Windows、UNIX 和 macOS 平台中，使用效果几乎是一样的。

（3）在 Windows 的交互式开发环境中代码输入、输出、错误提示消息采用不同的颜色标记。

（4）本身功能比较全面，如包含断点调试等功能。

（5）提供交互式和文件式两种开发环境。

1．交互式开发环境

打开 IDLE，默认会出现图 2-13 所示 Python 的交互式开发环境。

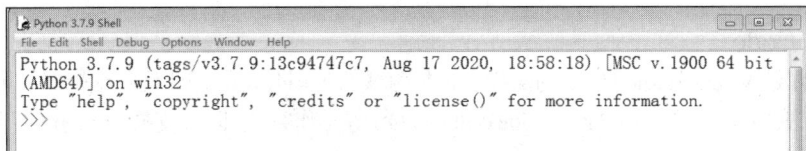

图 2-13　Python 的交互式开发环境

在交互式开发环境符号">>>"后面输入代码，代码就可以被解释和执行，输入不被识别的代

码就会提示相应的错误。例如，输入图 2-14 所示的 Python 代码。

```
>>> import __hello__
Hello world!
```

图 2-14　Python 的 hello 模块

2．文件式开发环境

打开文件式编程环境，运用其 File 菜单下的新建文件命令可以创建 Python 的源代码文件（在文件菜单中还有打开文件、保存文件、关闭文件等命令）；运用其 Edit 菜单可对源代码进行各种编辑操作（如撤销、注释、取消注释等）；其 Run 菜单中有各种运行文件（运行程序）的命令，即对代码文件中的代码进行集中运行，弹出错误提示或者在交互式开发环境中生成运行结果等。Python 的文件式开发环境如图 2-15 所示。

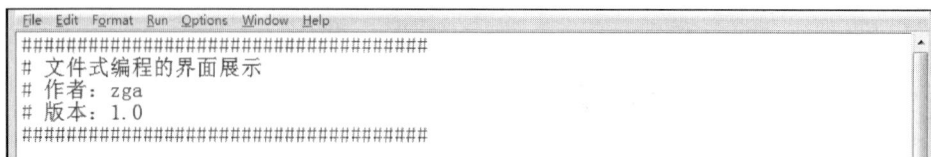

```
File  Edit  Format  Run  Options  Window  Help
###################################
# 文件式编程的界面展示
# 作者: zga
# 版本: 1.0
###################################
```

图 2-15　Python 的文件式开发环境

2.3　高级开发环境

除了上述 Python 自带的开发和学习环境，还有很多第三方公司提供的高级开发环境。高级开发环境能够提升开发效率，如可定制热键绑定、语法高亮显示等。下面简单介绍 4 种高级集成开发环境，它们的 Logo 如图 2-16 所示。

图 2-16　VS Code、Anaconda、PyCharm、Eclipse 的 Logo

1．VS Code

VS Code 是 Visual Studio Code 的简称。它是由微软公司开发的开放代码编辑器，可免费使用，于 2015 年正式发布，支持 Windows、Linux 和 macOS 等操作系统。除了支持 Python 的开发，VS Code 还支持 Go、Java、JavaScript、C++等。

2．Anaconda

Anaconda 是进行数据科学技术开发的工具，已经集成了数千个开源的包和库文件。它可以满足机器学习或者需要人工智能支持的需求。Anaconda 集成了 Jupyter 开发平台,可为用户提供更易于交互的 Python 数据科学开发环境。

3. PyCharm

PyCharm 是为专业的开发人员提供的 Python 集成开发环境。同时,它强调可以在一个地方获取所有工具,让编程更加高效,也可以让开发人员获得更加智能的辅助(智能补全代码等)功能。

4. Eclipse

大量开发人员乐于将 Eclipse 当作 Java 的集成开发环境,但 Eclipse 的目标不仅限于此,它还可以支持很多的开发语言,譬如可通过安装 PyDev 实现对 Python 开发的支持。

2.4 程序设计——数字中的秘密

这里将用一串数字 140370976607067878066488762206150453832346685426742406724406857,实现第一个比较复杂的小程序——探索数字中的秘密,以增加读者对程序代码的认识。

具体程序源文件内容如图 2-17 所示。

```
File  Edit  Format  Run  Options  Window  Help
##############################################################
#                 整数类型(十进制)可以转换成汉字
#                 挖掘数字中的秘密1.0
#                 作者: zga
#                 2021年3月19日
##############################################################
#给定整数(任意给定可能转换后都不是汉字文本)
int_gave = 140370976607067878066488762206150453832346685426742406724406857
#把给定整数转换成十六进制字符串,并去除开头标识
hex_from_int_to_str = hex(int_gave).replace('0x','')
print("十进制数字串: {}".format(int_gave))
print("十六进制数字串: {}".format(hex_from_int_to_str))
##############################################################
#              funcion:hex_to_unicode   十六进制转换成Unicode(汉字)
#                                       挖掘数字中的秘密1.1
#              input: nox_hex_str       无\x标识的十六进制字符串
#              output:unicode_temp_str  返回Unicode字符串
#              作者: zga
#              2021年3月19日
##############################################################
def hex_to_unicode(nox_hex_str):
    unicode_temp_str = ''
    for i in range(0,len(nox_hex_str)//4):#4个一组,与编码格式对应
        unicode_temp_str +=chr(int(nox_hex_str[i*4:(i+1)*4], 16))
    return unicode_temp_str
#输出转换后的结果
print("数字中的秘密: {}".format(hex_to_unicode(hex_from_int_to_str)))
                                                                    Ln: 21  Col: 0
```

图 2-17 "探索数字中的秘密"源文件内容

程序运行结果如图 2-18 所示。

```
>>>
====== RESTART: E:\0-bupt\bupt\L-python\2+2教学\04第四次课程F\2.4十进制数字串转换成汉字.py ======
十进制数字串  : 140370976607067878066488762206150453832346685426742406724406857
十六进制数字串 : 575a6301548c53d15c554e2d56fd72798272793e4f1a4e3b4e49
数字中的秘密  : 坚持和发展中国特色社会主义
>>>
```

图 2-18 程序运行结果

通过图 2-18 可以看到，上述程序输出了"坚持和发展中国特色社会主义"。这里把只能看到数字的数字串 140370976607067878066488762206150453832346685426742406724406857，利用 Python 程序代码按字符编码进行格式化，且在中间输出十六进制数字串 575a6301548c53d15c554e2d56fd72 798272793e4f1a4e3b4e49 后，将之转换成汉字输出。

可见，上述的 Python 程序是利用文件方式先对代码进行编写，然后利用 IDLE 的运行功能（快捷键 F5）运行程序，解释器就会把程序的输出结果输出到交互式开发环境中。

注意：当用 IDLE 编写一个 Python 程序后，默认保存的文件都是.py 类型，此时利用 IDLE 的 Run 功能，就可以直接运行编写好的 Python 程序。但退出 IDLE 的编辑环境后，如果开发人员想重新编写程序，就会有打开 Python 源文件的想法。如果在 Windows 操作系统下双击要打开的源文件，就会出现"一闪而过"的情况。这是因为 Python 为解释型语言，在 Windows 操作系统下双击 Python 的源文件（程序脚本），默认为系统执行源文件，即运行所写程序。由于程序本身没有任何中断，运行后就会一闪而过。若要修改 Python 的源文件，则需要用 IDLE 打开源文件。

2.5 习题

1．基础题

（1）常用的 Python 解释器有哪些?

（2）在 Windows 10 或 macOS 下安装 CPython 解释器的时候主要基于计算机的总线数，目前常用的有哪两种位数?

（3）在 Windows 10 操作系统中安装 CPython 解释器后，如果修改安装用户的用户名，可能导致 IDLE 无法使用的问题，此时需要用什么身份运行 CPython 解释器的安装程序以进行修复?

（4）简述 IDLE 的特征。Python 的高级开发环境有哪些? 并简单介绍。

2．综合题

（1）输出"Hello world!"有哪些方法? 并简单介绍。

（2）".py"文件应如何正确地进行打开和编辑?

3．扩展题

（1）通过对探索"数字中的秘密"程序的学习，你是如何认识程序实现的?

（2）搭建自己的开发环境，并简述安装解释器的过程和心得。

第3章 Python 的基本语法及对象

任何程序设计语言都有一定的基本逻辑，就像人类语言有一定的语法一样。Python 中程序语言句子的构成也有一定的语法约束。Python 的基本语法包括注释、缩进、变量赋值、换行等。下文的例子一般先在 IDLE 交互式开发环境中进行实例演示，然后一部分例子会汇总到程序文件中进行集中执行演示。同时，程序中用到的被 Python 定义的符号（半角）都需要在英文模式下输入。在 Python 中一切都是对象，Python 程序就是靠这些对象，有逻辑地组织运行的。

本章讲解 Python 的基本语法和常用的对象，主要内容包括注释、缩进、换行、变量与赋值等。在 IDLE 交互式开发环境中，我们可以通过 help 命令进一步认识 Python 中的关键字、符号、主题、模块、内置对象等。本章词云图如图 3-1 所示。

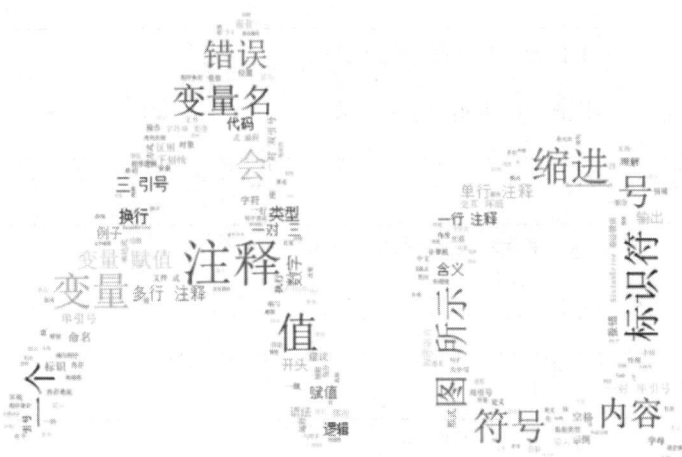

图 3-1　本章词云图

3.1 注释

注释是描述程序功能的一段文字，其本身并不被执行。它是为了提高程序的可读性而进行的文字说明，是程序必不可少的一部分。Python 注释所用的标准符号是#，即以#开头的一段文字是程序的注释；同时，英文输入模式下的双引号、单引号、三引号（三引号可以是三个单引号，也可以是三个双引号，但不能单双混用）也可达到注释的目的。一般将 Python 的注释分为单行注释和多行注释两种。单行注释可用的符号是#、双引号、单引号、三引号（但是结尾的三引号必须和开头的三引号在一行）；多行注释可用的符号是三引号。实现两种注释的具体语法结构如图 3-2 所示。

```
#注释内容
"注释内容"
'注释内容'

多行注释内容：这里的注释内容是多行注释内容的一部分。
多行注释内容：多行注释内容可以更好地发挥注释的作用。

"""
这是三个双引号进行的多行注释第一行
这是三个双引号进行的多行注释第二行
这是三个双引号进行的多行注释第三行
"""
```

图 3-2　注释的语法结构

1．单行注释

用#开头的注释表示这行所有内容都是注释。在交互式开发环境中可以输入这样的单行注释，Python 解释器会忽略#后面的内容，具体如图 3-3 所示。

```
>>> #这是Python的单行注释。这行注释是为了标注程序的逻辑或者是命名解释等，它不会被执行
>>>
```

图 3-3　整行注释

用#在可执行语句后进行注释，#后面的内容不会被执行，也不会报错，具体如图 3-4 所示。

```
>>> print('北京欢迎您')#这是Pyhon使用#注释的例子，#后面的内容不被执行，
可以放在一行可执行的语句后面
北京欢迎您
>>>
```

图 3-4　#在可执行语句后的注释

用双引号进行的单行注释也不会报错，具体如图 3-5 所示。

```
>>> "这个是用双引号进行的单行注释"
'这个是用双引号进行的单行注释'
>>>
```

图 3-5　用双引号进行的单行注释

用单引号进行的单行注释也不会报错，具体如图 3-6 所示。

```
>>> '这个是用单引号进行的单行注释'
'这个是用单引号进行的单行注释'
>>>
```

图 3-6　用单引号进行的单行注释

用双引号和单引号进行的单行注释都被 IDLE 交互式开发环境输出了一遍，输出内容中"符号"都变成了单引号，即这种注释被程序执行了，其注释作用是间接的。这与#标识的注释有明显的区别。

用三引号标注的单行注释如图 3-7 所示。这样的注释方式不建议使用，特别是不建议在对性能要求高的程序中使用。

```
>>> """这个是三引号用于单行注释的例子"""
'这个是三引号用于单行注释的例子'
>>> '''这个是三引号用于单行注释的例子'''
'这个是三引号用于单行注释的例子'
>>>
```

图 3-7　用三引号标注的单行注释

2．多行注释

用三引号进行多行注释的例子如图 3-8 所示。

```
>>> """
    多行注释第一行
    多行注释第二行
    多行注释第三行
    """

>>> '''
    三单引号的多行注释第一行
    三单引号的多行注释第二行
    三单引号的多行注释第三行
    '''

>>>
```

图 3-8　用三引号进行多行注释

每行用一个#进行多行注释的例子如图 3-9 所示。

```
>>> # 以#开始的多行注释中的第一行
>>> # 以#开始的多行注释中的第二行
>>> # 以#开始的多行注释中的第三行
```

图 3-9　每行用一个#进行的多行注释

从交互式开发环境中很难看出这种注释的优劣，也很难认同这种注释的必要性，但在文件式开发环境中这种注释方式就显得尤为重要和易于理解了，如图 3-10 所示。

```
File  Edit  Format  Run  Options  Window  Help
######################################
# 由单行注释组成的多行注释
# 作者：zga
# 版本：1.0
######################################
```

图 3-10　文件式开发环境中每行用一个#进行的多行注释

3.2　缩进

缩进是一种 Python 程序文件中识别程序行和程序块之间关系的手段，是多行程序最基本的结构化手段。具有相同缩进量的代码行属于同一级别的程序逻辑，多行代码组成代码块，而缩进量更大的代码块属于更低级别的程序逻辑。一般 Python 的每一级缩进默认是 4 个空格，可按一次 Tab 键或 4 次空格键输入。

在交互式开发环境下缩进的例子如图 3-11 所示。后面顶格的两个 False 为输出结果。

```
>>> if 0:
    #print()内可以使用双引号进行输出
    print("True")
else:
    print('False')#print()内可以使用单引号进行输出
    print(False)   #和print('False')在同一代码块

False
False
```

图 3-11　交互式开发环境下的缩进

在文件式开发环境中缩进的例子如图 3-12 所示。

```
File Edit Format Run Options Window Help
###########################
# 由单行注释组成的多行注释
# 作者: zga
# 版本: 1.0
###########################
if 0:
    #print() 内可以使用双引号进行输出
    print("True")
else:
    print('False')#print() 内可以使用单引号进行输出
    print(False)   #和print('False')在同一代码块
```

图 3-12　文件式开发环境中的缩进

如果缩进的语法使用错误，程序就会报 SyntaxError（语法错误），具体错误示例代码如图 3-13 所示。

```
>>> if 0:
    #print() 内可以使用双引号进行输出
    print("True")
else:
    print('False')#print() 内可以使用单引号进行输出
  print(False)    #和print('False')不在同一代码块

SyntaxError: unindent does not match any outer indentation level
>>>
```

图 3-13　错误使用缩进

3.3 换行

　　一行程序一般不需要换行，但一行程序语句过长且属于同一个逻辑的内容时，就需要借助 Python 换行语法对程序进行换行，以实现原有的逻辑含义。换行的方法有很多，除了直接换行，还可用符号进行换行，最常用的符号是"\"和"()"，具体的语法结构如图 3-14 所示。更多形式的换行会在后文中提到。

```
字符串 = ('一行语句进行换行的演示第一部分'
        '一行语句进行换行的演示第二部分'
        '一行语句进行换行的演示第三部分'    #演示使用（）来实现语句换行
        '一行语句进行换行的演示第四部分')   #但是建议大家不要这么写
Python的特点1 = ('Python是一种高级语言'    #演示使用（）来实现语句换行
 '面向对象、解释型（是直接运行源代码的——区别于有中间文件生成的方式）'
 '可移植性、胶水语言、库特别丰富、可嵌入性'
 '源代码同样遵循GPL协议'
 )
Python的特点2 = 'Python是一种高级语言' \
 '面向对象、解释型（是直接运行源代码的——区别于有中间文件生成的方式）' \
 '可移植性、胶水语言、库特别丰富、可嵌入性' \
 '源代码同样遵循GPL协议'               #演示使用\来实现语句换行
```

图 3-14　换行符号使用示例

　　注意#和\的相对位置。当程序中有"()""[]""{}"等符号对时，在符号对中的程序不需要再使用"()"进行换行，若强行使用可能改变原有程序的含义，相关内容会在第 10 章中介绍。

Python 的基本语法及
对象（2）

3.4 变量与赋值

　　变量和赋值符号是程序中经常使用的，下面我们从值、变量、赋值和标识符等方面入手，来认识 Python 变量以及变量赋值的基本原理。

1. 值

值是计算机程序运行时的基本因子，它就像组成单词的字母或组成句子的单词。程序的值可以是字母、数字或者是由其组成的其他形式。程序中常见的值有 1、2 和"北京欢迎您"等，这些值被称为"数据"。而数据可分为数字类型和字符串类型等，这些类型统称为数据类型。例如，1、2 等是数字类型，而"北京欢迎您"和"Hello World!"是字符串类型。字符串类型的值被引号所包含，由多个字符组成。

当一个值独立出现时将被认为是常量。一般来说，一个值有 3 个属性。第一个是"值"，它可以被人看见并使用，如 1、2、"您好"。第二个是"值"类型，这样计算机才能识别并有针对性地对"值"进行各种处理，比如上述值的类型就分别是数字类型和字符串类型。第三个是值被存放的内存地址，只要是出现的"值"，程序都会在内存中开辟空间去存储它；如果出现的"值"没有被保存，即存"值"的地址没有被记录，则该值无法在后面的程序中被继续使用。

2. 变量、赋值与标识符

对于变量，可通过变量的名称（变量名）实现对值的引用，从而达到方便记忆和多次使用完全相同对象的目的。而引用是通过赋值操作实现的，即赋值操作创建具有一定值的变量。变量不依赖于任何符号的标识而独立存在，但第一次使用时必须进行赋值操作。如果没有赋值，程序就会报 NameError，即会提示变量名没有被定义的错误。

变量赋值的语法形式：变量名 = 变量值的表达式或常量。其中，=是赋值符号，实现变量对表达式值或常量值的引用。可以说任何程序语言都是基于对变量的操作来实现各种业务功能、系统功能的。

变量名是 Python 的标识符。标识符又被称为名称，它可以被命名为任意的长度。标识符命名规范：标识符是由字母、数字、下画线（_）等字符组成的，但标识符不能用数字开头；字母尽量使用国际化程度较高的英文，也可用中文、韩语等字符，甚至 Python 中没有特殊含义和用途的字符都可用；标识符中的字母必须严格区分大小写，即 Name 和 name 是两个不同的变量；下画线（_）可以出现在任意位置，但一般用于标识符中单词的连接；下画线开头的变量一般也被赋予特定的含义，双下画线开头更是具有特定的含义，所以一般不用双下画线开头命名变量。在对变量命名时，要考虑变量的含义，以增加程序的易读性。不建议使用没有任何含义的变量名。

若定义了变量名 77variable_names，运行程序就会报 SyntaxError（语法错误），即变量名是不能以数字开头的。这是因为计算用的数字必须和非计算用的数字有明显的区别，以突出程序语言本身的完整与分明。这个区别就体现在数字是否在首位，否则计算机和人类都很难分清 7j、7J 或 4.345e+19 到底是数字类型还是变量名。

此外，标识符的命名还需注意以下规则和事项：标识符不能和 35 个关键字的名称一样；标识符中不能使用具有特殊含义的字符，如空格、#、反斜线、逗号、引号、斜线等；不建议标识符和模块或库中的各种对象的名称相同，除非为了重写相应的对象。

除了变量名，函数名、类名等也是 Python 的标识符，命名时都需要符合标识符的命名规范。

变量及其赋值代码示例如图 3-15 所示。

```
#各种变量名的实例展示，大家认真体会。
num1 = 100
num2 = 88                 #弱一些，主要是为了数字计算等
work_hours = 50           #从变量名可以大致理解这是与工作时间相关的变量
d_fa_df = 100             #符合命名规范，但是含义太模糊，不建议使用
我爱北京天安门 = 100        #"我爱北京天安门"变量被赋值为100
                          #Python中中文字符是可以作为变量名的
                          #Java中变量就不可以用中文命名
print("我爱北京天安门")      #输出"我爱北京天安门"这个字符串
print(我爱北京天安门)        #输出"我爱北京天安门"变量的值
print("我爱北京天安门",我爱北京天安门,"分")
我爱北京天安门 = 50*2        #通过表达式语句对变量赋值
print("我爱北京天安门",我爱北京天安门,"分")
```

图 3-15　变量及其赋值

程序运行结果如图 3-16 所示。

```
我爱北京天安门
100
我爱北京天安门 100 分
我爱北京天安门 100 分
>>>
```

图 3-16　运行结果

赋值语句中出现表达式时，Python 的实现逻辑是先把表达式的值计算出来，然后在内存中找到一个合适位置并把"值"放进去，再创建变量去指向这个内存地址。这个逻辑体现了 Python 实现的思路，变量是存放"值"的内存地址或者引用，而不是变量值本身，这也是 Python 的变量为什么可以改变类型的原因。也就是说变量是没有类型的，而"值"是有类型的。

注 1：程序中赋值符号（=）前后的空格是为了实现对代码的格式化而加的，是程序易读性的体现，与具体程序的含义没有关系。变量名不能有空格。空格只应为了缩进和格式化代码而使用，其他地方要使用这个"值"需要单独进行各种标识符的限定。

注 2：在 Python 中，变量声明和赋值同时进行，其他的程序语言有些是需要先声明再赋值的；Python 的变量可以被修改成任意相同或不同数据类型的值，有些程序语言只能在同类型的值中进行修改。

注 3：Python 的标识符可以是中文，而有些程序语言是不允许中文出现在变量名中的。

3.5　Python 中的对象

在 Python 中一切都是对象，Python 对象结构如图 3-17 所示。

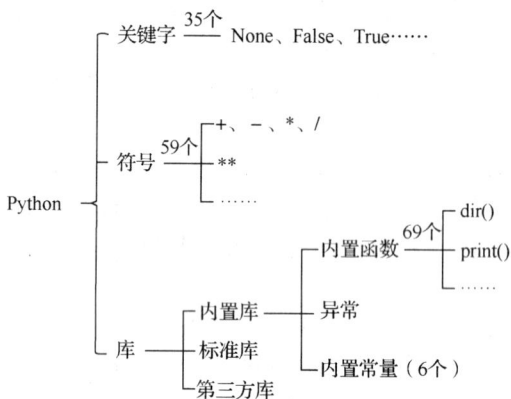

图 3-17　Python 对象结构

程序员为了开发，需要建立自己的对象体系和逻辑，即完整的程序框架。所以程序员首先需要认识 Python 提供的各种对象。当进入 IDLE 时，界面就直接提示有 4 项功能："help""copyright""credits""license（）"（见图 3-18）。输入相关的功能"符号"可以获得更多的信息。

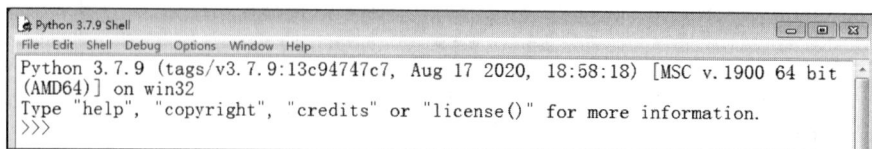

```
Python 3.7.9 Shell
File Edit Shell Debug Options Window Help
Python 3.7.9 (tags/v3.7.9:13c94747c7, Aug 17 2020, 18:58:18) [MSC v.1900 64 bit
(AMD64)] on win32
Type "help", "copyright", "credits" or "license()" for more information.
>>>
```

图 3-18　IDLE 初始界面

"help"功能后面会单独讲解。

输入"copyright"，按 Enter 键后显示 Python 的版权信息，如图 3-19 所示。

```
>>> copyright
Copyright (c) 2001-2020 Python Software Foundation.
All Rights Reserved.

Copyright (c) 2000 ******.com.
All Rights Reserved.

Copyright (c) 1995-2001 Corporation for National Research Initiatives.
All Rights Reserved.

Copyright (c) 1991-1995 Stichting Mathematisch Centrum, Amsterdam.
All Rights Reserved.
```

图 3-19　Python 的版权信息

输入"credits"，按 Enter 键后显示致谢信息，如图 3-20 所示。

```
>>> credits
    Thanks to CWI, CNRI, ******.com, Zope Corporation and a cast of thousands
    for supporting Python development.  See www.******.org for more information.
```

图 3-20　Python 的致谢

输入"license()"，可获得 Python 软件的历史信息以及使用 Python 的条款和条件。

1．help

当进入 IDLE 交互式开发环境后，输入"help"并按 Enter 键，此时会输出"Type help() for interactive help, or help(object) for help about object."，提示可以输入"help()"获得交互式的帮助或者直接输入"help(object)"查找具体对象的帮助信息。当在 IDLE 交互式开发环境中输入"help()"获取交互式帮助时，会出现图 3-21 所示的信息。

```
>>> help()

Welcome to Python 3.7's help utility!

If this is your first time using Python, you should definitely check out
the tutorial on the Internet at https://docs.******.org/3.7/tutorial/.

Enter the name of any module, keyword, or topic to get help on writing
Python programs and using Python modules.  To quit this help utility and
return to the interpreter, just type "quit".

To get a list of available modules, keywords, symbols, or topics, type
"modules", "keywords", "symbols", or "topics".  Each module also comes
with a one-line summary of what it does; to list the modules whose name
or summary contain a given string such as "spam", type "modules spam".

help>
```

图 3-21　help()的功能

图 3-22 中，方框里面的对象名称是可以在 help>提示符后输入的，用户输入相应的对象名称就可以查找其对应对象的帮助信息。这四大部分也是学习 Python 重点需要理解和掌握的知识。

2．关键字（保留字）

Python 有自身解释程序需要的关键字，共有 35 个，详见图 3-22。

```
help> keywords

Here is a list of the Python keywords.  Enter any keyword to get more help.

False               class               from                or
None                continue            global              pass
True                def                 if                  raise
and                 del                 import              return
as                  elif                in                  try
assert              else                is                  while
async               except              lambda              with
await               finally             nonlocal            yield
break               for                 not

help>
```

图 3-22　Python 的 35 个关键字

在 help>提示符后，输入相应的关键字并按 Enter 键就可以查看其帮助信息。这 35 个关键字很重要，Python 的标识符不能与这 35 个关键字重名。

3．符号

Python 定义了一些符号的特殊用途，在 help>提示符后输入“symbols”并按 Enter 键就可以了解哪些符号被赋予特殊含义，如图 3-23 所示。

```
help> symbols

Here is a list of the punctuation symbols which Python assigns special meaning
to. Enter any symbol to get more help.

!=                  +                   <=                  __
"                   +=                  <>                  `
"""                 ,                   ==                  b"
%                   -                   >                   b'
%=                  -=                  >=                  f"
&                   .                   >>                  f'
&=                  ...                 >>=                 j
'                   /                   @                   r"
'''                 //                  J                   r'
(                   //=                 [                   u"
)                   /=                  \                   u'
*                   :                   ]                   |
**                  <                   ^                   |=
**=                 <<                  ^=                  ~
*=                  <<=                 _

help>
```

图 3-23　Python 的符号

在 help>提示符后，输入任何符号并按 Enter 键都可以获取更多帮助信息，后文会对部分符号进行详细说明。

4．主题

Python 对对象内容进行了主题分类。在 help>提示符后输入“topics”并按 Enter 键，可查询所有的主题，如图 3-24 所示。

```
help> topics

Here is a list of available topics.  Enter any topic name to get more help.

ASSERTION               DELETION                LOOPING                 SHIFTING
ASSIGNMENT              DICTIONARIES            MAPPINGMETHODS          SLICINGS
ATTRIBUTEMETHODS        DICTIONARYLITERALS      MAPPINGS                SPECIALATTRIBUTES
ATTRIBUTES              DYNAMICFEATURES         METHODS                 SPECIALIDENTIFIERS
AUGMENTEDASSIGNMENT     ELLIPSIS                MODULES                 SPECIALMETHODS
BASICMETHODS            EXCEPTIONS              NAMESPACES              STRINGMETHODS
BINARY                  EXECUTION               NONE                    STRINGS
BITWISE                 EXPRESSIONS             NUMBERMETHODS           SUBSCRIPTS
BOOLEAN                 FLOAT                   NUMBERS                 TRACEBACKS
CALLABLEMETHODS         FORMATTING              OBJECTS                 TRUTHVALUE
CALLS                   FRAMEOBJECTS            OPERATORS               TUPLELITERALS
CLASSES                 FRAMES                  PACKAGES                TUPLES
CODEOBJECTS             FUNCTIONS               POWER                   TYPEOBJECTS
COMPARISON              IDENTIFIERS             PRECEDENCE              TYPES
COMPLEX                 IMPORTING               PRIVATENAMES            UNARY
CONDITIONAL             INTEGER                 RETURNING               UNICODE
CONTEXTMANAGERS         LISTLITERALS            SCOPING
CONVERSIONS             LISTS                   SEQUENCEMETHODS
DEBUGGING               LITERALS                SEQUENCES

help>
```

图 3-24　Python 所有的主题

如输入“TYPES”（数据类型）并按 Enter 键，会出现 700 多行的介绍，其中包含后文要讲解的数据类型等。

5．模块

Python 会以模块的方式进行代码封装，以实现基本功能和代码复用。在 help>提示符后输入“modules”并按 Enter 键，可查看本机已经安装的所有模块，包括内置模块、标准模块、第三方模块等，如 time、turtle、random、builtins。继续输入模块的名称后按 Enter 键，就可以查看模块相关的帮助信息，如输入 "builtins" 后按 Enter 键，就会出现 8000 多行的帮助信息提示。

6．内置对象

内置对象所在模块的名称是 builtins，这个内置模块提供了 Python 的所有内置（built-in）标识符，编程时可以直接访问，Python 运行时会自动加载相关的内置对象。例如，builtins.print() 是内置函数 print() 的全名。在 Python 交互式开发环境中，可通过内置函数 dir(__builtins__) 查看所有的内置对象，如图 3-25 所示。

```
>>> dir(__builtins__)
['ArithmeticError', 'AssertionError', 'AttributeError', 'BaseException', 'Blocki
ngIOError', 'BrokenPipeError', 'BufferError', 'BytesWarning', 'ChildProcessError
', 'ConnectionAbortedError', 'ConnectionError', 'ConnectionRefusedError', 'Conne
ctionResetError', 'DeprecationWarning', 'EOFError', 'Ellipsis', 'EnvironmentErro
r', 'Exception', 'False', 'FileExistsError', 'FileNotFoundError', 'FloatingPoint
Error', 'FutureWarning', 'GeneratorExit', 'IOError', 'ImportError', 'ImportWarni
ng', 'IndentationError', 'IndexError', 'InterruptedError', 'IsADirectoryError',
'KeyError', 'KeyboardInterrupt', 'LookupError', 'MemoryError', 'ModuleNotFoundEr
ror', 'NameError', 'None', 'NotADirectoryError', 'NotImplemented', 'NotImplement
edError', 'OSError', 'OverflowError', 'PendingDeprecationWarning', 'PermissionEr
ror', 'ProcessLookupError', 'RecursionError', 'ReferenceError', 'ResourceWarning
', 'RuntimeError', 'RuntimeWarning', 'StopAsyncIteration', 'StopIteration', 'Syn
taxError', 'SyntaxWarning', 'SystemError', 'SystemExit', 'TabError', 'TimeoutErr
or', 'True', 'TypeError', 'UnboundLocalError', 'UnicodeDecodeError', 'UnicodeEnc
odeError', 'UnicodeError', 'UnicodeTranslateError', 'UnicodeWarning', 'UserWarni
ng', 'ValueError', 'Warning', 'WindowsError', 'ZeroDivisionError', '__build_clas
s__', '__debug__', '__doc__', '__import__', '__loader__', '__name__', '__package
__', '__spec__', 'abs', 'all', 'any', 'ascii', 'bin', 'bool', 'breakpoint', 'byt
earray', 'bytes', 'callable', 'chr', 'classmethod', 'compile', 'complex', 'copyr
ight', 'credits', 'delattr', 'dict', 'dir', 'divmod', 'enumerate', 'eval', 'exec
', 'exit', 'filter', 'float', 'format', 'frozenset', 'getattr', 'globals', 'hasa
ttr', 'hash', 'help', 'hex', 'id', 'input', 'int', 'isinstance', 'issubclass', '
iter', 'len', 'license', 'list', 'locals', 'map', 'max', 'memoryview', 'min', 'n
ext', 'object', 'oct', 'open', 'ord', 'pow', 'print', 'property', 'quit', 'range
', 'repr', 'reversed', 'round', 'set', 'setattr', 'slice', 'sorted', 'staticmeth
od', 'str', 'sum', 'super', 'tuple', 'type', 'vars', 'zip']
>>> len(dir(__builtins__))
154
>>>
```

图 3-25　查看所有的内置对象

除了上述查看内置对象的方法，还可以通过导入内置模块的方式进行查看：首先执行 import builtins——导入模块语句（模块导入详见第 18 章），然后执行 dir(builtins)，效果同上。

从图 3-25 可看出，Python 共有 154 个内置对象，它们可分为内置函数和内置常量两类。

内置函数（built-in functions，BIF）是 Python 内置对象类型之一，用户可以直接使用它们，而不需要提供函数定义。内置函数是为解决常见问题而编写的函数，Python 提供的重要内置函数如表 3-1 所示。

表 3-1　Python 提供的重要内置函数

序号	内置函数	序号	内置函数	序号	内置函数	序号	内置函数	序号	内置函数	序号	内置函数
1	abs()	13	ord()	25	str()	37	super()	49	complex()	61	staticmethod()
2	all()	14	iter()	26	next()	38	print()	50	compile()	62	classmethod()
3	any()	15	len()	27	range()	39	list()	51	delattr()	63	memoryview()
4	int()	16	dict()	28	repr()	40	locals()	52	property()	64	isinstance()
5	bin()	17	map()	29	hash()	41	filter()	53	getattr()	65	issubclass()
6	bool()	18	id()	30	help()	42	format()	54	globals()	66	frozenset()
7	vars()	19	hex()	31	max()	43	type()	55	reversed()	67	bytearray()
8	sum()	20	eval()	32	tuple()	44	float()	56	round()	68	breakpoint()
9	set()	21	exec()	33	input()	45	divmod()	57	hasattr()	69	enumerate()
10	dir()	22	pow()	34	open()	46	object()	58	setattr()		
11	chr()	23	oct()	35	ascii()	47	slice()	59	import ()		
12	zip()	24	min()	36	bytes()	48	sorted()	60	callable()		

Python 提供的内置常量有 False、True、None、NotImplemented、Ellipsis、__debug__ 等。其中，

False、True、None 和__debug__不可被重新定义，既不能重新赋值，也不能作为属性名，强行将之作为属性名使用会触发语法错误。内置常量 None 表示空的含义，属于 NoneType（空类型），即它不属于任何类型的空值，其本身就是空类型的空值。

3.6 习题

1．基础题

（1）Python 的基本语法包括哪些内容？

（2）Python 语法中使用的特殊符号是否区分全角和半角？Python 只用于注释的符号是什么？

（3）一般将 Python 的注释分为哪两类？各自都可以利用哪些符号？

（4）Python 中程序的结构化是靠什么进行的？

（5）一般 Python 的一级缩进默认是多少个空格位？用什么键可以直接对缩进进行格式化？

（6）一般缩进错误会引发什么错误？

（7）Python 中如果一行程序过长，一般使用什么符号进行换行？

（8）什么是计算机中的值？它的 3 个属性是什么？

（9）什么是变量？标识符的命名规则是什么？错误的标识符会触发什么错误？

（10）进入 IDLE 交互式开发环境就提示的 4 项功能是什么？简述各项功能。

（11）在 IDLE 交互式开发环境中输入"help"命令后的提示是什么？

（12）在 IDLE 交互式开发环境中输入"help()"命令后会提示哪 4 类对象供查找帮助信息？

（13）Python 一共有多少个关键字？任意列出几个。

（14）Python 的符号和主题有很多，任意列出其中的几个。

（15）Python 的模块和对象有很多，任意列出其中的几个。

（16）Python 共有多少种内置对象和内置函数？任意列出其中的几个。

（17）Python 中有哪些内置常量？任意列出其中的几个。

（18）Python 用什么关键字表示"空"的含义？此数据属于哪个类型？

2．综合题

（1）#与引号（单引号、双引号、三引号）进行注释的异同点是什么？

（2）num1、work_hours、d_fa_df、我爱北京天安门、3e、I'm a boy!、True 中哪些是正确的变量名？哪些是更应该被使用的变量名？

（3）以下"Python 的特点 1""Python 的特点 2""Python 的特点 3"是否都是正确的语法结构？

```
Python 的特点 1 = ('Python 是一种高级语言'#演示使用()来实现语句换行
    '面向对象、解释型（是直接运行源代码的，区别于有中间文件生成的方式）'
    '可移植性、胶水语言、库特别丰富、可嵌入性'
    '源代码同样遵循 GPL 协议'

Python 的特点 2 = 'Python 是一种高级语言'\
    '面向对象、解释型（是直接运行源代码的——区别于有中间文件生成的方式）'\
    '可移植性、胶水语言、库特别丰富、可嵌入性'\
    '源代码同样遵循 GPL 协议'              #演示使用\来实现语句换行
Python 的特点 3 = 'Python 是一种高级语言'   \
    '面向对象、解释型（是直接运行源代码的——区别于有中间文件生成的方式）'\
    '可移植性、胶水语言、库特别丰富、可嵌入性'\
                                      #演示使用\来实现语句换行
    '源代码同样遵循 GPL 协议'              #演示使用\来实现语句换行
```

（4）关键字 True、False 是否可以写成 true、false？简述原因。

（5）通过什么内置函数可以查看所有的内置对象？另外一种方法是什么？

3．扩展题

（1）为什么标识符不能以数字开头？

（2）简述 Python 中变量和其他语言的异同点。

（3）基于语法知识更正下面的程序。

```
>>> if range(0):
print("range(0)是逻辑真",range(0),sep = ")
```

（4）通过在 IDLE 交互式开发环境中直接输入"help"并按 Enter 键后获得的提示，说明应如何认识 help 和 help()的区别。

（5）35 个关键字哪个给你留下的印象最深？为什么？

第 **4** 章 数字及其算术运算

编写程序的主要目标之一就是处理各种各样的数据，以用户想要的或者期望的形式输出结果。本章主要讲解日常使用的数据中的数字类型及算术运算符，并基于数字类型演示如何利用算术运算符进行计算，具体内容包括与数学基础相关的数据类型和运算、内置对象数据类型中的数字类型（如整数类型、浮点数类型、复数类型和布尔类型）、一个按四舍五入定义精度的内置函数 round()。本章词云图如图 4-1 所示。

图 4-1　本章词云图

Python 的官方文档把算术运算符放在数字类型中去解释。但是，算术运算符不局限于数字类型，也可以用于其他类型数据的操作。

4.1　数字类型

数字是由数字文字或内置函数和运算符创建的。Python 有 3 种内置数字类型：整数类型（int）、浮点数类型（float）和复数类型（complex）。布尔类型（bool）是整数类型的子类型（子类详见第 16 章）。

另外，标准模块库（模块详见第 18 章）中还包括附加的数字类型，如表示有理数的分数（fractions）以及用户可定义精度的高精度实数（decimal）。

1．整数类型

Python 的整数类型名称为 int，整数类型值可为-1，1，0，9999，1_2_3 等，未加修饰的整数文本（包括十六进制数、八进制数和二进制数）生成整数类型值，自身精度没有限制，可以理解为对应数学中的整数，含义就是整数数字，但是单位不一样，含义就有区别。

创建整数类型变量的方法包括以下几种。

数字及其算术运算（1）

（1）int_creat_exp1 = 9：9 等形式的整数值可直接赋值给一个变量。

（2）int_creat_exp2 = int()：默认创建整数 0。

（3）int_creat_exp3 = int('43')、int_creat_exp4 = int('0b1010',base=2)、int_creat_exp5 = int('0o1010', base=8)：分别利用字符串、二进制字符串、八进制字符串（详见第 6 章）类型数据创建整数类型数据。

从第二个变量 int_creat_exp2 开始，创建整数类型数据都使用了内置函数 int()及其不同的构造方法，其原理详见第 12 章。字符串也是 Python 的一种数据类型，第 6 章会详细讲解；base=2 表明前面字符串需要按二进制形式对其进行转换，如果实际不是就会报 ValueError 的错误；“0b***”表示是二进制字符串（*部分只能是 0 或 1），此时 base=2 或 base=0 转换结果一致；base=0 表示字符串本来对应的进制，没有标识默认是十进制。

可见，int()函数创建整数有两种形式——int([x])和 int([x],base=10)，完成把整数、浮点数数字或字符串（详见第 6 章）转换成整数类型数据。当 x 没有任何参数传入时，函数直接返回 0；如果 x 是整数，数字直接返回；如果是浮点数，则截断小数部分，向 0 靠近返回。当 x 不是数字或者 base 被赋值，那么 x 必须是一个基于给定“进制”的字符串、字节串或字节数组的整数文本实例。数字前面可以加“+”或“-”，并可用空格分隔开。base（基数）默认为 10，有效进制基数为 0 和 2～36。进制 base 为 0 表示将按照代码的字面量来精确解释，最后的结果会是二、八、十、十六进制中的一个。二、八、十六进制的数字可以在代码中分别用 0b 或 0B、0o 或 0O、0x 或 0X 前缀来表示。所以 int('010',0)是非法的，但 int('010')和 int('010', 8)是合法的。各种创建整数类型变量的方法的示例代码如图 4-2 所示。

```
File  Edit  Format  Run  Options  Window  Help
#创建整数类型变量的几种方法
int_create_exp1 = 9                         #9等形式的整数值直接赋值给一个变量
int_create_exp1_0 = 9_9_9                   #这是Python3.6之后的一个特性
#在数字中间任何位置使用单个下画线作为分隔来提高数字的可读性
#不能出现在开头和结尾，不能是两个或两个以上连续下画线
int_create_exp2 = int()                     #默认创建0
int_create_exp3 = int('43')                 #直接用只含有数字的字符串
int_create_exp3_0 = int(43.9)               #直接用浮点数类型进行创建
int_create_exp3_1 = int(-43.6)              #直接用负的浮点数类型进行创建
int_create_exp4 = int('0b1010',base=2)      #利用二进制字符串创建
int_create_exp4_0 = int('0b1010',base=0)    #利用二进制字符串创建
int_create_exp4_1 = int('1010',base=2)      #利用二进制字符串创建
int_create_exp4_2 = int('  1010',base=0)    #利用字符串创建
int_create_exp5 = int('-0o1010',base=8)     #利用八进制字符串创建
```

图 4-2　创建整数类型变量的方法

各种变量在 Debug Control 中对应的存储数值如图 4-3 所示。

int_create_exp1	9
int_create_exp1_0	999
int_create_exp2	0
int_create_exp3	43
int_create_exp3_0	43
int_create_exp3_1	-43
int_create_exp4	10
int_create_exp4_0	10
int_create_exp4_1	10
int_create_exp4_2	1010
int_create_exp5	-520

图 4-3　Debug Control 中对应的存储数值

int()函数的调用形式及其相关说明如表 4-1 所示。

表 4-1　int()函数的调用形式及其相关说明

名称	调用形式	x 说明	base 说明	返回值
int()函数	int()	无	无 base	0
	int(x)	整数		x 直接返回
		浮点数		截断小数部分，向 0 靠近返回
	int(x, base=10)	x 不是数字，必须是一个基于给定"进制"的字符串、字节串或字节数组的整数文本实例	0	默认根据 x 自身字面量的进制特征转换成十进制后返回，x 能唯一体现出二、八、十或十六进制特征
			2～36	x 按 base 进制转换成十进制后返回，base 进制和 x 自身所体现的进制不一致会触发 ValueError 错误

2．布尔类型

Python 的布尔类型名称为 bool，布尔类型值使用两个关键字 True 和 False 表示，对应整数类型值是 1 和 0，对应的含义是逻辑真和逻辑假。注意首字母需要大写。

创建布尔类型变量的方法包括以下几个。

（1）bool_exp_1 = False：直接赋值的方式。

（2）bool_exp_2 = bool()、bool_exp_3 = bool('1')：利用内置函数 bool(x)创建。

内置函数 bool(x)的有关说明：当 x 是逻辑真的时候，返回 True；否则返回 False。其中，x 可以是任意对象，函数的解析顺序是 bool 类型、int 类型，最后是其他对象类型；每种类型对应的 False 和 True 会在相应类型讲解时说明。bool 类型虽然是 int 类型的子类型，但是不能被子类化（即不能被继承，详见第 16 章）。示例代码如图 4-4 所示。

```
17  #创建bool类型变量
18  bool_create_exp_1 = False              #利用bool类型值直接赋值
19  bool_create_exp_2 = bool()             #利用构造函数创建
20  bool_create_exp_3 = bool('1')          #利用传入字符串参数的构造函数创建
21  bool_create_exp_4 = bool([])           #利用传入其他对象作为参数的构造函数创建
22
```

图 4-4　创建 bool 类型变量的方法

各种变量在 Debug Control 中对应的存储数值如图 4-5 所示。这里用到 IDLE 的 Debugger，也就是把交互式开发环境中的菜单项 Debug 中的 Debugger 选中，运行程序文件后，相关变量的值就会有显示（详见第 5 章）。

```
bool_create_exp_1 False
bool_create_exp_2 False
bool_create_exp_3 True
bool_create_exp_4 False
```

图 4-5　Debug Control 中对应的存储数值

3．浮点数类型

Python 的浮点数类型名称为 float，浮点数类型值可为 1.2、−3.5、3.14159265、6.73E+9 等，包含小数点或指数符号（E 或 e）的数字文字产生的浮点数，可以理解为对应数学中实数的小数部分，含义就是小数数字，但是单位不一样，含义就有区别。浮点数通常在 C 语言中使用 double 实现；浮点数也与具体的计算机有关，有关运行程序的机器浮点数的精度和内部表示形式的信息，请参考系统中浮点数（sys.float_info）信息。

创建浮点数类型变量的方法包括以下几个。

（1）float_exp_1 = -3.5：直接赋值的方式。

（2）float_exp_2 = float()、float_exp_3 = float(' -1 ')：利用内置函数 float([x])创建。

float([x])函数的有关说明：本函数是从数字或字符串 x 返回一个浮点数，当 x 没有传入任何参数时，返回 0.0；函数中传入的字符串参数中数字前面可以加"+"或"-"，并可用空格括起来；浮点数还有无穷数的写法 infinity 或 inf 和非数字的写法 nan 或 NaN 及其字母各种大小写形式。各种创建浮点数类型变量的方法的示例代码如图 4-6 所示。

```
23 #创建浮点数类型变量
24 float_create_exp_1 = -3.5                      #利用float类型值直接赋值
25 float_create_exp_2 = float('  -3.141\n')       #利用空格修饰、符号及格式修饰符的字符串创建
26 float_create_exp_3 = float('   +1.23  ')       #利用空格前后修饰、带符号的字符串创建
27 float_create_exp_4 = float('    1e-003')       #利用空格修饰、科学记数法的方式生成浮点数
28 float_create_exp_5 = float('    +1E6')         #利用科学记数法的方式生成浮点数
29 float_create_exp_6 = float('-inf')             #负无穷大的生成形式
30 float_create_exp_7 = float('  infinity')       #无穷大的生成形式
31 float_create_exp_8 = float('  333  ')          #从整数进行生成的方式
32 float_create_exp_9 = float('  nan  ')          #创建非数字浮点数
```

图 4-6　创建浮点数类型变量的方法

各种变量在 Debug Control 中对应的存储数值如图 4-7 所示。

float_create_exp_1	-3.5
float_create_exp_2	-3.141
float_create_exp_3	1.23
float_create_exp_4	0.001
float_create_exp_5	1000000.0
float_create_exp_6	-inf
float_create_exp_7	inf
float_create_exp_8	333.0
float_create_exp_9	nan

图 4-7　Debug Control 中对应的存储数值

4．复数类型

复数类型名称为 complex，复数类型值可为 1+2j、3-5J 等形如 real+ imagj 或 real+ imagJ 的任意形式的复数，也就是将"j"或"J"附加到数值文字后会产生一个虚数（实数部分为 0 的复数），也可以将其添加到整数或浮点数中，以获得实数部分和虚数部分的复数。real 可以理解为实数部分，imag可以理解为虚数部分，j 或 J 是虚数单位，imag 和虚数单位之间不能有任何其他的字符，整体复数可以理解为对应数学中的复数。

创建复数类型变量的方法包括以下几个。

（1）comp_exp_1=1+8J：直接赋值的方式创建。

（2）comp_create_exp_2=complex()、comp_create_exp_3=complex(' 1-8J '): 利用内置函数 complex()创建。

内置函数 complex([real[,imag]])的有关说明：返回值为形如 real+imag*1j 的标准形式复数或将字符串、数字转换为复数。如果第一个参数是一个字符串，该字符串将被解释为一个完整的复数，此时就不能传入第二个参数，否则会报 TypeError（类型错误）。第二个参数永远不能是字符串，每个参数可以是任何数字类型（包括复数）。如果省略 imag，则默认值为 0，构造函数把 int 和 float 之类的数字进行转换。如果两个参数都省略，则返回 0j。

用内置函数 complex([real[,imag]]) 创建复数时，real 和 imag 可以是整数类型或浮点数类型，但是当 real 和 imag 被定义为复数的实数部分和虚数部分后，real 和 imag 都会被转换为浮点数类型；当然也可用形如 imagj+ real 的方式定义一个复数，但解释器输出时，会把它格式化为上面的标准形式。各种创建复数类型变量的方法的示例代码如图 4-8 所示。

```
34 #创建复数类型变量
35 comp_create_exp_1=1+8J                    #利用complex类型值直接赋值创建
36 comp_create_exp_2=complex()               #利用无参数的complex()函数创建
37 comp_create_exp_3=complex('  1-8J ')      #利用传入符合的字符串作为参数进行创建
38 #comp_create_exp_3_e=complex('1-8J',3)错误。第一个参数是字符串，不能传第二个参数
39 comp_create_exp_4=complex(-8-7J,9+8J)     #利用两个参数都是复数的形式创建
40 comp_create_exp_5=complex(-8-7J,9_9+8J)   #利用两个参数都是复数的形式创建
```

图 4-8　创建复数类型变量的方法

各种变量在 Debug Control 中对应的存储数值如图 4-9 所示。

```
comp_create_exp_1 (1+8j)
comp_create_exp_2 0j
comp_create_exp_3 (1-8j)
comp_create_exp_4 (-16+2j)
comp_create_exp_5 (-16+92j)
```

图 4-9　Debug Control 中对应的存储数值

用内置函数 complex() 创建复数类型时，传入的字符串参数在中间的符号 "+" 和 "-" 的两端不能有空格，即 complex(' -1-8J') 是正确的，而 complex(' 1 - 8J') 是错误的，会报 ValueError。

对于复数类型的数据还有一个比较有趣的规则，即 Python 的不同数字类型 0 的形式是不一样的。例如，复数形式的 0 是固定为 0J 或 0j 形式的，类型是 complex 类型，与整数类型的数字 0 相等关系的逻辑比较的结果是相等的。

4.2　内置函数 round()

内置函数 round() 的具体表达式形式为 round(number[, ndigits])，其含义是返回小数点后四舍五入到 ndigits 位精度的数字（被舍去数只是 5 的情况单独讨论）。如果 ndigits 参数被省略或为 None（空值），则返回最接近其输入的整数，返回值的类型就是整数类型；否则，返回值的类型与原 number 的类型一致。ndigits 可以是负数、零和正数等整数。内置函数 round() 具体使用方法的示例代码如图 4-10 所示。

数字及其算术
运算（2）

```
42 #内置函数round()的使用方法
43 round_create_exp_1 = round(3.45678, 2)
44 round_create_exp_2 = round(3.45678)
45 round_create_exp_2_1 = round(3.45678, 0)
46 round_create_exp_3 = round(3.95678)
47 round_create_exp_3_1 = round(3.95678, 0)
48 round_create_exp_4 = round(-3.95678)
49 round_create_exp_4_1 = round(-3.95678, 0)
50 round_create_exp_5 = round(-23333333.3333335, -2)
51 round_create_exp_6 = round(-23333333.3333335, 2)
```

图 4-10　内置函数 round() 的使用方法

各种变量在 Debug Control 中对应的存储数值如图 4-11 所示。

图 4-11 Debug Control 中对应的存储数值

round(number[, ndigits])构造规则说明如表 4-2 所示。

表 4-2   round(number[, ndigits])构造规则说明

序号	round(number[, ndigits])输入部分						返回（number）	
	number 类型	ndigits					类型	值
		被省略	None	0	正数	负数		
					1	−1		
1	5555 int	√（四选一）					√	5555
2						√	√	5550
3	55.45 float	√					×int	55
4				√			√	55.0
5					√		√	55.5
6						√	√	60.0
7	12.5 float	√					×int	12
8				√			√	12.0
9	11.5 float	√					×int	12
10				√			√	12.0

Python 的相关文档中指出：对于支持 round()的内置数据类型，"保留值"将保留到离上一位更近的一端（四舍六入）；如果舍弃的只是 5 就会距离两端一样远，保留到偶数的一边。例如，round(0.5)和 round(−0.5)的返回值都是 0，round(1.5)的返回值是 2。

Python 的相关文档中给出了一个事实：round(2.675,2)给出的返回值是 2.67，而不是预期的 2.68。这不是一个 bug，而是因为大多数小数不能精确地表示为浮点数。

综合 Python 的相关文档和实际的情况：当需要舍去的数字只有一位且是 5 时，需要保留到偶数的一边（所谓偶数或奇数，是指 5 被进位后或被舍去后的最后一位数字的奇偶性）。但是由于计算机保存浮点数精度的问题，有时也会保留到奇数一边。比如 round(0.4444445,6)给出的返回值是 0.444445。如果需要舍去的数字 5 后面还有其他数字，则遵循四舍五入的原则，即 round(2.6751,2)为 2.68。简单的实例如图 4-12 所示。

```
>>> round(0.5, 0)
0.0
>>> round(0.45, 1)
0.5
>>> round(0.445, 2)
0.45
>>> round(0.4445, 3)
0.445
>>> round(1.45, 1)
1.4
>>> round(1.445, 2)
1.45
>>> round(1.4445, 3)
1.444
>>>
```

图 4-12   round()函数运算实例

既然存在这个情况，对 round() 的使用就需要特别注意。另外，我们可以使用标准库中的 decimal 及其包括的函数进行更加完美的精度计算。

4.3 算术运算

有了数字类型，就可以通过程序实现数学中的相关计算。这些计算主要是由算术运算符、相关的内置函数以及它们的混合运算实现的。在正式编写数字计算程序之前，我们需要了解 Python 算术运算符的二元运算规则，即如果任一参数为复数，另一参数会被转换为复数；如果任一参数为浮点数，另一参数会被转换为浮点数，否则，两者应该都为整数，不需要进行转换。

1. 算术运算符及其计算

"+、−、*、/、//、%、**"等符号被称为算术运算符，它们从数学中的符号借鉴过来，并继承了相关的含义和用途，同时也要遵守数学运算中的相关规则（如除数不能为 0 等）。Python 中算术运算符的操作数（用于运算符操作的对象）主要是数字类型，个别算术运算符可应用到其他的数据类型，后面会讲解。算术运算符及表达式的含义如表 4-3 所示，其中，x=22，y=3；I 表示 int，F 表示 float，C 表示 complex，B 表示 bool；操作数是浮点数、复数、布尔类型数的计算和使用方法与此类似。

表 4-3 算术运算符及表达式的含义

运算符及表达式	表达式描述	值	适合类型	注意
x + y	加法运算：返回 x 加上 y 的和	25	I、F、C、B	
x−y	减法运算：返回 x 减去 y 的差	19	I、F、C、B	
x * y	乘法运算：返回 x 乘以 y 的积	66	I、F、C、B	
x / y	除法运算：返回 x 除以 y 的商	7.33	I、F、C、B	（1）
x // y	取整运算：返回 x 除以 y 的商的整数部分	7	I、F、B	（2）
x % y	取模运算：返回 x 除以 y 的余数	1	I、F、B	（3）
−x	求相反数：返回 x 的相反数	−22	I、F、C、B	
+x	没有变化	22	I、F、C、B	
x ** y	幂运算：求 x 的 y 次幂	10648	I、F、C、B	（4）

注意：

（1）这里除法运算和数学中的除法运算含义基本一致，y 不能为 0，无论 x 和 y 是 int、float 或 bool 中的何种数字类型，运算结果都是 float 类型。表 4-3 中只保留了 2 位小数，计算机默认显示的完整值为 15 位小数。

（2）取整运算也被称为整数除法，y 不能为 0，但可使用浮点数运算；返回的结果值是整数，但结果的类型不一定是 int，如 3.0//2.0 返回值是 1.0，类型是 float，即操作数中有浮点数类型数据时，返回结果的数值为 float；在返回计算值时，向负无穷方向取值，即−1//2.0 返回值是−1.0，1//2 返回值是 0，1//−2 返回值是−1，−1//−2 返回值是 0。复数类型数据不能进行取整运算。

（3）复数不能进行取模运算。不过，我们可利用内置函数 abs() 将复数转换成浮点数后计算。

（4）Python 规定 0**0 返回值是 1。

（5）0、0J、0+0J 等的幂运算中的指数不能小于 0，也不能是复数，即等价 0 的不同类型都不能作为除数，否则会报 ZeroDivisionError 的错误。

各种算术运算符的使用方法的示例代码如图 4-13 所示。

```
53 #算术运算符及其运算
54 x,y=22,3                          #给x和y赋值,可以一行一条语句;同时赋值也是可以的
55 sum_x_y = x+y                     #求和运算
56 difference_x_y = x-y              #求差运算
57 product_x_y = x*y                 #求积运算
58 quotient_x_y = x/y                #求商运算
59 floored_quotient_x_y = x//y       #整除运算,返回商的整数部分
60 remainder_x_y = x%y               #求模(余)运算,返回商的余数部分
61 negated_x = -x                    #求相反数运算
62 unchanged_x = +x                  #没有任何变化
63 x_power_y = x**y                  #求x的y次幂的运算
```

图 4-13　算术运算符及其运算

各种变量在 Debug Control 中对应的存储数值如图 4-14 所示。

```
difference_x_y        19
floored_quotient_x_y 7
negated_x            -22
product_x_y           66
quotient_x_y          7.333333333333333
remainder_x_y         1
sum_x_y               25
unchanged_x           22
x                     22
x_power_y             10648
y                     3
```

图 4-14　Debug Control 中对应的存储数值

对于幂运算 1.01^{365},用数学算式表示就是 $(1+1\%)^{365}$,利用 Python 计算的过程和结果如图 4-15 所示。

```
>>> (1+0.01)**365
37.78343433288728
>>>
```

图 4-15　利用 Python 计算的过程和结果

无论在什么方面,37 倍的成长都是非常可观的,这就是坚持的力量。反之,如果每天都退步一点,结果也是非常恐怖的。

2. 内置函数及其计算

已学过的数字类型创建的内置函数有 int(x)、float(x)、complex(re,im),它们的参数 x 除了常用的数字,还可用 Unicode 编码中的任何数字等价物(具有 Nd 属性的代码),如 int('٩')返回 9。任何数字中的实数(int 和 float 类型)也可使用表 4-4 中的常用操作。

表 4-4　常用的数字中的实数操作

操作	含义(x=9.5)	返回值
math.trunc(x)	x 被截断成整数(返回值都比原值向零靠近)。对于正数相当于 math.floor(x);对于负数相当于 math.ceil(x)	9
round(x[, n])	x 四舍五入到 n 位,被舍弃的值是 10 的负 n 次方一半时,上一位被保留的数值向偶数靠。当省略 n 时,n 默认是 0。	10
math.floor(x)	小于等于 x 的最大整数(向下取整)	9
math.ceil(x)	大于等于 x 的最小整数(向上取整)	10

与数字类型运算相关的还有 4 个内置函数:abs(x)、c.conjugate()、divmod(x,y)、pow(x,y)。

abs(x):当 x 是 int 或 float 类型时,返回 x 的绝对值,其与数学中的绝对值求法一样;当 x 是复数类型时,返回 x 的模。例如,abs(-3.14)返回值是 3.14,abs(3+4j)返回值是 5。可见,x 可以是 int、float、complex 类型的变量或值。

c.conjugate()：c.conjugate()是求一个复数 c 的共轭复数，若 c=(3+4j)，则 c.conjugate()返回(3-4j)。

divmod(x,y)：该内置函数同时实现取整和取模运算，返回形如"(x//y,x%y)"的一对值的结果，结果类型为元组类型（详见第 10 章）。由于取整运算和取模运算都不支持复数，所以 x 和 y 都不能是复数。对于浮点数，返回的值是(q,a%b)，其中 q 通常是向下取整函数 math.floor(a/b)的返回值，该返回值为浮点类型，并可小于 1。在任何情况下，q*b+a%b 与 a 都非常接近，如果 a%b 不为 0，它与 b 有相同的符号，并且满足 0<=abs(a%b)<abs(b)。

pow(x,y)：pow(x,y)是求 x 的 y 次幂的内置函数，与 x**y 表达式的计算方法一样。pow()函数还有 3 个参数的形式 pow(x,y,z)，相当于返回 x 的 y 次幂后再除以 z 的余数，但计算效率高于 pow(x,y)%z。同样，Python 规定 pow(0,0)的值是 1。如果存在参数 z，则 x 和 y 参数必须是整数，而且 y 要大于 0，否则会报 ValueError。示例代码如图 4-16 所示。

```
65 #数字相关的内置函数
66 c = (3+4j)                              #定义一个复数
67 builtins_fun_1 = abs(-3.14)             #求负数的绝对值    整数部分,余数部分
68 builtins_fun_2 = abs(c)                 #求复数c的模
69 builtins_fun_3 = c.conjugate()          #求复数c的共轭复数，这里函数调用方法和前面不一样
70 builtins_fun_4 = divmod(3,2)            #求3除以2的元组(整数部分,余数部分)
71 builtins_fun_5 = divmod(3.1,2)          #求3.1除以2的元组(整数部分,余数部分)
```

图 4-16　数字相关的内置函数及其使用方法

各种变量在 Debug Control 中对应的存储数值如图 4-17 所示。

builtins_fun_1	3.14
builtins_fun_2	5.0
builtins_fun_3	(3-4j)
builtins_fun_4	(1, 1)
builtins_fun_5	(1.0, 1.1)
c	(3+4j)

图 4-17　Debug Control 中对应的存储数值

3．算术运算符的优先顺序

Python 完全支持混合运算，有混合运算就需要明确优先级。这里要说明一点：计算机中的计算都是基于二进制算术运算符的，当一个二进制算术运算符有不同数值类型的操作数时，"窄"类型的操作数被加宽到另一个类型的操作数，其中布尔类型比整数类型窄，整数类型比浮点数类型窄，浮点数类型比复数类型窄。这也进一步印证了 Python 中的数字计算中类型转换的规则。算术运算符的优先顺序如表 4-5 所示（优先级越往下越高）。

表 4-5　算术运算符的优先顺序

符号	描述	注意
+、-	加法和减法	（1）
*、/、//、%	乘法、除法、取整除法、取模	（1）（2）
+x、-x	正 x（x 无变化）、取相反数	（1）（3）
**	指数运算	（4）

注意：

（1）同一级别的运算顺序按出现在程序语句中的顺序从左到右进行计算；

（2）%运算符还可用于字符串的格式化，并且两种场景中的优先级的顺序是一致的；

（3）放在操作数前面的+和-被称为按位一元运算符；

（4）幂指数运算符**的优先级低于其右边的算术运算符或按位一元运算符，即 2**-1 为 0.5。

另外，还有其他运算符，有关它们的介绍会随着使用和讲解需要逐渐补充。同时这 4 类算术运算符的优先级之间没有其他运算符了。

相关的示例代码如图 4-18 所示（例子中的第 2 个变量是 l）。

```
73 # 算术运算符的优先顺序
74 r,l,s,pi = 5,4,3,3.14          #创建计算用的变量并赋值，展示符号优先级
75 pre_operators_1 = pi*-r**2      #体会*、取反号及指数运算符的次序
76 pre_operators_2 = pi*r**-2      #体会*、取反号（位置不同）及指数运算符的次序
77 pre_operators_3 = l*s+-r**2/r   #混合运算
78 pre_operators_4 = l*s---r*pi%l  #混合运算
79 #pre_operators_5 = 3l*s--r*pi   #3l这么表达会报语法错误
80 pre_operators_6 = -1**1/2       #混合运算
81 pre_operators_7 = (-1)**1/2     #体会与上面的不同
82 pre_operators_8 = (-1)**0.5+r   #体会与上面的不同
```

图 4-18　算术运算符的优先级例子

各种变量在 Debug Control 中对应的存储数值如图 4-19 所示。

```
l                 4
pi                3.14
pre_operators_1   -78.5
pre_operators_2   0.12560000000000002
pre_operators_3   7.0
pre_operators_4   8.299999999999999
pre_operators_6   -0.5
pre_operators_7   -0.5
pre_operators_8   (5+1j)
r                 5
```

图 4-19　Debug Control 中对应的存储数值

4.4　习题

1．基础题

（1）Python 的内置数字类型有哪几种？标准模块库中还有哪些？

（2）Python 的整数类型名称是什么？int()创建的整数数值是多少？

（3）Python 中的 int([x])是创建整数数值的函数，不同的 x 对创建的数值有什么影响？

（4）Python 中 1_2_3 是否为合法的整数类型？

（5）Python 中 int('0b1010',base=2)、int('0b1010',base=0)和 int('1010',base=2)创建的数值是否相同？

（6）int([x],base=10)中 base 默认为 10，有效进制基数是什么？

（7）int(-43.6)的返回值是多少？

（8）二、八、十六进制的数字可以在代码中用什么前缀来表示？

（9）Python 的布尔类型名称是什么？bool()创建的布尔值是多少？

（10）Python 的布尔类型值的取值范围是多少？

（11）Python 的浮点数类型名称是什么？float()创建的浮点数数值是多少？

（12）Python 的 float([x])是创建浮点数数值的函数，不同的 x 对创建的数值有什么影响？

（13）float(' -1 ')创建浮点数的方法是否正确？

（14）浮点数有无穷数的写法和非数字的写法，分别是什么？

（15）Python 的复数类型名称是什么？complex()创建的复数数值是多少？

（16）Python 中的 complex([real[, imag]])是创建浮点数数值的函数，请对创建的条件进行详细说明。

（17）简述 abs(x)、c.conjugate()、divmod(x, y)、pow(x, y)等的功能并举例说明。

2．综合题

（1）表达式 104%(2+3)**2//3 的返回值是多少？

（2）int([x],base=10)是创建整数数值的方法，详细解释创建的方法。进制 base 为 0 表示将按照代码的字面量来精确解释，最后的结果是什么进制中的一个？

（3）Python 中 int('0b010',8)是合法的吗？为什么？

（4）对 bool(x)函数进行详细说明，并指明各类型的解析顺序。

（5）float('   1e-003 ')是合法的吗？

（6）complex('-8-7J')、complex(-8-7J,9+8J)、complex('-8-7J',9+8J)和 complex('-8-7J','9+8J')等创建复数的方法中哪些是正确的，哪些是不正确的？为什么？

（7）内置函数 round(number[, ndigits])的作用规则是什么？

（8）目前学过的几种算术运算符是什么，它们之间优先级的顺序是什么？

（9）内置函数 pow(x, y)和形式 pow(x,y,z)使用时各自需要注意什么？

3．扩展题

（1）int('010',0)是非法的吗？为什么？

（2）用内置函数 complex()创建复数类型的时候，需要注意传入的字符串参数在中间的符号"+"和"-"的两端是否可以有空格，complex(' -1-8J ')和 complex(' 1 - 8J ')是否是正确的创建方法？如果不正确，它们会触发什么错误？

（3）已知 r,l,s,pi＝5,4,3,3.14，那么，pi*r**2、(-1)**1/2 和(-1)**0.5+r 的返回值是多少？

（4）Python 中所有的运算或操作是否都必须基于同一种数据类型？请说明原因。

第5章 程序调试

程序调试是指在程序编写过程中进行的程序排错，也称找 bug。随着编写的程序代码数量的增加，难免会出现一些错误，这时就需要掌握一些程序调试方法。本章主要介绍一些与程序调试有关的内容，具体包括 IDLE 的设置、错误信息的输出格式、错误类型的详细信息以及 breakpoint()函数等。本章词云图如图 5-1 所示。

图 5-1 本章词云图

5.1 IDLE 的设置

程序调试

为了更好地调试程序，用户可对 IDLE 进行一些基本的配色方案设置。IDLE 本身就对字符串、变量、断点、语法错误等进行了颜色区分，用户也可自定义配色方案（见图 5-2），这是 IDLE 程序调试的一部分。

传统程序调试一般会利用 print()函数进行信息输出，这样既烦琐又增加了不必要的代码。如果只需对部分程序进行调试，应考虑如何把需要调试的代码重点进行执行和调试，避免整个程序反复执行。例如，在 IDLE 交互式开发环境的 Debug 菜单中选中 Debugger，开启 Debug 模式，就可以直接跟踪变量的值；对于重点需要调试的语句，在程序源文件中用鼠标右键单击语句行，在弹出的快捷菜单中选择 "Set Breakpoint" 命令设置断点（不调试这部分语句时，使用 "Clear Breakpoint" 命令删除断点设置），这样在程序执行时就可利用 Debug Control 界面（见图 5-3）的 Go 命令，直接跳转到第一断点的位置，然后用 Over 一步一步执行程序，并观察程序执行中的变化，以定位程序问题或确定程序的逻辑。

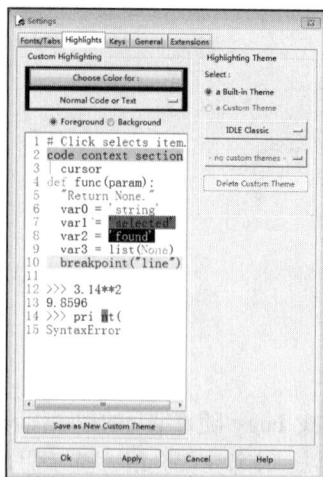

图 5-2　IDLE 配色方案设置

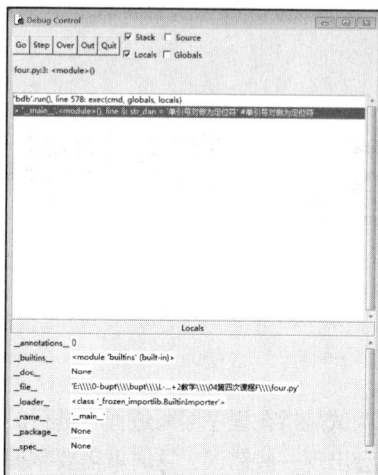

图 5-3　Debug Control 界面

Debug Control 界面包含 5 个调试工具按钮、复选框（默认选择局部变量，选中 Globals 复选框将显示全局变量）、程序文件名及模块、正在执行的文件及语句行、局部变量、全局变量（如果选中 Globals 复选框，详见第 12 章的解释）等部分。5 个调试工具按钮的相应功能：Go 按钮的含义是直接运行至下一个断点处，Step 按钮的含义是进入要执行的函数内部，Over 按钮表示单步执行，Out 按钮表示跳出当前运行的函数，Quit 按钮表示结束调试。

文件式开发环境中还有其他设置。例如，选择菜单 Option→Show Line Numbers，设置后会在文件左侧显示文件的所有程序行号。在默认情况下，文件的状态栏（即文件的底部）会有当前光标所在行号和列号。了解这些常用的设置对于程序调试有很直接的帮助作用。

5.2　错误信息的输出格式

在执行程序过程中，一般会有标准的错误信息显示，错误信息案例及其含义如下。

```
Traceback (most recent call last):
  File "F:/m1lk/zjy.py", line 32, in <module>
    print('复数类型值输出', cop_1)
NameError: name 'cop_1' is not defined
```

上例的错误信息有 4 行，各行的含义：第 1 行表示最近跟踪情况（最近一次执行的情况）；第 2 行表示错误出现的文件、可能在文件中的行数（在语法报错的情况下，往往错误指向的是下一行，而实际可能是上一行中有些符号不匹配）及出现在哪个模块库中；第 3 行表示目前这行语句是什么；第 4 行表示错误的类型及含义，具体的含义会和使用的操作有关。上例错误信息描述的是程序跟踪，文件是"F:/m1lk/zjy.py"，错误可能发生在第 32 行，发生在<module>（没有定义库时默认显示）中；第 3 行是一个程序语句"print('复数类型值输出', cop_1)"；最后，NameError 表示命名错误，名称'cop_1'没有被定义，即变量名没有被定义。

随着更复杂程序的编写，程序的错误提示会更加全面。我们可用类似的方法去分析程序错误的提示，也可基于调试器对程序进行调试。

5.3　错误类型的详细信息

在程序报错时，会有每种错误详细信息的提示，我们需要认识错误的描述，并通过配置 IDLE

环境去跟踪和修改错误。

Python 一般把错误分成两大类：SyntaxError（语法错误）和异常（详见第 17 章）。前面已接触到的错误有 SyntaxError（语法错误）、NameError（命名错误）、ValueError（值错误）、TypeError（类型错误）、ZeroDivisionError（0 不能作为除数），这些错误是编程初期比较容易遇到的。本节通过介绍这 5 种错误来帮助大家更好地认识错误信息。

1. SyntaxError（语法错误）

语法错误又称解析错误，是初学 Python 时最容易遇到的错误。语法错误是在分析器遇到语法错误时触发的。例如，交互式开发环境下语法错误的情况如下。

```
>>> print('d']
SyntaxError: invalid syntax
>>> while True print('Hello!')
SyntaxError: invalid syntax
```

交互式开发环境下解析器会把可能引起错误的重点之处用 IDLE 设置的语法错误颜色进行标注，而这点与以前版本不同。这样导致 Python 的相关文档中这个方面的描述与以前版本不一致。

在文件式开发环境中，程序运行后发现的语法错误在 IDLE 下都是弹出式提醒，确定后就会定位到程序的语句上，但是定位到的语句自身可能没有问题，而是上一个可执行语句中出现的语法错误，示例代码如图 5-4 所示。

```
print(id(float_1)
###print((float_1), (str(float_1)))
str_5 = str(float_1)
```

图 5-4　语法错误演示

2. NameError（命名错误）

当一个本地或全局的变量没有被找到在哪里定义时，就会报出这个类型的错误信息。这类错误不局限于变量，对象名称找不到也会报出这种类型的错误。也就是说，当某个名称没有被找到就会引发这个错误，并同时输出相关的错误信息，其中错误信息包含这个未找到的"名称"。这个名称没有被所在包、类等限制的时候，也会报这种类型的错误信息。初学阶段常见的错误形式有变量名称写错、变量没有定义等。

3. ValueError（值错误）

当函数接收到一个参数后，类型符合运算的要求，但是这个值是不可接受的，同时这个错误也不能被更精确的错误所描述，就会触发这类错误。例如，下面输出的错误信息就是值异常错误的一种情况。错误信息中明确地指出了错误类型，并且提示用二进制（base=2）的整型 int()函数转换字符串"0b1020"时出现了无效的文字。

```
Traceback (most recent call last):
  File "<pyshell#1>", line 1, in <module>
    Int ('0b1020', base=2)
ValueError: invalid literal for int() with base 2: '0b1020'
```

初学阶段主要出现的就是类似上面的错误情况。更精确的错误包括 IndexError 等，是值错误的一种子类型。

4. TypeError（类型错误）

当一操作或函数被应用于类型不当的对象时就会触发此类错误。输出的错误信息是一个字符串，并且给出有关类型不匹配的详情。Type 检查会优先于 Value 错误信息检查。

例如，下面输出的错误信息就是此类错误。

```
Traceback (most recent call last):
  File "<pyshell#10>", line 1, in <module>
    complex('1+2J',2)
TypeError: complex() can't take second arg if first is a string
```

错误信息指出：complex()函数如果第一个参数是字符串，那就不能传入第二个参数。

5. ZeroDivisionError（0 不能作为除数）

当除法、取模或取整等运算的第二个参数为 0，即 0 出现在除数位置时，将引发此类错误。错误输出的信息是一个字符串，指明操作数和运算的类型。

例如，触发了此类错误将输出下面的错误信息。

```
Traceback (most recent call last):
  File "<pyshell#3>", line 1, in <module>
    0**-1
ZeroDivisionError: 0.0 cannot be raised to a negative power
```

上面的错误信息指出 0 是不能进行负指数运算的，也就是 0**-0.8、0**-99 等都会触发此类错误。

5.4 breakpoint()函数

当程序中调用断点函数 breakpoint()时（调用方法：breakpoint()），将进入调试器中，进入的界面如图 5-5 所示。在调试器中可以使用各种内置函数、参数等，就和交互式开发环境一样，只是入口不一样。该断点函数后面的语句被停止执行，被停止执行的语句可以在调试器中输入执行。该函数的主要优势是不需要导入 pdb 库（一个用于程序语句设置断点等的 Debug 模式的库），就可以利用比较少的代码调入调试器。

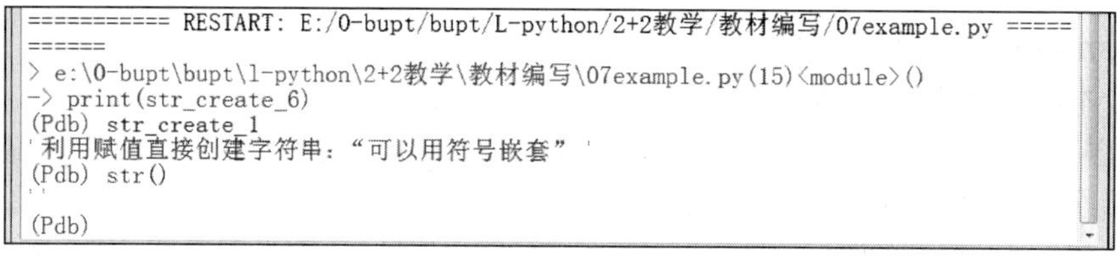

```
=========== RESTART: E:/0-bupt/bupt/L-python/2+2教学/教材编写/07example.py =====
======
> e:\0-bupt\bupt\l-python\2+2教学\教材编写\07example.py(15)<module>()
-> print(str_create_6)
(Pdb) str_create_1
'利用赋值直接创建字符串："可以用符号嵌套"'
(Pdb) str()
''
(Pdb)
```

图 5-5 调用 breakpoint()函数后的调试器界面

5.5 习题

1. 基础题

（1）IDLE 是否有配色方案？用户可以对哪些内容进行颜色定义？

（2）文件式开发环境中的菜单 Option→Show Line Numbers 用于设置什么内容？

2. 综合题

（1）简述 IDLE 进行 Debug 调试的设置和过程。

（2）NameError 信息中一般包括什么内容的提示？

（3）本章介绍了几种错误信息？并简述其含义。

（4）简述 breakpoint()函数的使用方法和主要优点。

3. 扩展题

简单描述你对程序调试的理解。

第6章 字符相关类型及其操作

在程序语言中，被统一管理和操作比较多的是文字描述，文字描述中的字符被看成字符串。计算机要对这些字符串进行存储和操作，就需要归类和统一操作方法。

本章将重点介绍字符串 str 和字节串 bytes 两种数据类型；重点认识字符串的编码函数 encode() 和字节串的解码函数 decode()；讲解字符串相关操作及可使用的算术运算符，包括索引和切片等序列操作及基于算术运算符+、*、%的操作；讲解在索引操作中可能出现的错误类型；通过各种字符串和字节串的创建来认识它们的定位符和换行符；结合各种案例和使用方法讲解相关的内置函数。本章词云图如图 6-1 所示。

图 6-1　本章词云图

6.1 字符相关类型

Python 把多个字符相关的类型分为字符串和字节串两类。字符串是给人看的一串字符，不能直接存储在硬盘；字节串是计算机存储字符的一系列字节，它是一种抽象的概念。字符是指字母、数字、文字及各种符号等；字节（Byte）是计算机存储数据的单位，1 字节等于 8bit（8 位二进制位）。两者的关系如图 6-2 所示。总之，字符串是由 0 个或多个字符组成的有序字符序列，字节串就是 0 个或多个有序的字节。

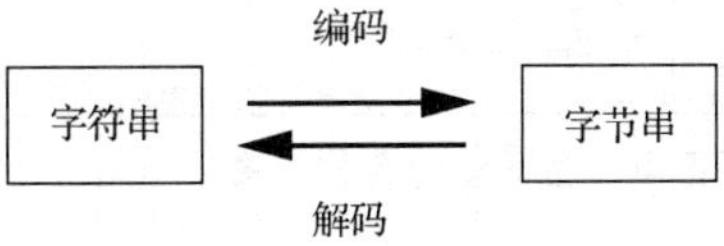

字符相关类型及其操作（1）

图 6-2　字符串与字节串的转换关系

1．字符串类型

字符串类型名称：str。在 Python 中，用 '（单引号对）、" "（双引号对）、'''（三单引号对）、""" """（三双引号对）等符号对作为字符串值的定位符，即用这些符号对括起来的一串字符就会被 Python 认为是字符串。字符串类型和数字类型都是 Python 中常用的数据类型，前者处理字符文本数据，后者处理数字文本数据。

字符串类型值：'字符串"0"赋值演示'、"字符串1L"、"""多行字符串不加转义字符的情况下可以用三引号对，其中所有的空格也都是字符串内容的一部分"""等都是字符串类型值的一种形式；在 Python 3 中，字符串获取的字符都是 Unicode 编码的字符，所以字符串前用 u/U 进行编码不改变原字符串的返回值（其他前缀的使用方法请见第 15 章），即"字符串1L"等同于 U"字符串1L"。字符串所包含的字符是有顺序的，字符顺序变化，值就发生了变化。所以对 Python 来说，字符串类型中的单个字符的位置是不能改变的，字符串类型是有顺序的不可变序列，并且字符都是按 Unicode 码位方式进行管理。

上文中的序列是指一种可迭代对象，其中每个字符都是有顺序的，并支持通过__getitem__()特殊方法来使用整数索引进行高效的元素访问，且支持一个返回序列长度的__len__()方法。可迭代对象是指能够一个一个返回内部元素的对象。内置的序列类型有 str、bytes、list（详见第 9 章）、tuple（详见第 10 章）和 range 对象（详见第 11 章）。在 Python 3 中，有 3 种基本序列类型：list、tuple 和 range 对象。bytes、bytearray、memoryview、str 等类型是为处理二进制数据或文本字符串而特别定制的附加序列类型。注意，虽然 dict（详见第 14 章）也支持__getitem__()和__len__()方法，但它被认为属于映射而非序列，因为它查找时使用任意的不可变 immutable 键而非整数。

创建字符串类型变量的方法包括以下几个。

（1）str_1='字符串"0"赋值演示'：利用赋值直接创建字符串变量。

（2）str_2=str(3)、str_3=str(3.14)、str_4=str(1+3.14J)、str_5=str()、str_6=str(b'Zoot!')、str_7=str(True)：它们都是利用内置构造函数 str()去创建字符串类型，创建的字符串赋值给一个变量供程序使用。可见，前面学过的几种类型值都可以利用 str()构造函数去创建字符串类型数据。

字符串构造方法的两种形式：str(object=")或 str(object=b", encoding='UTF-8',errors='strict')，返回 object 的字符串版本对象。如果未提供 object 则返回空字符串。在其他情况下 str()的行为取决于 encoding 或 errors 是否给出。如果 encoding 和 errors 二者均未给出，str(object)返回 object.__str__()，这是 object 的"非正式"或格式良好的字符串表示。对于字符串对象，这是该字符串本身。如果 object 没有__str__()方法，则 str()将回退到返回 repr(object)。在复数类型构建字符串时，Python 会自动把小括号加到复数两端构成字符串。布尔类型会直接把 True 或 False 单词作为生成字符串的内容。当指定 encoding 编码格式时，object 就被限制了字节串相关类型，encoding 的取值有 UTF-8、GBK 等。目前常用的各种创建方法如图 6-3 所示。

```
1  ####################################################
2  #      第6章  字符相关类型及其操作
3  #      字符串类型的各种创建方法
4  #      zga
5  #      1.0
6  ####################################################
7  str_create_1 = '利用赋值直接创建字符串："可以用符号嵌套'
8  str_create_2 = str()              #不传参数的情况
9  str_create_3 = str(3)             #整型数字转换成字符串
10 str_create_4 = str(3.14)          #浮点数型数字转换成字符串
11 str_create_5 = str(1+3.14J)       #复数型数字转换成字符串
12 str_create_6 = str(b'Zoot!')      #字节串型数据转换成字符串，非正式字符串表示
13 str_create_7 = str(True)          #布尔型数据转换成字符串
14 str_create_8 = "字符串1""字符串2"  #两个常量字符串直接连接
15 str_create_9 = u"字符串1字符串2"   #两个常量字符串直接连接
16 str_create_10 = str(b'Zoot!',encoding='UTF-8')#字节串转换成字符串，正式字符串表示
```

字符相关类型及其
操作（2）

图 6-3　创建字符串类型变量的各种方法

各种变量在 Debug Control 中对应的存储值如图 6-4 所示。

str_create_1	'利用赋值直接创建字符串："可以用符号嵌套" '
str_create_10	'Zoot!'
str_create_2	''
str_create_3	'3'
str_create_4	'3.14'
str_create_5	'(1+3.14j)'
str_create_6	"b\'Zoot!\'"
str_create_7	'True'
str_create_8	'字符串1字符串2'
str_create_9	'字符串1字符串2'

图 6-4　Debug Control 中对应的存储值

2. 字节串类型

字节串类型名称：bytes。

字节串类型值：b'still allows embedded "double" quotes'、b"still allows embedded 'single' quotes"、b'''3 single quotes'''、b"""3 double quotes"""等以单引号对、双引号对、三引号对加上前缀 b 的形式都是字节串。这类字节串与字符串很相似，只是多个 b 的前缀，且各引号对中的文字必须是 ASCII 的字符，否则就会报 SyntaxError（语法错误）。b'\xe4\xb8\xad\xe6\x96\x87'也是合法的字节串值。字节串类型是有顺序的不可变序列。

创建字节串类型变量的方法包括以下几个。

（1）bytes_1=b'still allows embedded "double" quotes'：把可转换成字节串的文字（ASCII 的字符）直接赋值给变量。

（2）bytes_4=bytes()：创建空字节串。

（3）bytes_5=bytes(5)：表示按指定长度 5 并以零值填充的 bytes 对象。

（4）str_1.encode()：把 str_1 字符串进行编码返回字节串；反之，对字节串的解码就会生成字符串，例如，str_1.encode().decode()返回值就同 str_1 一致。

总之，完整的字节串构造函数形式为 bytes([source[, encoding[, errors]]])，表示返回一个新的"bytes"对象。source 不同，其函数具有不同的构造字节串的方式。目前常用的创建方法如图 6-5 所示。当出现非法类型时，会报 TypeError（类型错误）。

```
###########################
#各种字节串创建方法
###########################
#下面 3 种方法中的文字必须是ASCII的字符
bytes_cr_1 = b'still allows embedded "double" quotes' #允许嵌套
bytes_cr_2 = b"still allows embedded 'single' quotes" #允许嵌套
bytes_cr_3 = b"""3 double quotes"""                   #三引号对也是可以的
#利用不同的构造函数形式bytes([source[, encoding[, errors]]])创建字节串
bytes_cr_4 = bytes()                                  #利用构造函数创建空字节串
bytes_cr_5 = bytes(5)                   #表示按指定长度5并以零值填充的bytes对象
bytes_cr_6 = str_create_8.encode()      #利用字符串的编码返回字节串
str_from_bytes = bytes_cr_6.decode()    #利用字节串的解码返回字符串
```

图 6-5　创建字节串的常用方法

各种变量在 Debug Control 中对应的存储值如图 6-6 所示。

bytes_cr_1	b\'still allows embedded "double" quotes\'
bytes_cr_2	b"still allows embedded \'single\' quotes"
bytes_cr_3	b'3 double quotes'
bytes_cr_4	b''
bytes_cr_5	b'\\x00\\x00\\x00\\x00\\x00'
bytes_cr_6	b'\\xe5\\xad\\x97\\xe7\\xac...7\\xac\\xa6\\xe4\\xb8\\xb22'
str_from_bytes	'字符串1字符串2'

图 6-6　Debug Control 中对应的存储值

6.2 操作及运算符号

字符串与字节串可以通过编码和解码的方式互相转换。针对字符串的很多操作也都适用于字节串，下面重点讲字符串的操作。

字符串是不可变的序列类型。不可变指的是其中的任意位置的值是不能单独被改变的，即存入内存中的数据是不能改变的；序列是指其中的每个字符是有顺序的，顺序中的序号定义如图6-7所示。

反向递增序号	-10	-9	-8	-7	-6	-5	-4	-3	-2	-1
str_i1	字	符	串	序	号	的	顺	序	原	则
正向递增序号	0	1	2	3	4	5	6	7	8	9

图 6-7　字符串中的位置的序号

注：反向序号和正向序号的绝对值的和是字符串的长度。

基于字符串的序列特性，Python 设计了索引和切片操作，主要使用的符号是"[]"。

1. 索引

操作名称为索引，基本形式为 str_i1[index]，如 str_i1[0]，操作含义是按索引位置获取字符串内的字符，返回具有一个字符的字符串，也是原字符串的子字符串。具体例子如图6-8所示。

```
31 ##########################
32 #字符串的操作
33 ##########################
34 #按索引位置获取字符串的一个子字符串
35 str_i1 = '字符串序号的顺序原则'
36 io_str_0 = str_i1[0]           #获取字符串str_i1第0个位置的子字符串
37 io_str_1 = str_i1[-10]         #获取字符串str_i1第-10个位置的子字符串
38 io_str_2 = str_i1[1]           #获取字符串str_i1第1个位置的子字符串
39 io_str_3 = str_i1[-9]          #返回结果同io_str_2
40 #io_str_e = str_i1[-19]        #报IndexError错误
41 #str_i1[-1] = '3'              #报TypeError错误
```

图 6-8　字符串的索引操作

各种变量在 Debug Control 中对应的存储值如图 6-9 所示。

io_str_0	'字'
io_str_1	'字'
io_str_2	'符'
io_str_3	'符'

图 6-9　Debug Control 中对应的存储值

如果输入的索引位置大于等于字符串的长度，就会触发如下错误。

```
Traceback (most recent call last):
File "E:/0-bupt/bupt/L-Python/2+2教学/07example.py", line 40, in <module>
    io_str_e = str_i1[-19]
IndexError: string index out of range
```

上面的错误类型是 IndexError（索引错误），提示的信息是第 40 行程序语句 io_str_e = str_i1[-19] 出现了字符串索引值超过字符串长度范围的错误。

如果尝试修改字符串某个索引位置的字符，就会引发如下错误。

```
Traceback (most recent call last):
  File "E:/0-bupt/bupt/L-Python/2+2教学/07example.py", line 41, in <module>
    str_i1[-1] = '3'
TypeError: 'str' object does not support item assignment
```

这里提示字符串类型不支持按索引位置赋值,这是由字符串是不可变序列类型的原因所导致的。

2．切片操作

操作名称为切片,基本形式为 str_1[start:end:step],操作含义是按起始位置、结束位置和步长获取字符串的子字符串。当步长大于 0 时,如果起始位置和结束位置之间含有字符,则返回的子字符串包含起始位置的字符,不含结束位置的字符,默认步长是 1 (全部获取;步长 n 表示隔 n-1 个获取,n 不能等于 0);否则返回空字符串。当步长 n 是负数时,反向获取子字符串,按 n+1 的绝对值隔取,但此时的起始位置在字符串中的绝对位置必须是结束位置在字符串中的绝对位置的右侧,而且两者之间有字符,则返回子字符串含起始位置的字符,不含结束位置的字符;否则返回空子字符串。具体例子如图 6-10 所示。

```
43 #通过切片操作获取一个字符串的子字符串,还使用字符串str_i1
44 so_str_01 = str_i1[::]          #头默认为0,尾默认为字符串长度,步长默认为1
45 so_str_02 = str_i1[::2]         #返回从头到尾按步长为2获取的子字符串
46 so_str_03 = str_i1[0:9:]        #返回从头到索引8的子字符串,不含索引9的字符
47 so_str_04 = str_i1[4:4:]        #4到4之间没有字符,返回空子字符串
48 so_str_05 = str_i1[-10:-2:]     #逆向序号获取的方法
49 so_str_06 = str_i1[0:-2:]       #正向和逆向序号混用获取的方法
50 so_str_07 = str_i1[-10:8:]      #正向和逆向序号混用获取的方法
51 so_str_08 = str_i1[0:8:]        #正向序号获取
52 so_str_09 = str_i1[4:-10:]      #正向和逆向序号混用获取空字符串
53 so_str_10 = str_i1[8:0:-1]      #正向序号获取反向子字符串
54 so_str_11 = str_i1[8:-10:-2]    #正向和逆向序号混用获取反向子字符串
```

图 6-10 字符串的切片操作

各种变量在 Debug Control 中对应的存储值如图 6-11 所示。

so_str_01	'字符串序号的顺序原则'
so_str_02	'字串号顺原'
so_str_03	'字符串序号的顺序原'
so_str_04	''
so_str_05	'字符串序号的顺序'
so_str_06	'字符串序号的顺序'
so_str_07	'字符串序号的顺序'
so_str_08	'字符串序号的顺序'
so_str_09	''
so_str_10	'原序顺的号序串符'
so_str_11	'原顺号串'

图 6-11 Debug Control 中对应的存储值

注意:正向截取字符串的子字符串时,起始位置和结束位置的值大小不是固定的,只要起始位置在结束位置左侧就可能返回子字符串,否则位置相等或起始位置在结束位置的右侧就返回空子字符串;反向截取时,位置正好反过来。同时,在进行切片操作时,如果索引位置超出范围,会触发 IndexError(索引错误);任何针对获取的子字符串的赋值操作都是错误的,如 str_i1[::] = 'new string',会触发 TypeError(类型错误)。

字符串相关类型及其操作(3)

3．算术运算符

算术运算符也可作用到字符串类型,如"+""*"和"%"可以基于字符串

进行操作，但含义与数字类型数据运算含义不一样。相关操作的含义如下。

"+"用于字符串的操作时表示两个字符串的拼接操作，并返回连接之后的一个字符串；

"*"用于字符串的重复操作时，此时"*"两端的数据类型分别是字符串和整数类型，满足交换律；

"%"是对字符串进行格式化时使用的符号（详见第 15 章），目前直接用的比较少。

具体例子如图 6-12 所示。

```
57  #字符串的混合运算
58  #利用+完成字符串的连接操作
59  o_str_1 = str_create_1 + str_create_3
60  o_str_2 = str_create_3 + str_create_5 + str_create_6
61  #利用*完成字符串的重复操作
62  o_str_3 = str_create_7*3
63  o_str_4 = 2*str_create_6
64  #字符串的混合操作
65  o_str_5 = 2*str_create_6 + str_create_8
66  o_str_6 = str_create_6*3 + str_create_8
67  o_str_7 = str_create_5 + str(3+8)
68  o_str_8 = str_create_5 + str_i1[0:8:]*3
```

图 6-12 字符串运算中的各种算术运算符

各种变量在 Debug Control 中对应的存储值如图 6-13 所示。

o_str_1	'利用赋值直接创建字符串："可以用符号嵌套" 3'
o_str_2	"3(1+3.14j)b\'Zoot!\'"
o_str_3	'TrueTrueTrue'
o_str_4	"b\'Zoot!\'b\'Zoot!\'"
o_str_5	"b\'Zoot!\'b\'Zoot!\'字符串1字符串2"
o_str_6	"b\'Zoot!\'b\'Zoot!\'b\'Zoot!\'字符串1字符串2"
o_str_7	'(1+3.14j)11'
o_str_8	'(1+3.14j)字符串序号的顺序字符串序号的顺序字符串序号的顺序'

图 6-13 Debug Control 中对应的存储值

6.3 内置函数

Python 提供的很多内置函数都可用于字符串、字节串和其他类型数据的操作，本节介绍几个这类内置函数。

1. input()和 print()函数

基本输入/输出函数：input()函数——基本输入函数和 print()函数——基本输出函数。print 在 Python 2 中是表达式的形式，在 Python 3 中是函数的形式。

（1）input()函数

基本格式：input([prompt])。

prompt 参数是可选的。如果传入 prompt 参数，则将其写入标准输出，结尾默认不带换行符（如果参数中含有换行符，输入提示时就会换行）。然后，函数从输入中读取一行，将其转换为字符串的同时会去掉结尾的换行符，并返回该字符串。

使用方法：in_str = input('--> ')、in_data = input('请输入你要传入的数据:')等形式。

（2）print()函数

基本格式：print(*objects, sep=' ', end='\n', file=sys.stdout, flush = False)。

print()函数是把对象输出到文本流文件中。*objects 表示可同时传入多个不同的对象（不同的参

字符相关类型及其
操作（4）

数对象之间用"，"分开），但输出信息时，不同对象之间用 sep 分隔，sep 的默认值是一个空格，使用者可自定义用于分隔的符号；在输出所有对象信息时，print()函数会在结尾加上 end 字符串，默认 end 值是"\n"（表示换行符），因此前面每次输出后光标都会自动换到下一行，使用者可自定义用于结束的符号；file 是指定类似文件的对象（流），默认为当前系统标准输出；flush 设置的是对缓存刷新，默认为不刷新，当 file 是一个创建的写入文件且 flush 设置为 True 时，程序就会直接把缓存区的内容存入文件，而不是等文件关闭时再保存（flush 是在 3.3 版本更改时新增加的参数）。使用函数时，所有的非关键字参数（相关概念详见第 12 章，目前可以简单理解为要输出的直接对象）都会被转换成字符串类型，类似调用了函数 str()；当 sep 和 end 都是 None 时会使用默认值，其他情况必须为字符串；如果非关键字参数 objects 为空，则只写入 end。file 参数必须是一个具有 write(string) 方法的对象；如果参数不存在或为 None，则将使用标准输出（sys.stdout）。由于要输出的参数会被转换为文本字符串，因此 print()不能用于二进制模式的文件对象。

使用方法：

print()，默认只是换行；

print(1,)、print(1,'和这个字符串中间默认有一个空格',end='\n')、print(1,'和这个字符串中间没有空格',sep='',end='')、print(1,'和这个字符串中间没有空格',end='',sep='')等。

关键字参数 end 和 sep 可以互换位置，但不能在输出对象之间进行传入，即它们是不能在非关键字参数 objects 之间进行传入的。使用 print(1, end='','和这个字符串中间没有空格', sep='')的方式是错误的（详见第 12 章）。

（3）案例

涉及文件的例子暂不展示，其他例子如图 6-14 所示。

图 6-14　几种内置函数使用方法

相关输入、输出的值如图 6-15 所示。

图 6-15　相关输入、输出的值

2. ord()和 chr()函数

ord()函数和 chr()函数是一对互逆函数，它们是单个 Unicode 字符的字符串和整数之间互相转换的两个函数。

（1）ord()函数

基本格式为 ord(c, /)，返回一个 Unicode 字符的字符串对应的 Unicode 编码的整数值，即参数 c 为有且只有一个 Unicode 字符的字符串。

使用方法：

ord('a')，返回整数 97；

ord('€')（€表示欧元符号），返回 8364；

ord('学')，返回 23398。

需要注意的是，ord()函数必须传入一个参数，且这个参数是长度为 1 的字符串。

（2）chr()函数

基本格式为 chr(i)，返回 Unicode 编码中码位为整数 i 的字符的字符串格式。

chr()函数必须传入一个参数，传入的实参 i 的合法范围是 0～1114111（十六进制表示是 0x10FFFF），需要注意的是实参 i 可以用不同进制形式的整数表示。如果 i 超过这个范围，会触发 ValueError 异常。

使用方法：

chr(97)，返回字符串'a'；

chr(8364)，返回字符串'€'；

chr(23398)，返回字符串'学'。

（3）案例

具体例子如图 6-16 所示。

```
85  #ord()函数和chr()函数是一对互逆函数
86  o_ord_1 = ord('a')          #返回a对应的Unicode编码值
87  o_ord_2 = ord('€')          #返回€（欧元符号）对应的Unicode编码值
88  o_ord_3 = ord('学')         #返回"学"对应的Unicode编码值
89  o_chr_1 = chr(97)           #返回字符串'a'
90  o_chr_2 = chr(8364)         #返回字符串'€'
91  o_chr_3 = chr(23398)        #返回字符串'学'
```

图 6-16　ord()函数和 chr()函数的使用方法

各种变量在 Debug Control 中对应的存储值如图 6-17 所示。

o_chr_1	'a'
o_chr_2	'€'
o_chr_3	'学'
o_ord_1	97
o_ord_2	8364
o_ord_3	23398

图 6-17　Debug Control 中对应的存储值

3．repr()、ascii()和 eval()函数

repr()、ascii()和 eval()这 3 个内置函数都与字符串的操作直接或间接相关。

（1）repr()函数

基本格式为 repr(obj, /)，返回对象 obj 的规范字符串表示形式；返回的字符串形式是用于生成解释器可读的表示形式，如果没有等效的语法，则会强制执行 SyntaxError。如果可能，则其应类似一个有效的 Python 表达式，能被用来重建具有相同值的对象（只要有适当的环境）；如果这不可能，则应返回形式如<…some useful description…>的字符串，该字符串包含对象类型的名称以及通常包括对象名称和地址的附加信息。同时，返回值必须是一个字符串对象。对于许多对象类型（包括大多

数内置对象），eval(repr(obj)) == obj。一个自定义的类对象 obj 的返回信息是可以通过__repr__()方法来控制此函数为它的实例所返回的内容的。

使用方法：repr(b'hello world')、repr('hello world')、repr(1+3J)、repr(3.14)、repr(True)、repr('北京欢迎您！')等。

（2）ascii()函数

基本格式为 ascii(obj, /)，该函数就像 repr()一样，返回对象的仅 ASCII 表示形式的字符串。如果 obj 中出现了非 ASCII 表示的字符，则使用"\\x""\\u"或"\\U"等转义字符的 repr(obj, /)形式返回。

使用方法：ascii(1+3J)、ascii(True)和 ascii('北京欢迎您！')等。

（3）eval()函数

基本格式为 eval(expression[, globals[, locals]])，在全局和局部的上下文中评估给定的实参"表达式"，一般以字符串形式出现。其中，globals 实参必须是一个字典对象（详见第 14 章），locals 可以是任何映射对象。这个函数也可用来执行任何代码对象（如利用 compile()创建的），此时的参数是代码对象，而不是字符串。如果编译该对象时的 mode 实参是"exec"，那么 eval()返回值就为 None（参见 12.6 节）。expression 参数会作为一个 Python 表达式（从技术上说是一个条件列表）被解析并求值，使用 globals 和 locals 字典作为全局和局部命名空间。函数的返回值为 expression 求值的结果。

使用方法：rae_eval_1 = eval(rae_repr_6)、rae_eval_2 = eval('1+o_ord_1')和 rae_eval_3 = eval('"2"+rae_repr_4')等，其中 rae_repr_6、o_ord_1 和 rae_repr_4 延续前文的定义。

（4）案例

具体例子如图 6-18 所示。

```
94 #repr()、ascii()、eval()这3个函数的使用
95 rae_repr_1 = repr(b'hello world')        #传入字节串
96 rae_repr_2 = repr('hello world')         #传入字符串
97 rae_repr_3 = repr(1+3J)                  #传入复数
98 rae_repr_4 = repr(3.14)                  #传入浮点数
99 rae_repr_5 = repr(True)                  #传入bool型值
100 rae_repr_6 = repr('北京欢迎您！')        #传入中文字符串
101
102 rae_ascii_1 = ascii(1+3J)               #传入复数
103 rae_ascii_2 = ascii(True)               #传入bool型值
104 rae_ascii_3 = ascii('北京欢迎您！')      #传入中文字符串
105
106 rae_eval_1 = eval(rae_repr_6)           #返回rae_repr_6字符串去掉引号对应的值
107 rae_eval_2 = eval('1+o_ord_1')          #返回1+o_ord_1的值
108 rae_eval_3 = eval('"2"+rae_repr_4')     #返回"2"+rae_repr_4的值
```

图 6-18　repr()函数、ascii()函数和 eval()函数的使用方法

各种变量在 Debug Control 中对应的存储值如图 6-19 所示。

rae_ascii_1	'(1+3j)'
rae_ascii_2	'True'
rae_ascii_3	"'\\\\u5317\\\\u4eac\\\\u6...\\u8fce\\\\u60a8\\\\uff01'"
rae_eval_1	'北京欢迎您！'
rae_eval_2	98
rae_eval_3	'23.14'
rae_repr_1	"b'hello world'"
rae_repr_2	"'hello world'"
rae_repr_3	'(1+3j)'
rae_repr_4	'3.14'
rae_repr_5	'True'
rae_repr_6	"'北京欢迎您！'"

图 6-19　Debug Control 中对应的存储值

4．bin()、oct()和hex()函数

bin()、oct()、hex()这3个函数主要是对数字类型进行构造、对不同进制的数字进行转换的函数。它们分别将整数转换为以"0b""0o""0x"为前缀的相应进制的字符串，涉及的字母都会转换为小写。如果传入的参数不是 Python 整数（十进制、二进制、八进制、十六进制等）对象，则必须定义返回整数的__index__()方法，否则会触发 TypeError。其中，参数中表示二进制、八进制、十六进制的前缀中的字母大小写含义一样。

字符相关类型及其操作（5）

（1）bin()函数

基本格式为 bin(x)，功能是将整数 x 转换为以"0b"为前缀的小写二进制的字符串。如果 x 不是整数（十进制、二进制、八进制、十六进制等）类型对象，则 x 对应的类型对象必须定义返回整数类型的__index__()方法。

使用方法如 bin(5)、bin(-12)、bin(0B1010)、bin(0O1010)、bin(0X1010)等，它们可以利用 eval()函数和 int()函数进行操作。具体例子如图 6-20 所示。

```
110 #整数数字相关内置函数,进行进制转换: bin()、oct()、hex()
111 boh_bin_1 = bin(5)            #把十进制5转换成二进制字符串
112 boh_bin_2 = bin(-12)          #把十进制-12转换成二进制字符串
113 boh_bin_3 = bin(0B1010)       #把二进制1010转换成二进制字符串
114 boh_bin_4 = bin(0O1010)       #把八进制1010转换成二进制字符串
115 boh_bin_5 = bin(0X1010)       #把十六进制1010转换成二进制字符串
116 boh_beval_6 = eval(boh_bin_5) #把二进制字符串传入evalt(),返回十进制整数
117 boh_bint_7 = int(boh_bin_5,base=2) #把二进制字符串传入int(),返回十进制整数
```

图 6-20　bin()函数的使用方法

各种变量在 Debug Control 中对应的存储值如图 6-21 所示。

boh_beval_6	4112
boh_bin_1	'0b101'
boh_bin_2	'-0b1100'
boh_bin_3	'0b1010'
boh_bin_4	'0b1000001000'
boh_bin_5	'0b1000000010000'
boh_bint_7	4112

图 6-21　Debug Control 中对应的存储值

（2）oct()函数

基本格式为 oct(x)，功能是将整数 x 转换为以"0o"为前缀的小写八进制的字符串。如果 x 不是整数（十进制、二进制、八进制、十六进制等）类型对象，则 x 对应的类型对象必须定义返回整数类型的__index__()方法。

使用方法如 oct(5)、oct(-12)、oct(0B1010)、oct(0O1010)、oct(0X1010)等，它们可以利用 eval()函数和 int()函数进行操作。具体例子如图 6-22 所示。

```
118 #oct()函数相关转换
119 boh_oct_1 = oct(5)            #把十进制5转换成八进制字符串
120 boh_oct_2 = oct(-12)          #把十进制-12转换成八进制字符串
121 boh_oct_3 = oct(0B1010)       #把二进制1010转换成八进制字符串
122 boh_oct_4 = oct(0O1010)       #把八进制1010转换成八进制字符串
123 boh_oct_5 = oct(0X1010)       #把十六进制1010转换成八进制字符串
124 boh_oeval_6 = eval(boh_oct_5) #把八进制字符串传入evalt(),返回十进制整数
125 boh_oint_7 = int(boh_oct_5,base=8) #把八进制字符串传入int(),返回十进制整数
```

图 6-22　oct()函数的使用方法

各种变量在 Debug Control 中对应的存储值如图 6-23 所示。

boh_oct_1	'0o5'
boh_oct_2	'-0o14'
boh_oct_3	'0o12'
boh_oct_4	'0o1010'
boh_oct_5	'0o10020'
boh_oeval_6	4112
boh_oint_7	4112

图 6-23　Debug Control 中对应的存储值

（3）hex()函数

基本格式为 hex(x)，功能是将整数 x 转换为以"0x"为前缀的小写十六进制的字符串。如果 x 不是整数（十进制、二进制、八进制、十六进制等）类型对象，则 x 对应的类型对象必须定义返回整数类型的__index__()方法。

使用方法如 hex(5)、hex(-12)、hex(0B1010)、hex(0O1010)、hex(0X1010)等，它们可以利用 eval() 函数和 int()函数进行操作。具体例子如图 6-24 所示。

```
126 #hex()函数相关转换
127 boh_hex_1 = hex(5)                    #把十进制5转换成十六进制字符串
128 boh_hex_2 = hex(-12)                  #把十进制-12转换成十六进制字符串
129 boh_hex_3 = hex(0B1010)              #把二进制1010转换成十六进制字符串
130 boh_hex_4 = hex(0O1010)              #把八进制1010转换成十六进制字符串
131 boh_hex_5 = hex(0X1010)              #把十六进制1010转换成十六进制字符串
132 boh_heval_6 = eval(boh_hex_4)        #把十六进制字符串传入evalt()，返回十进制整数
133 boh_hint_7 = int(boh_hex_4, base=16) #把十六进制字符串传入int()，返回十进制整数
```

图 6-24　hex()函数的使用方法

各种变量在 Debug Control 中对应的存储值如图 6-25 所示。

boh_heval_6	520
boh_hex_1	'0x5'
boh_hex_2	'-0xc'
boh_hex_3	'0xa'
boh_hex_4	'0x208'
boh_hex_5	'0x1010'
boh_hint_7	520

图 6-25　Debug Control 中对应的存储值

5．type()和 isinstance()函数

通常，在 Python 中每个对象都归属于某个类型，而 type()函数和 isinstance()函数正是与判断对象类型相关的内置函数。

（1）type()函数

基本格式：type(object)和 type(name, bases, dict)。

当一个对象（object）作为实参传入函数时，函数会返回对象（object）的类型。返回值是一个类型对象，如 int、bool、float、complex、str 等数据类型对象，返回值的格式是<class 'str'>，通常与 object.__class__所返回的对象相同；当传入 name、bases、dict 这 3 个参数时，返回一个新的类型实例对象。第二种形式本质上是类（类相关知识详见第 16 章）语句的一种动态创建形式。动态创建即为随用随创建，而不是用文件的方式创建——静态创建。name 是一个"类名"的字符串且会成为类

的__name__属性；bases 是 name 对应类的所有基类的元组类型值，元组中列出所有的基类类型，如 str、int、object 等，并且会成为类的__bases__属性；而参数 dict 为包含类主体定义的命名空间并会被复制到一个标准字典，且会成为类的__dict__属性。

使用方法：ti_type_1 = type(boh_hint_7)、ti_type_2 = type(boh_hex_5)等。

（2）isinstance()函数

基本格式：isinstance(object, classinfo)。

如果参数 object 是参数 classinfo 的实例或者是其（直接、间接或虚拟）子类的实例，返回 True；如果参数 object 不是参数 classinfo 给定类型的对象实例，返回 False。如果 classinfo 是类型对象元组（或由其他此类元组递归组成的元组），那么 object 是其中任何一个类型的实例，返回 True；如果 classinfo 既不是数据类型，也不是数据类型元组或数据类型元组的元组，则将引发 TypeError 异常。

使用方法：isinstance(boh_hex_5,int)、isinstance(boh_hex_5,str)、isinstance(True, int)等。

（3）案例

具体例子如图 6-26 所示。

```
135 #type()函数和isinstance()函数判断对象实现类型
136 ti_type_1 = type(boh_hint_7)           #查看变量boh_hint_7的实现类型
137 ti_type_2 = type(boh_hex_5)            #查看变量boh_hex_5的实现类型
138 ti_isinstance_1 = isinstance(boh_hex_5, int)  #查看变量boh_hex_5是否是int类型
139 ti_isinstance_2 = isinstance(boh_hex_5, str)  #查看变量boh_hex_5是否是str类型
140 ti_isinstance_3 = isinstance(True, int)       #查看bool类型是否是int的子类型
```

图 6-26　type()函数和 isinstance()函数的使用方法

各种变量在 Debug Control 中对应的存储值如图 6-27 所示。

```
ti_isinstance_1   False
ti_isinstance_2   True
ti_isinstance_3   True
ti_type_1         <class 'int'>
ti_type_2         <class 'str'>
```

图 6-27　Debug Control 中对应的存储值

注意：type()函数返回的就是类型本身，不考虑类型之间的继承关系。而 isinstance()函数会认为子类、间接子类或虚拟子类也是其所继承的一种父类类型，即考虑了继承关系。关于子类、继承等概念详见第 16 章。

6．id()函数

基本格式为 id(object)，功能是返回对象的"标识值"。该值是一个整数，在此对象的生命周期中保证是唯一且恒定的。两个生命周期不重叠的对象可能具有相同的 id()值。其中，CPython 的主要实现思路是返回对象在内存中的地址。

使用方法：id（'字符串对象'）、id（3.14）、id(o_str_8)（o_str_8 为在上文定义的变量）等。此函数必须有一个参数传入，否则就会报 TypeError（类型错误）。示例代码如图 6-28 所示。

```
142 #id()函数的例子
143 id_1 = id('字符串对象')              #一个常量字符串的id
144 id_2 = id(3.14)                     #一个浮点数的id
145 id_3 = id(ti_isinstance_3)          #上述计算结果ti_isinstance_3的id
146 #id()会报类型错误
```

图 6-28　id()函数的使用方法

Debug Control 中对应的存储值如图 6-29 所示。

id_1	44022928
id_2	43859216
id_3	8791065416208

图 6-29　Debug Control 中对应的存储值

6.4　习题

字符相关类型及其操作小结

1．基础题

（1）字符串类型在 Python 中的名称是什么？

（2）字符串的定位符有哪些？

（3）在 Python 3 中字符串获取的字符都是什么编码的字符？

（4）字符串是什么性质的序列类型？内置的序列类型有哪些？哪些是基本的序列类型，哪些是附加序列类型，它们的作用是什么？

（5）str_1=str()、str_2=str(3)、str_3=str(3.14)、str_4=str(1+3.14J)返回的值分别是什么？

（6）字节串类型在 Python 中的名称是什么？

（7）字节串和字符串是什么关系？

（8）字节串的定位符有哪些？

（9）字节串是什么性质的序列类型？

（10）bytes_1=b'still allows embedded "double" quotes'、bytes_2=bytes()、bytes_3=bytes(5)返回的值分别是什么？

（11）字符串序列的正向序号和反向序号是如何规定的？

（12）简述索引操作的含义并举例说明。

（13）简述切片操作的含义并举例说明。

（14）用于字符串操作的运算符有哪些？简述其含义。

（15）简述 input()函数的含义、原理和使用方法。

（16）简述 print()函数的含义、原理和使用方法。

（17）简述 ord()函数及 chr()函数的含义、原理和使用方法。

（18）简述 ascii()函数、eval()函数及 repr()函数的含义、原理和使用方法。

（19）简述 type()函数及 isinstance()函数的含义、原理和使用方法。

（20）简述 id()函数的含义、原理和使用方法。

2．综合题

（1）'字符串 "0" 赋值演示'、"字符串 1L"、"""多行字符串不加转义字符的情况下可以用三引号对，其中所有的空格也都是字符串的内容"""，哪些是字符串值的合法形式？

（2）序列类型的主要实现原理借助了什么方法？其中一个实现了相应的方法，但不是序列类型的类型是什么？

（3）简述字符串和字节串的构造方法。

（4）b'still allows embedded "double" quotes'、b'字节串构造方法'、bytes()、bytes(5)等字节串创建方法是否正确？说明原因。

（5）编写一段程序，实现把输入的内容、内容的类型、内存地址、内容是否是整数类型等的值进行输出。

（6）运行程序语句 str_i1 = '字符串序号的顺序原则'、so_str_01 = str_i1[::]、so_str_02 = str_i1[::2]、so_str_03 = str_i1[0:9:]、so_str_04 = str_i1[4:4:]、so_str_05 = str_i1[-10:-2:]、so_str_06 = str_i1[0:-2:]、so_str_07 = str_i1[-10:8:]、so_str_08 = str_i1[0:8:]、so_str_09 = str_i1[4:-10:]、so_str_10 = str_i1[8:0:-1]、so_str_11 = str_i1[8:-10:-2]、so_str_12 = str_i1[8:-11:-2]后，各个变量的值是多少?

（7）上题中只调整 str_i1 = '字符串 order 原则'，执行各个语句后，各个变量的值是多少?

3．扩展题

（1）变量 int_1 = 3，则表达式 str(int_1)*2 + str(int_1*2) + str(eval('int_1'))的输出值是什么?

（2）编写一段程序判断输入的数字是否是回文数。

（3）编写一段程序实现把输入的身份证号中的生日提取出来。

（4）简述目前涉及的可用于两个字符串之间的符号，并解释使用场景和含义。（提示：没有符号、逗号、加号、空格、制表符。）

第7章 运算符及其优先级

运算是程序语言实现的主要功能之一，Python 也不例外。前面已经讲解了关于算术运算符的计算方法和优先级，以及在程序中使用的简单方法，本章将重点介绍逻辑运算符（or、and、not）、比较运算符（关系运算符、成员运算符、身份运算符）、位运算符、赋值运算符、增强型赋值运算符等的原理、所使用的符号或关键词、运算逻辑和优先级。

本章的 5 个关键字是 and、or、not、is、in。本章词云图如图 7-1 所示。

图 7-1 本章词云图

7.1 逻辑运算符

逻辑运算又称布尔运算，是实现逻辑的最基本运算方式。Python 的主要逻辑运算不是基于符号，而是基于 3 个关键词：and、or、not。and 用于两个对象进行逻辑与的运算，or 用于两个对象进行逻辑或的运算，not 用于对一个对象取反的逻辑运算。Python 具体逻辑运算的运算逻辑如表 7-1 所示。

运算符及其
优先级（1）

表 7-1　and、or、not 基于 bool 类型的运算逻辑

运算形式	操作数		
	X	Y	结果
X and Y	X（逻辑 True）	Y	Y
	X（逻辑 False）		X

运算形式	操作数		
	X	**Y**	**结果**
X or Y	X（逻辑 True）		X
	X（逻辑 False）	Y	Y
not X	X（逻辑 True）		False
	X（逻辑 False）		True

此时表 7-1 中空的地方操作数对象的值没有限制。这是因为在计算 X and Y 程序语句时，会先评估 X 的值，如果 X 是逻辑假，就直接返回操作数的值 X，此时 Y 被完全忽略（在交互式开发环境中即使 Y 有错误都不会影响返回操作数的值 X）；同样，or 也有这个特点，只是 X 的值必须是逻辑真。这就是 and 和 or 的惰性求值或逻辑短路的特点。同时，上述操作数对应括号中的 True 和 False 都是逻辑上的真或假，而不一定非得是逻辑值对象 True 和 False 两个关键字；只有 not 运算结果返回的是 bool 类型中的逻辑值对象 True 和 False。

1. 对象的逻辑真测试

在 Python 中，任何基于 object 的对象都可进行逻辑真的测试，以用于 if 条件分支语句（详见第 8 章）、while 循环条件（详见第 11 章）以及作为逻辑操作运算。其中，内置对象的逻辑假的规定如下：

Python 的常量中被定义为逻辑假的是 None 和 False；

任何数字类型的 0 形式都是逻辑假，具体包括 0（整数中的 0）、0.0（浮点数中的 0 形式）、0J（0j、0+0j、0+0J 3 种形式一样，都是各种形式的复数 0J）、Decimal(0)[Decimal(0.0)等"0"的不同形式]、Fraction(0, 1)[Fraction(0, 2)等形式，只要为"0"值的分数都是]；

空序列和空集合等都是逻辑假，具体有''、()、[]、{}、set()、range(0)，即空字符串、空元组、空列表、空字典、空集合、空 range[形如 range(0)、range(1,0)等形式]。

2. Python 逻辑假实现机制及计算案例

一个对象的所有实例都被默认为逻辑真，除非在它的类（详见第 16 章）中定义了一个 __bool__()方法返回 False 或者定义了一个 __len__()方法可以返回 0。即类型的逻辑假的实现是基于数据类型内部的 __bool__()或 __len__()方法实现的，默认都会继承 Python 的对象类的相应方法。

基于对象的逻辑真的规定及表 7-1 所展示的规则，应用具体对象进行逻辑运算的示例如表 7-2 所示。表 7-2 中没有涉及的类型计算思路一样。

表 7-2 and、or、not 的运算逻辑示例

运算形式	操作数		
	X	**Y**	**结果**
X and Y	X('T')	Y	Y
	X('')		X('')
X or Y	X('T')		X('T')
	X('')	Y	Y
not X	X(2)		False
	X('')		True

可见，当参数不是 bool 类型数据时，not 运算会创建新的值，返回 bool 类型常量 True 和 False，忽略了原有参数的类型；and 和 or 都是返回基于不同类型的逻辑真与逻辑假。True or d（d 变量没有定义）在 IDLE 的交互式开发环境和文件式开发环境下都不会报错，因为 d 直接被解释器忽略；但对于一些高级开发环境，这时就会报语法错误。

运算符及其优先级（2）

逻辑运算相关例子如图 7-2 所示。

```
 1 ###################################################
 2 #        8  各种运算符及表达式
 3 #        zga
 4 #        1.0
 5 ###################################################
 6 bool_ops_b_and_1  = True and '返回后面的值'
 7 bool_ops_b_and_2  = False and 可以没有任何含义也不报错
 8 bool_ops_b_or_1   = True or   可以没有任何含义也不报错
 9 bool_ops_b_or_2   = False or '返回后面的值'
10 bool_ops_b_not_1  = not True
11 bool_ops_b_not_2  = not False
12
13 #具体类型中的逻辑真与假的逻辑运算
14 bool_ops_s_and_1  = 'T' and '返回后面的值'
15 bool_ops_s_and_2  = '' and 可以没有任何含义也不报错
16 bool_ops_s_or_1   = 'T' or  可以没有任何含义也不报错
17 bool_ops_s_or_2   = '' or '返回后面的值'
18 bool_ops_s_not_1  = not 2
19 bool_ops_s_not_2  = not ''
20 bool_ops_f_1 = True or d                        #不会报语法错误
21 bool_ops_f_2 = '' and d                         #不会报语法错误
```

图 7-2　逻辑运算相关例子

Debug Control 中对应的存储值如图 7-3 所示。

bool_ops_b_and_1	'返回后面的值'
bool_ops_b_and_2	False
bool_ops_b_not_1	False
bool_ops_b_not_2	True
bool_ops_b_or_1	True
bool_ops_b_or_2	'返回后面的值'
bool_ops_f_1	True
bool_ops_s_and_1	'返回后面的值'
bool_ops_s_and_2	''
bool_ops_s_not_1	False
bool_ops_s_not_2	True
bool_ops_s_or_1	'T'
bool_ops_s_or_2	'返回后面的值'

图 7-3　Debug Control 中对应的存储值

and 和 or 并不会强制转换结果的值及类型，即没有强制转换到 bool 类型的两个常量 False 和 True，而是返回最后计算的参数。这体现了 Python 提倡代码精简的理念，譬如当一个字符串 s 是空时，被缺省值'字符串是空'所代替，就可以表达为：s or '字符串是空'产生所需的值。

3．逻辑运算符的优先级

逻辑运算符按优先级从高到低是 not、and、or，例如，bool_ops_all_1 = '字符串' and not 2 or '字符串逻辑真'，其中先算 not 2，返回 False；再算'字符串' and False，返回 False；最后计算 False or

'字符串逻辑真'，返回'字符串逻辑真'。逻辑运算符的优先级相关例子如图 7-4 所示。

```
23 #逻辑运算符的优先级
24 bool_ops_all_1  = '字符串' and not 2 or '字符串逻辑真'
25 bool_ops_all_2  = '字符串' and not '' or '字符串逻辑真'
26 bool_ops_all_3  = 1314 and not 2 or 521
27 bool_ops_all_4  = 1314 and not 0 or 521
```

图 7-4 逻辑运算符的优先级相关例子

Debug Control 中对应的存储值如图 7-5 所示。

bool_ops_all_1	'字符串逻辑真'
bool_ops_all_2	True
bool_ops_all_3	521
bool_ops_all_4	True

图 7-5 Debug Control 中对应的存储值

7.2 比较运算符

Python 中明确描述有 10 种"值"比较操作，它们之间的优先级相同。基于数学、关系和英文定义等的区别，比较运算符可分为关系运算符、身份运算符和成员运算符。

运算符及其优先级（3）

1. 关系运算符

关系运算符主要来源于数学符号，但又不同于数学中的关系，主要用于比较不同对象的大小、顺序、是否相同等关系。关系运算符有">"">="<"<="=="!="等，运算时具有两个参数对象，而且没有强制要求对象的类型一致，但">"">="<"<="只能用于可以比较大小或顺序的数据类型（如 int、str 等），"=="!="则可用于比较任意两个对象是否相同。关系运算符的含义如表 7-3 所示。

表 7-3 关系运算符的含义

符号	>	>=	<	<=	==	!=
含义	严格大于	大于等于	严格小于	小于等于	相等	不等于
返回值	False 或 True					
说明	复数类型不能和任何内置类型比较大小关系，会报类型错误；除了不同数字类型的，两个不同类型对象不能进行这 4 种大小关系比较；没有被定义顺序的对象也不能比较				除了不同数字类型的，不同类型的对象可以比较，但就是不能相等	

注意：某些类型（如函数对象）只支持退化的比较概念，这些类型的任何两个对象都不相等。类（相关概念详见第 16 章）的不相同实例一般比较时都返回 False，除非这个类定义了__eq__()方法。

Python 中所有的类型都是 object 类型直接或间接的子类型，所以它们从 object 继承默认的关系比较行为，即类型本身一般不提供默认的大小（或顺序）关系比较（"<"">""<="">="），这主要是考虑到缺少与等式类似的不变量，若类型数据之间使用大小（或顺序）关系比较就会触发 TypeError。但类型可以通过实现丰富的关系比较方法来定制它们的大小（或顺序）比较行为。这说明一个类的任何实例都不能相对于同一类的其他实例或其他类型的对象进行排序，除非这个类定义了所有关系比较运算符的方法：__lt__()、__le__()、__gt__()和__ge__()；当然，一般定义__lt__()和__eq__()就足够了。在常规情况下，通过逻辑运算符是可以实现其他几个函数的逻辑的。

相等关系比较的默认运算（"=="和"!="）基于对象（object）的标识（标识是一个对象实例的不变量）。因此，具有相同身份标识的实例的相等性关系比较结果是相等，而具有不同身份标识的实例的相等性关系比较结果是不相等。这种默认行为的动机是希望所有对象都是自反的（即 x is y，具体见身份运算符，意味着 x==y）。

（1）基于"值"的关系比较

默认相等关系比较的运算规则：具有不同身份标识的实例总是不相等的，与基于"值"的相等性关系比较的类型形成对比。这样的类型需要定制它们的相等性关系比较运算符，许多内置类型已经做到了这一点。一些主要内置类型的关系比较运算逻辑如下。

① 内置数字类型（int、float、complex）与标准库中的类型 fraction.Fraction 和 decimal.Decimal 的关系可以在其类型之内和类型之间进行比较，但复数类型是不支持大小（或顺序）比较的（即不支持符号"<"">=""<="">"，强制比较会触发错误）。在涉及类型的范围内（即可以比较的类型范围内），它们会基于数学（或算法）规则进行正确的比较，而不会损失精度。

② 非数字值 float('NaN')和 decimal.Decimal('NaN')是特殊的。任何数字与非数字值的任何有序比较都是 False。注意：与直觉相反的含义是，非数字值不等于它们自己（非数字比较行为不符合自反性）。例如，如果 nan = float('NaN')，则 3 < nan、nan < 3 和 nan == nan 均为假，而 nan != nan 为真，但是 nan is nan 为真。此运算符合 IEEE 754 的标准。

③ 二进制序列（字节或字节数组的实例）可以在其类型之内或类型之间进行比较。它们按其元素的数值在字典上的顺序进行比较。

④ 字符串（str 的实例）按其字符的数字 Unicode 编码（内置函数 ord()的结果）在字典上的顺序进行比较。

⑤ 字符串和二进制序列不能直接比较。

其他内置类型关系比较运算会在其类型介绍中讲解。比较运算符相关例子如图 7-6 所示。

```
29  ##############################################
30  #              比较运算符
31  ##############################################
32  #关系运算符-数字类型之间
33  comparisons_n_01 = 1 < 0.9
34  comparisons_n_02 = 1 <= 1.0
35  comparisons_n_03 = 1 > 0.9
36  comparisons_n_04 = 1 >= 1.0
37  comparisons_n_05 = 1 == 1.0
38  comparisons_n_06 = 1 != 0.9
39
40  comparisons_s_01 = 'adcd' < 'bcd'
41  comparisons_s_02 = 'abcd' <= 'abcd'
42  comparisons_s_03 = '' > 'abcd'
43  comparisons_s_04 = 'ab' >= 'abcd'
44  comparisons_s_05 = 'ab' == 'ab'
45  comparisons_s_06 = 'ab' != 'abc'
46  comparisons_s_07 = 'ab' == 1
47  comparisons_s_08 = 1.0 != 'abc'
48  #comparisons_e_1 = complex(1+2J) > complex(1+3J)#复数类型比较会报错
49  #comparisons_e_2 = 1 > '3' #int 类型和str类型比较会报错
50  x = float('NaN')#非数字类型
51  comparisons_m_01 = 3 < x
52  comparisons_m_02 = x < 3
53  comparisons_m_03 = x == x
54  comparisons_m_04 = b'Hello world!' > b'Hello China!'
55  str_c_1,str_c_2 = '字','串'
56  comparisons_m_05 = (str_c_1 > str_c_2) == (ord(str_c_1) > ord(str_c_2))#等价
```

图 7-6 比较运算符相关例子

Debug Control 中对应的存储值如图 7-7 所示。

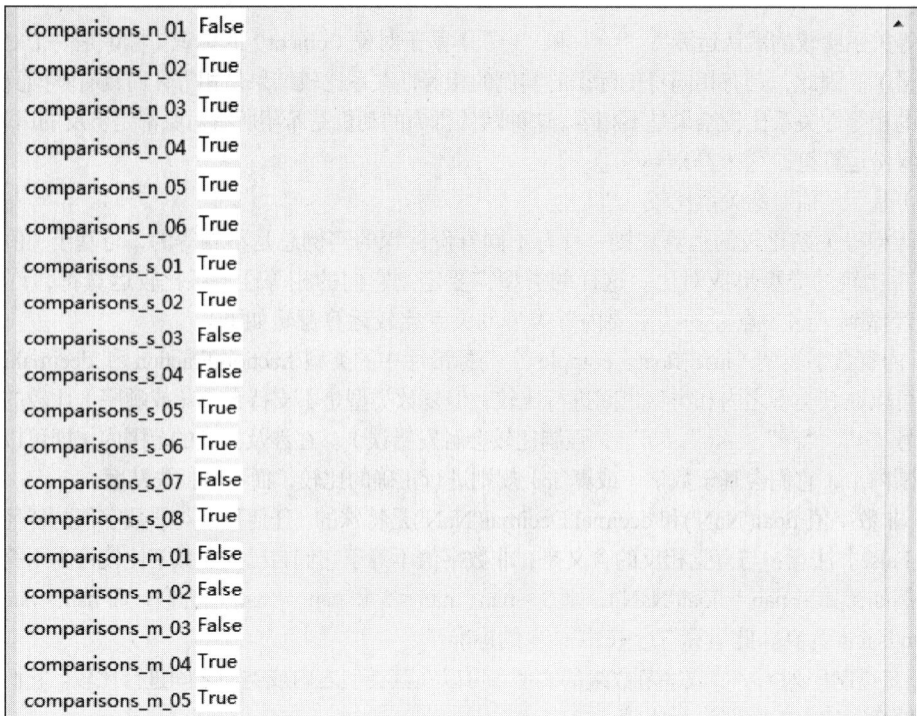

图 7-7　Debug Control 中对应的存储值

（2）用户自定义关系比较运算的规则

对于不能进行关系比较运算的类（详见第 16 章），用户是可以自行进行相关运算符定义的，但是需要遵循下面的规则。

① 相等关系比较应该是自反的，即完全相同的对象应该是相等的。

x is y 意味着 x == y

② 关系比较运算符应该具有对称性，即以下表达式应具有相同的运算结果。

x == y 和 y == x

x != y 和 y != x

x < y 和 y > x

x <= y 和 y >= x

③ 关系比较运算符应该具有传递性，示例说明如下（以下并不是全部示例）。

x > y and y > z 意味着 x > z

x >= y and y >= z 意味着 x >= z

x < y and y <= z 意味着 x < z

④ 逆关系比较运算会导致布尔取反，即以下表达式应具有相同的运算结果。

x == y 和 not x != y

x < y 和 not x >= y（对于完全有序的）

x > y 和 not x <= y（对于完全有序的）

最后两个表达式适用于完全有序的集合，如序列，而对集合 set 和 mappings 不适用。

⑤ hash()结果应与相等一致，即相等对象应有相同散列值或标为不可散列。

Python 没有强制执行这些一致性规则。非数字值类型的数据就是不遵循这些一致性规则的示例。

2．身份运算符

身份运算符主要是确认两个对象是否是同一个身份，具体符号是 is（判断是否是同一个身份标识）和 is not（判断是否不是同一个身份标识）。对于表达式"x is y"，只有 x 和 y 是同一个对象时才返回 True。一个对象的身份标识是由 id() 决定的，即由内存地址决定。而"x is not y"产生相反的值。

Python 是基于内存地址进行内置函数 id() 的返回值定义的，这个值会受到自动垃圾回收机制、自由列表和描述符的动态特性的影响，所以在某些情况下使用 is 运算符可能会出现一些不寻常的行为，如涉及实例方法或常量之间的比较行为。另外，is 和 is not 两个身份运算符是不能被重新定义的，并且可用于任何两个对象的身份确认。

身份运算符相关例子如图 7-8 所示。

```
58 #身份运算符
59 comparisons_is_1 = str_c_1 is str_c_2
60 comparisons_is_2 = str_c_1 is not str_c_2
61 comparisons_is_3 = comparisons_m_05 is not str_c_2
```

图 7-8　身份运算符相关例子

Debug Control 中对应的存储值如图 7-9 所示。

comparisons_is_1	False
comparisons_is_2	True
comparisons_is_3	True

图 7-9　Debug Control 中对应的存储值

3．成员运算符

成员运算符主要用于确认两个对象的包含关系，即一个对象是否是另一个对象的子对象（类似集合中的子集合），具体符号是 in 和 not in。只有 x 是 s 的一个成员时，x in s 返回 True；反之，返回 False。而 not in 是 in 的反操作，结果值的逻辑也是相反的。

所有内置序列和集合类型都支持此运算，内置映射类型中的字典类型用于测试字典类型是否具有给定的键。

对于字符串类型和字节串类型，当且仅当 x 是 s 的子字符串时，x in s 才为 True。等效测试为 s.find(x) != -1。空字符串始终被认为是任何其他字符串的子字符串，因此，"" in "abc"将返回 True。

对于自定义的类（详见第 16 章），如果定义了__contains__()方法，当 s.__contains__(x)返回 True 时，x in s 就返回 True，其他返回 False。对于未定义__contains__()方法但定义了__iter__()方法的用户自定义类，如果在迭代 y 时生成了某个值 z（表达式 x is z 或 x == z 为 true），则 x in y 为 True；如果在迭代过程中引发了异常，则就像 in 引发了该异常。

成员运算符相关例子如图 7-10 所示。

```
63 #成员运算符
64 str_c_3 = '字符串类型是一种序列类型'
65 comparisons_in_1 = str_c_1 in str_c_2
66 comparisons_in_2 = str_c_1 in str_c_3 and str_c_2 in str_c_3
67 comparisons_in_3 = (str_c_1 in str_c_3) == (str_c_3.find(str_c_1) != -1)
```

图 7-10　成员运算符相关例子

Debug Control 中对应的存储值如图 7-11 所示。

comparisons_in_1	False
comparisons_in_2	True
comparisons_in_3	True

图 7-11　Debug Control 中对应的存储值

4．比较运算符的优先级

比较运算符之间的优先级是一样的，同时出现时，按照从左往右的顺序运算；比较运算符的优先级要高于逻辑运算符。比较运算符可以任意连接，例如，a＜b＜=c 和 a＜b and b＜=c 是完全等价的，但也不是任何时候 b 都调用两次，这是由 a＜b 决定的，当 a＜b 是 False 时，就直接返回 False；而 a＜b 是真时才计算并返回 b＜=c。比较运算符的优先级高于 not 运算符，这时 not a == b 等价于 not (a == b)，但 a == not b 会报语法错误。比较运算符的优先级例子如图 7-12 所示。

```
69 #比较运算符的优先级
70 a, b = 1+3J, '字符串'
71 comparisons_p_01 = (not a == b) == (not (a == b)) #==前后两个式子等价，总返回True
72 #a == not b #会报错
73 comparisons_p_02 = 1 > False == True
74 comparisons_p_03 = 17 and True < 28
75 comparisons_p_04 = 3< 1 < 4
76 comparisons_p_05 = 1< 3 >4
77 comparisons_p_06 = 5 == 6 != 7
78 comparisons_p_07 = str_c_1 == str_c_1 != 7 and str_c_2
79 comparisons_p_08 = str_c_1 is str_c_1 is not str_c_2  and str_c_2
80 comparisons_p_09 = str_c_1 is str_c_1 is not str_c_2  and str_c_2 in str_c_3
```

图 7-12　比较运算符的优先级例子

Debug Control 中对应的存储值如图 7-13 所示。

comparisons_p_01	True
comparisons_p_02	False
comparisons_p_03	True
comparisons_p_04	False
comparisons_p_05	False
comparisons_p_06	False
comparisons_p_07	'串'
comparisons_p_08	'串'
comparisons_p_09	True

图 7-13　Debug Control 中对应的存储值

7.3　位运算符

位运算符用于针对整数类型的按位运算，即按位运算仅对整数有意义。位是指把整数转换为二进制数后所对应的位。表 7-4 列出了按优先级升序排列的位运算符及其含义。

运算符及其优先级（4）

表 7-4　位运算符含义及优先级

运算	运算符含义	详细说明	注意
x | y	1：x 和 y 按位或运算符	x 和 y 对应的二进制数，只要对应的两个二进制位有一个为 1 时，结果位就为 1	（1）

运算	运算符含义	详细说明	注意
x^y	^: x 和 y 按位异或运算符	x 和 y 对应的二进制数, 当两个对应的二进制位相异时, 结果为 1, 否则为 0	(1)
x & y	&: x 和 y 按位与运算符	x 和 y 对应的二进制数, 如果两个相应位都为 1, 则该位的结果为 1, 否则为 0	(1)
x << n	<<: x 左移 n 位运算符	x 的各二进制位全部左移 n 位, 高位丢弃, 低位补 0	(2)(3)
x >> n	>>: x 右移 n 位运算符	把 ">>" 左边 x 的各二进制位全部右移 n 位, 低位丢弃, 高位补 0	(2)(4)
~x	~: x 按位取反运算符	对 x 的每个二进制位取反, 即把 1 变为 0, 把 0 变为 1。~x 类似于−x−1	

注意:

（1）用有限的二进制补码表示法中的至少一个额外的符号扩展位执行这些运算, 即可得出与无穷多个符号位运算相同的结果。上述工作位宽为 1+max(x.bit_length(),y.bit_length()) 或更大。

（2）n 必须大于等于 0, 负移位计数是非法的, 并且会引发 ValueError。

（3）左移 n 位等效于 x 乘以 pow(2,n)。

（4）右移 n 位等效于 x 整除 pow(2,n)。

（5）|、^、&这 3 个位运算符只接收整数为参数。它们从低到高的优先级是|、^、&, 输入方法依次为: Shift+\（同时按 Shift 键和\键, 下同）、Shift+6、Shift+7。

（6）<<（输入两次小于号）、>>（输入两次大于号）运算符只接收整数为参数。它们将第一个参数向左或向右移动第二个参数指定的位数, 两者的优先级一样。

（7）~x 表示 x 按位取反, ~运算符一般是用 Shift+`键进行输入, 其优先级比其他几个位运算符都高。

位运算符相关例子如图 7-14 所示。

```
82 ################################################
83 #              位运算符
84 ################################################
85 x, y = 100, 21
86 bit_operator_1 = bin(x)
87 bit_operator_2 = bin(y)
88 bit_operator_3 = x | y
89 bit_operator_4 = x ^ y
90 bit_operator_5 = x & y
91 bit_operator_6 = x >> 2
92 bit_operator_7 = y << 2 >> 2
93 bit_operator_8 = ~ y
94 bit_operator_9 = x | ~ y
```

图 7-14　位运算符相关例子

位运算符相关例子的运算解析: 不足 8 bit 的, 前面补 0, 具体如表 7-5～表 7-9 所示。

表 7-5　100|117 的计算过程

项目	十进制数	二进制数							
x	100	0	1	1	0	0	1	0	0
y	21	0	0	0	1	0	1	0	1
x|y	117	0	1	1	1	0	1	0	1

表 7-6 100^21 的计算过程

项目	十进制数	二进制数							
x	100	0	1	1	0	0	1	0	0
y	21	0	0	0	1	0	1	0	1
x ^ y	113	0	1	1	1	0	0	0	1

表 7-7 100&21 的计算过程

项目	十进制数	二进制数							
x	100	0	1	1	0	0	1	0	0
y	21	0	0	0	1	0	1	0	1
x & y	4	0	0	0	0	0	1	0	0

表 7-8 100>>2 的计算过程

项目	十进制数	二进制数								
x	100	0	1	1	0	0	1	0	0	移出的位，丢弃
x >> 2	25	0	0	0	1	1	0	0	1	0	0
		移进的位补符号位 0								

表 7-9 按位反及按位或和按位反混合运算的计算过程

项目	十进制数	二进制数							
y	21	0	0	0	1	0	1	0	1
~y	−22	1	1	1	0	1	0	1	0
x	100	0	1	1	0	0	1	0	0
x|~y	−18	1	1	1	0	1	1	1	0

注：~y 相当于-y-1，表 7-9 中的二进制数 11101010 是一个有符号二进制数的补码形式，符号位不变（首位为符号位），反码是补码-1，即反码为 11101001（即反码为：符号位保留与 1101010-1=1101001），那么原码就是 10010110，转换为十进制就是-22。同理，11101110 也是一个有符号二进制的补码形式，原码为 10010010，算法同上。

Debug Control 中对应的存储值如图 7-15 所示。

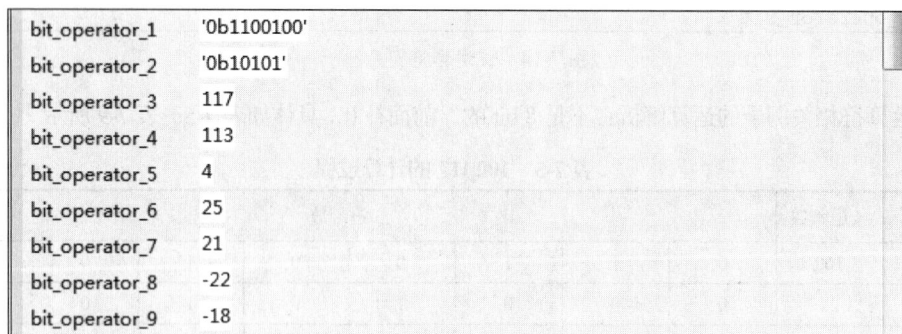

bit_operator_1	'0b1100100'
bit_operator_2	'0b10101'
bit_operator_3	117
bit_operator_4	113
bit_operator_5	4
bit_operator_6	25
bit_operator_7	21
bit_operator_8	-22
bit_operator_9	-18

图 7-15 Debug Control 中对应的存储值

7.4 增强型赋值运算符

增强型赋值是二进制操作（针对 Python 数字类型的运算，包括算术运算符和位运算符）和赋值语句在单个语句中的组合，增强型赋值运算符含义及例子如表 7-10 所示。

表 7-10　增强型赋值运算符含义及例子

符号	描述	表达式 1	表达式 2
+=	加法赋值运算符	y += x	y = y+x
-=	减法赋值运算符	y -= x	y = y-x
*=	乘法赋值运算符	y *= x	y = y*x
@=	矩阵乘法赋值运算符	y @= x	y = y@x
/=	除法赋值运算符	y /= x	y = y/x
//=	取整除赋值运算符	y //= x	y = y//x
%=	取模赋值运算符	y %= x	y = y%x
**=	幂赋值运算符	y **= x	y = y**x
>>=	右移赋值运算符	y >>= x	y = y>>x
<<=	左移赋值运算符	y <<= x	y = y<<x
&=	按位与赋值运算符	y &= x	y = y&x
^=	按位异或赋值运算符	y ^= x	y = y^x
|=	按位或赋值运算符	y |= x	y = y|x

在增强型赋值版本中 y 仅被评估一次，因此表 7-10 中表达式 1 和表达式 2 是相似的。同样，在可能的情况下，实际操作将在原地执行，这就意味着不是创建新对象并将其分配给目标，而是修改了 y 这个旧对象。

与正常赋值语句不同，增强型赋值在评估右侧之前先评估左侧。例如，a[i] += f(x)，首先查找 a[i]，然后求值 f(x)并执行加法，最后将结果写回 a[i]。

7.5 运算符的优先级

目前已学习了算术运算符、逻辑运算符、比较运算符和位运算符等，现把各运算符的优先级从低到高总结如表 7-11 所示，其中同一格的运算符处于相同的运算优先级。

表 7-11　运算符的含义及优先级

名称	运算符	描述
赋值运算符	=、其他增强型运算符	实现赋值运算
逻辑运算符	or	逻辑或
	and	逻辑与
	not x	逻辑否
比较运算符	in、not in; is、is not; <、<=、>、>=、!=、==	成员测试运算；身份测试运算；关系比较运算符
位运算符	|	按位或
	^	按位异或
	&	按位与
	<<、>>	左移、右移

名称	运算符	描述
算术运算符	+、-	加法、减法
	*、@、/、//、%	乘法、矩阵乘法、除法、取整、取模
	+x、-x、~x（位运算符）	取原值、取相反数、按位取反
	**	幂运算

面对错综复杂的运算关系，一是需要牢记各运算符的优先级；二是对于复杂运算，要多加小括号"()"进行运算顺序的确定。

另外，优先级与具体操作数的类型是无关的。譬如，%可用于字符串的格式化，但不影响它在整个语句中的运算顺序，即优先级不会因操作数的类型变化而变化。但如果出现不支持的类型就会报错。

幂运算符**的绑定不像其右边的算术或按位一元运算符那样紧密，即2 **-1 不但不会报错，还会返回 0.5。例如，precedence_1 = 2 **-1 == -2 ** 1 or 'no equal'，结果返回 no equal。

7.6 习题

运算符及其优先级
小结

1．基础题

（1）Python 的逻辑运算是基于哪 3 个关键词的？逻辑运算中 and 和 or 有什么特点？

（2）Python 的常量被定义为逻辑假的是什么？任何数字类型的什么形式都是逻辑假？

（3）默认情况下，一个对象的所有实例都被认为是逻辑真，除非什么情况？

（4）当参数不是 bool 类型时，3 种逻辑运算会返回什么类型的值？

（5）逻辑运算中 and、or、not 的优先级是如何规定的？

（6）比较运算符之间的优先级是如何规定的？

（7）关系运算符有哪些？并简述各自的含义和使用中的注意事项。

（8）类型本身默认情况下是否支持大小（或顺序）关系比较？

（9）相等关系比较的默认运算是基于对象的什么进行的？这种默认行为可能与日常中的使用需求不一致，如何进行合理化设计？

（10）字符串是否可以进行大小（或顺序）关系比较？如可进行，那么基于什么机制进行比较？

（11）简要说明身份运算符的含义、所使用的关键字及基于对象的什么特征进行比较。

（12）简要说明成员运算符的含义、所使用的关键字及基于对象的什么特征进行比较。

（13）简要说明各种位运算符的含义及其之间的优先级关系。

（14）如果 x=100、y=117，那么 x|y、x&y、x^y 的返回值分别是多少？

（15）如果 x=100、y=117，那么 x>>2、x<<2、y>>2、y<<2 的返回值分别是多少？

2．综合题

（1）表达式 3.0 == int(3.14)，输出的结果是什么？Python 中两个不相同类型对象的相等关系比较结果可能是什么？请再举例说明。

（2）空序列和空集合等都是逻辑假，具体有哪些形式？

（3）请填写表 7-12 中各个表达式的计算结果。

表 7-12　逻辑运算表

运算形式	操作数		
	X（括号中是值的例子）	Y	结果
X and Y	X('W')	Y	
	X('')		
X or Y	X('W')		
	X('')	Y	
not X	X(3)		
	X('')		

（4）复数逻辑假的可能形式有哪些？

（5）True or a（a 变量没有定义）会不会触发语法错误？为什么？

（6）bool_ops_all_1 = '字符串' and not 2 or '字符串逻辑真'，此时变量 bool_ops_all_1 的值是什么？

（7）not a == b 等价于 not (a == b)，但是，写成 a == not b 就会报语法错误，请说明原因。

（8）任何数字类型都可以进行关系比较，是否正确？为什么？

（9）关系比较是基于什么方法实现的？

（10）如果 nan = float('NaN')，那么 3 < nan、nan < 3、nan == nan、nan != nan、nan is nan 在交互式开发环境下的返回值是什么？

（11）简要说明用户自定义比较运算的规则是什么。

（12）对于字符串，成员测试的等效方法是什么？

（13）a < b <=c 和 a < b and b <=c 的关系是什么？

（14）如果 y=21，那么，~y 的值是多少？与~y 等效的表达式是什么？

（15）错综复杂的运算中如何更好地保证程序实现和需求的运算顺序一致？

3．扩展题

（1）默认情况下，一个对象的所有实例都被认为是逻辑真，那么，类型的逻辑假的实现是基于数据类型内部的什么方法实现的？

（2）一个数据类型定义了 __lt__()和 __eq__()方法，如何实现其他关系比较方法？

（3）简述基于对象（object）的标识和基于"值"的相等性关系比较的异同点？

（4）5 == 6 != 7、1 > False == True 的返回值是什么？

（5）增强型赋值运算的解析特点是什么？

第**8**章　程序控制之分支结构

编写程序，除了要有前述顺序执行的程序语句，还需要具有检查条件并相应更改程序行为的复合语句。常用的程序控制结构之一的分支结构语句就是一种简单的复合语句。

本章主要讲解 if 语句作为复合语句的主要结构和演化出的各种分支结构的形式。if 语句主要用于条件执行，它所使用的关键字有 if、elif、else，其中语句体至少包含一条语句，本章基于这样的讲述逻辑顺便介绍了占位关键字 pass。本章最后结合前面讲解的内置函数介绍了求长方形面积和凸 n 边形内角和两个程序案例。本章词云图如图 8-1 所示。

图 8-1　本章词云图

8.1　if 语句

程序控制中的分支结构是用 if 语句实现的分支结构，if 语句是复合语句的一种简单形式。复合语句包含其他语句，它们以某种方式影响或控制其他语句的执行。通常，复合语句跨越多行（尽管以简单的形式可以将整个复合语句包含在一行中）。

复合语句是由一个或多个"子句"组成的，一个子句是由句头和"句体"组成的。每个子句的句头均以唯一标识的关键字开头，并以冒号结尾；特定复合语句的子句句头都处于相同的缩进级别。子句的语句体是由子句控制的一组语句；子句的语句体可以是在句头的冒号后跟句头位于同一行上的一个或多个以分号分隔的简单语句，也可以是后续行上的一个或多个缩进语句。Python 的各种复合语句的结构基本是一致的，都是具体使用不同的关键字实现不同的功能。为了保证清晰，以下各节中语法规则采用将每个子句都放在单独行中的格式。

if 语句是实现传统的控制流构造的语句之一，它是一种复合语句，实现对程序流程的分支控制。

程序控制之分支结构

if 语句具体复合语句结构如下。

```
if_stmt ::= "if" expression ":" suite
            ("elif" expression ":" suite)*
            ["else" ":" suite]
```

其中，()*表示这部分语句可以出现 0 次或 0 次以上；[]表示这部分语句只能出现 0 次或 1 次；在分支结构中，if 是不能省的，且需要根据具体分支的多少选用 elif 和 else。

在语句结构中，条件表达式 expression 或 lambda 表达式（详见 12.4 节）是可以返回逻辑真或逻辑假的表达式。if 通过对 expression 逐个求值，直至找到一个逻辑真值（参阅 7.1 节）；在子句 suite 语句体中选择唯一匹配的一个，然后执行该子句 suite 语句体（if 语句的其他部分不会被执行或求值）。如果所有 expression 均为假值，则存在 else 子句的 suite 语句体会被执行。

在语句结构中，suite 语句体中的程序语句总是以 NEWLINE 结束，之后可能跟随一个 DEDENT。可选的后续子句总是以一个不能作为语句开头的关键字作为开头，因此不会产生歧义。"悬空的 else"问题在 Python 中是通过要求嵌套的 if 语句必须缩进来解决的。

if 语句中的可选项，使其具有多种使用方法。按使用情况，if 语句分支结构可分为单分支结构、双分支结构、多分支结构及分支嵌套结构，分类情况说明如表 8-1 所示。

表 8-1　if 语句分支结构的分类

分类	expression	suite 语句体	执行情况
单分支结构	一个	一个	0 次或 1 次
双分支结构	一个	两个	1 个分支，1 次
多分支结构	多个	多个	最早符合条件对应的 1 个分支，1 次
分支嵌套结构	多个	多个	suite 中的 suite，根据嵌套情况决定

形如 x if C else y 的双分支 if 条件表达式也被称为"三元运算符"，并在所有的 Python 操作中具有几乎最低的优先级。

8.2　单分支结构

把形如 if_stmt ::=　"if" expression ":" suite 的 if 语句归为单分支结构控制语句。单分支结构中只有一个 expression 条件表达式和一个 suite 语句体，没有 elif 和 else 子句。if 语句的单分支结构逻辑图如图 8-2 所示。

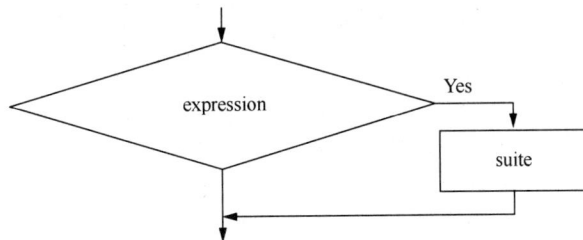

图 8-2　if 语句的单分支结构逻辑图

其中，条件表达式 expression 为逻辑真时会执行 suite 语句体；否则不执行。而 suite 语句体中至少包含一条语句，没有上限。

if 单分支结构有以下 4 种形式的写法。

形式一：if x < y < z: print(x); print(y); print(z)

形式二：if x < y < z:
     print(x); print(y); print(z);

形式三：if x < y < z:
     print(x);
     print(y);
     print(z)

形式四：if x < y < z:
     print(x)
     print(y)
     print(z)

其中，条件表达式 expression 是 x < y < z，if x < y < z:是子句的句头，suite 语句体是 print(x); print(y); print(z)。在这种情形下，分号的绑定比冒号更紧密。因此在上例中，所有 print()的调用，要么都不执行，要么都执行。而语句体在新行中出现时注意缩进，具体需要比 if 的句头缩进到下一级别的缩进量；语句体出现多行语句时，各语句的缩进量是一致的。if 单分支结构示例如图 8-3 所示。

程序控制之分支结构
代码展示

```
1  ######################################
2  #      第8章     程序控制之分支结构
3  #      作者: zga
4  #      1.0
5  ######################################
6  #8.2 单分支结构
7  x, y, z = True, 3, 6,
8  if x < y < z: print(x); print(y); print(z)    #方法一
9  if x < y < z:                                  #方法二
10     print(x); print(y); print(z);
11 if x < y < z:                                  #方法三
12     print(x);
13     print(y);
14     print(z)
15 if x < y < z:                                  #方法四
16     print(x)
17     print(y)
18     print(z)
```

图 8-3　if 单分支结构示例

执行后输出的相关值如图 8-4 所示。

```
True
3
6
True
3
6
True
3
6
True
3
6
```

图 8-4　if 单分支结构执行后输出的相关值

有时，没有正文的 suite 语句体很有用（通常作为尚未编写的代码的占位符）。在这种情况下，可以使用 pass 语句（关键字 pass 自身组成的语句），该语句不执行任何操作，即 if_stmt ::= "if" expression ":" pass。

在交互式开发环境下输入 if 语句的情况如下面的代码所示。

```
>>> x = 3
>>> if x < 10 :
print(x, x<10)
3 True
>>>
```

8.3 双分支结构

把形如 if_stmt ::= suite1 "if" expression "else" suite0 的 if 语句归为双分支结构控制语句，也称作选择性地执行。双分支结构中除了只有一个 expression 条件表达式和一个 suite1 语句体，还包括 else 子句及其 suite0 语句体，而不包括 elif 子句。if 语句的双分支结构逻辑图如图 8-5 所示。

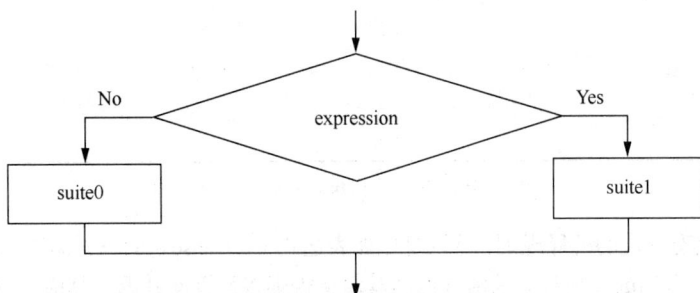

图 8-5　if 语句的双分支结构逻辑图

其中，条件语句 expression 为逻辑真时会执行逻辑真所对应的 suite1 语句体；否则执行逻辑假对应的 suite0 语句体。每个 suite 语句体都至少含有一条语句，没有上限。但是因为 expression 只有一种逻辑结果，所以只能执行一个 suite 语句体。

if 语句的双分支结构可用以下 4 种形式的写法。

形式一：print(x); print(y) if x < y < z else print(z)

形式二：if x < y < z:

　　　　　print(x); print(y);

　　　　else: print(z);

形式三：if x < y < z:

　　　　　print(x);

　　　　　print(y);

　　　　else:

　　　　　print(z)

形式四：if x < y < z:

　　　　　print(x)

　　　　　print(y)

　　　　else:

　　　　　print(z)

　　上述形式一也被看成 Python 的一种三元运算符，即双分支 if 条件表达式有时被称为 "三元运算符"，并在所有 Python 操作中具有几乎最低的优先级。if 双分支结构示例如图 8-6 所示（其中 x,y,z = True,3,6）。

```
20 #8.3  双分支结构
21 print(x); print(y) if x < y < z  else print(z)    #方法一
22 if x < y < z:                                      #方法二
23     print(x); print(y);
24 else: print(z);
25 if x < y < z:                                      #方法三
26     print(x);
27     print(y);
28 else:
29     print(z)
30 if x < y < z:                                      #方法四
31     print(x)
32     print(y)
33 else:
34     print(z)
```

图 8-6 if 双分支结构示例

执行后输出的相关值如图 8-7 所示。

```
True
3
True
3
True
3
True
3
```

图 8-7 if 双分支结构执行后输出的相关值

if 复合语句具有一定的解释规则，特别是形如表达式 x if C else y 的三元运算，首先计算条件 C，而不是 x；如果 C 为 True，则对 x 求值并返回其值，否则将计算 y 并返回其值。三元运算符符合惰性求值的特点。

8.4 多分支结构

把同一级包含的 if、elif（至少一个）、else 语句对应的 if 复合语句归为多分支结构控制语句，也称链接条件执行，主要用于存在两种以上可能的情形，此时程序需要更多的分支去处理。多分支结构中会有多个 expression 条件表达式和多个 suite 语句体，还可包括 else 子句及其 suite 语句体。只有一个 elif 情况下的 if 语句的多分支结构逻辑如图 8-8 所示。

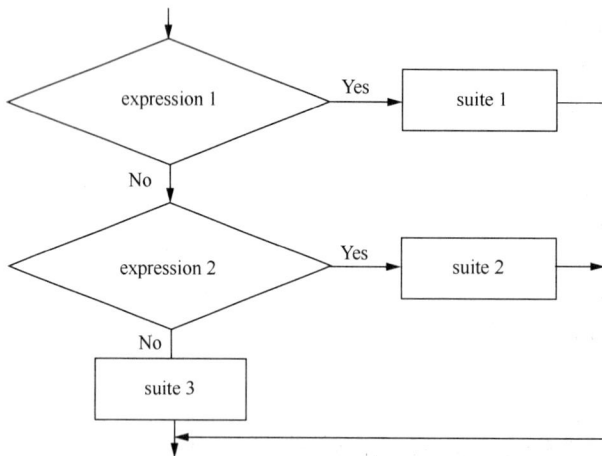

图 8-8 if 语句的多分支结构逻辑

多分支结构中条件语句 expression 是按顺序进行计算的。当出现一个 expression 1 为逻辑真时，就会执行逻辑真所对应的 suite 1 语句体，if 语句块程序结束；如果都是逻辑假，就执行 else 对应的 suite 3 语句体（出现 else 子句的情况）。每个 suite 语句体都至少含有一条语句，没有上限。但是因为 expression 只有一种逻辑结果，所以只能执行一个 suite 语句体。elif 语句的数量是没有限制的，else 语句如果出现（只能出现一次，也可以不出现），必须放在最后。

if 语句多分支结构可用以下两种形式的写法。

形式一：if x < y:

        print(x);

    elif y < z:

        print(y);

    else:

        print(z);

形式一图解如图 8-9 所示。

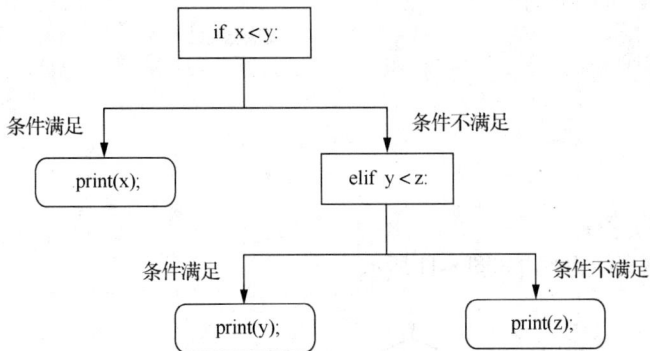

图 8-9　形式一图解

形式二：if x < y:

        print(x);

    elif y < z:

        print(y)

    elif x < z:

        print(z)

形式二图解如图 8-10 所示。

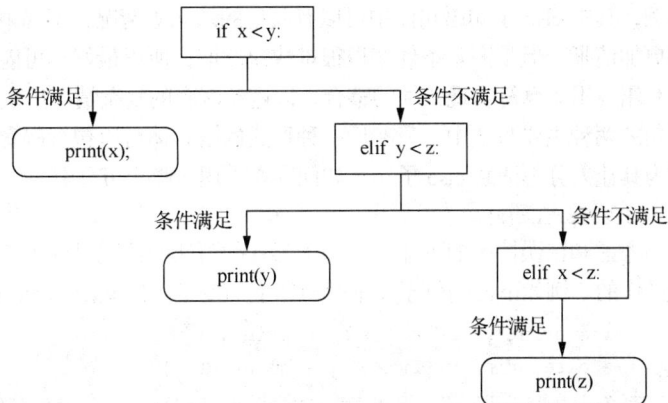

图 8-10　形式二图解

　　程序控制之分支结构　第 8 章

形式一和形式二都输出 x 的值：True。可见，存在 elif 时进行条件判断之后也可以不用 else 的分支，一切都根据具体条件和依据条件进行的操作情况而定。

8.5 分支嵌套结构

对于更加复杂的情况，我们可以使用 if 语句嵌套的方式进行选择分支结构功能的实现，即一个条件嵌套到另一个条件的 suite 语句体之中。多分支和分支嵌套结构的写法如下。

```
if x == y:                          #多分支写法
    print(x)
elif y < z:
    print(y)
else:
    print(z)
#相同层次的代码要有相同的缩进量
if x == y:                          #分支嵌套写法
    print('相等')
else:
    if y < z:
        print('小于')
    else:
        print('大于')
```

if 语句的分支嵌套结构逻辑如图 8-11 所示。

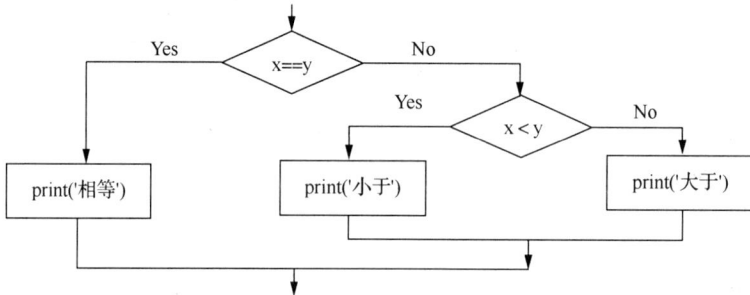

图 8-11　if 语句的分支嵌套结构逻辑

两种写法都输出 3。两种形式实现的基本逻辑一致，但是语句写法不同。上述例子只是 if 分支嵌套语句的简单实例，其中 else 子句语句体中可以有其他的语句等情况，不局限于只是嵌套。尽管语句的缩进使结构更加清晰，但是嵌套条件变得很难快速读取，所以最好尽可能避免使用嵌套。一般情况，我们可以利用逻辑运算符实现条件的整合，以避免嵌套的复杂情况出现。

在对于复合语句的两种主要写法中，只有后一种形式的语句体可以包含嵌套的复合语句。以下语句是非法的，因为其让人分不清楚 else 子句（如何存在）属于哪个 if 子句。

```
if test1: if test2: print(x)
```

正是基于嵌套的考虑和错误情况的可能，才基于第一种写法的情况设计了三元运算符。三元运算符也是支持嵌套操作的，例如下面的例子（继续沿用上面变量的值 x,y,z=True,3,6）。

```
print(x) if y<z else print(y) if x < y else print(z)
print(x) if y == z else print(y) if x < y else print(z)
print(x) if y == z else print(y) if x == y else print(y,z) if y==z else print(z)
```

结果输出 True、3、6，可见分支嵌套结构也是支持惰性求值特点的。

8.6 程序案例

案例一：计算长方形的周长和面积

计算长方形的周长和面积，并输出计算结果，具体代码如下所示。

```
#计算长方形的周长和面积
length = input('请输入长方形的长: ')
width = input('请输入长方形的宽: ')
#判断 length 和 width 是合法的浮点数。暂时不判断，直接将它们转换成浮点数类型
#把大的赋值给长边，把小的赋值给宽边，这里会用到内置函数 max()和 min()
length,width = max(float(length),float(width)),min(float(length),float(width))
if length == width:
    print('正方形的边长是: ',length)
    print('正方形的周长是: ',length*4)
    print('正方形的面积是: ',length**2)
else:
    print('长方形的长是: ',length,' 长方形的宽是: ',width)
    print('长方形的周长是: ',(length+width)*2)
    print('长方形的面积是: ',length*width)
```

交互一：　　　　　　　　　　　　交互二：

```
请输入长方形的长: 4           请输入长方形的长: 5
请输入长方形的宽: 4           请输入长方形的宽: 6
正方形的边长是: 4.0          长方形的长是:  6.0  长方形的宽是:  5.0
正方形的周长是: 16.0         长方形的周长是:  22.0
正方形的面积是: 16.0         长方形的面积是:  30.0
```

交互三：

```
请输入长方形的长: 4.2
请输入长方形的宽: 3.8
长方形的长是:  4.2  长方形的宽是:  3.8
长方形的周长是:  16.0
长方形的面积是:  15.959999999999999
```

注意：当输入非数学类型文本的时候，会触发 ValueError。

案例二：计算凸 n 边形的内角和

计算凸 n 边形的内角和，并输出计算结果，具体代码如下所示。

```
#计算平面内凸 n 边形的内角和
n = input('请输入需要计算的凸 n 边形的边数 n，n 必须为大于 2 的整数: ')
#判断 n 是合法的整数。暂时不判断，直接把 n 转换成整数类型
n = int(n)        #当输入非数学类型文本的时候，会触发 ValueError
if n <= 2:
    print('凸 n 边形的边数{}输入错误，必须大于 2'.format(n))
elif n == 3:
    print('三角形的内角和是: {}°。'.format((n-2)*180))
elif n == 4:
    print('凸 4 边形的内角和是: {}°。'.format((n-2)*180))
else:
    print('凸{}边形的内角和是: {}°。'.format(n,(n-2)*180))
```

交互一：

```
请输入需要计算的凸 n 边形的边数 n，n 必须为大于 2 的整数: 3
三角形的内角和是: 180°。
```

交互二：

请输入需要计算的凸 n 边形的边数 n，n 必须为大于 2 的整数：4
凸 4 边形的内角和是：360°。

交互三：

请输入需要计算的凸 n 边形的边数 n，n 必须为大于 2 的整数：5
凸 5 边形的内角和是：540°。

交互四：

请输入需要计算的凸 n 边形的边数 n，n 必须为大于 2 的整数：2
凸 n 边形的边数 2 输入错误，必须大于 2

注意：这个多分支结构可以改成双分支结构。

8.7 习题

1．基础题

（1）简述你对复合语句的理解。

（2）描述单分支、双分支、多分支、分支嵌套结构的形式及具体编程中可使用的方法。

2．综合题

（1）描述 if 语句具体的复合语句结构。

（2）写出三元运算符的形式并简述三元运算符的解释规则。

3．扩展题

（1）不同类型的数据是否可以进行相等关系比较，如果可以，其返回值是什么？

语句一：

```
if test1:if test2:print(x);
```

语句二：

```
if test1:
    if test2:print(x)
```

语句三：

```
if test1:
    if test2:
        print(x)
```

不考虑 test1 和 test2 可能的错误，判断语句一、语句二和语句三是否正确，并说明原因。

（2）利用 if 语句把输入的百分制分数转换为优、良、中、及格、不及格 5 级结果，并输出转换后的结果（暂时不需要对输入的值进行合规性判断）。

（3）把凸 *n* 边形的内角和的实现方法改成用嵌套的方式进行实现。

程序控制之分支结构
小结

第9章 列表及其操作

列表类型（list）是 Python 内置的一种序列数据类型。与其他程序语言有所不同，Python 的列表类型虽然名字是 list，但它更类似于其他语言中的数组而不是链接列表，因为访问元素的时间复杂度为 $O(1)$。

本章从认识列表数据的类型开始，依次讲解列表创建的各种方法，通用序列类型的各种运算、各运算的原理、示例代码等，可变序列类型的各种运算的原理及示例代码；认识列表自有排序函数 sort() 的原理及示例代码，部分内置函数的原理及示例代码，关键字 del 的原理、使用方法和实现的功能。本章还介绍了排序中的列表被访问时的不可预见情形、重复和拼接操作运算符与这两个运算符对应的增强型运算符的不同、赋值和浅复制的原理、一个列表基于另一个列表的值进行排序的案例。本章词云图如图 9-1 所示。

图 9-1 本章词云图

9.1 列表类型

列表类型名称：list。在 Python 中，用中括号"[]"作为定位符，即用"[]"括起来并用逗号分隔的数据就会被 Python 认为是列表类型。

列表及其操作（1）　　列表及其操作（2）

列表类型的数据形式：[]、[1,2,3]、['3','1','4',3.14] 等都是合法的列表类型数据。列表可存储不同类型的数据，如它可同时包含整数、浮点数、字符串等类型的元素，也可包含列表、元组、字典、集合、函数以及其他对象。列表类型数据中包含的值被称为元素，有时也被称为项目。与字符串不同的是，列表实现了所有通用和可变序列类型的运算。

1．列表创建

Python 提供了多种方式用于列表的创建，创建后的列表可以赋值给变量或直接使用。具体创建方法如下。

（1）使用中括号创建空列表：[]。

（2）使用中括号进行创建：[a]、[a,b,c]。其中，中括号内的数据项以逗号分隔；a、b、c 可以是变量，也可以是常量。

（3）使用列表推导式进行创建：[x for x in iterable]，iterable 强调的是可迭代的数据类型，此情况只能有一个基于迭代类型的 for 循环（详见第 11 章）构建列表类型数据。

（4）使用列表类型的构造函数进行创建：list()，创建一个空列表。

（5）使用列表类型的构造函数进行创建：list(iterable)，iterable 可以是序列类型（字符串、列表、元组等类型）、支持迭代的容器或其他可迭代对象。

列表及其操作
代码展示（1）

列表数据创建的各种方法如图 9-2 所示。

```
1 #################################
2 #    第9章    列表类型及其操作
3 #    作者: zga
4 #    1.0
5 #################################
6 # 9.1 列表类型
7 list_create_01 = []
8 list_create_02 = [3, 1, 4, 1, 5]
9 list_create_03 = ['3', '1', '4', 1, 5]
10 str_1, int_1 = '字符串变量', 5
11 list_create_04 = ['字符串1', '1', '字符串4', '字符串4', str_1, int_1]
12 list_create_05 = [x for x in str_1]                    #字符串类型是可迭代类型
13 list_create_06 = [x for x in list_create_04]           #列表类型是可迭代类型
14 list_create_07 = list()
15 list_create_08 = list(str_1)
16 list_create_09 = list(list_create_05)
17 list_create_10 = list(list_create_04)
```

图 9-2　列表数据创建的各种方法

各种变量在 Debug Control 中对应的存储值如图 9-3 所示。

int_1	5
list_create_01	[]
list_create_02	[3, 1, 4, 1, 5]
list_create_03	['3', '1', '4', 1, 5]
list_create_04	['字符串1', '1', '字符串4', '字符串4', '字符串变量', 5]
list_create_05	['字', '符', '串', '变', '量']
list_create_06	['字符串1', '1', '字符串4', '字符串4', '字符串变量', 5]
list_create_07	[]
list_create_08	['字', '符', '串', '变', '量']
list_create_09	['字', '符', '串', '变', '量']
list_create_10	['字符串1', '1', '字符串4', '字符串4', '字符串变量', 5]
str_1	'字符串变量'

图 9-3　Debug Control 中对应的存储值

除了上述的常规创建方法，列表类型还支持嵌套的创建方式，即列表中的元素也可以是一个列表，例如：

```
#列表创建的复杂形式
list_create_11 = [list_create_04, list_create_08, str_1, int_1]
list_create_12 = list(list_create_04 + list_create_08)
list_create_13 = [x for x in str_1*2]    #*运算符优先级高于 in 运算符
```

创建后 list_create_11 的值是[['字符串 1','1','字符串 4','字符串 4','字符串变量',5],['字','符','串','变','量'],'字符串变量',5];

list_create_12 的值是['字符串 1','1','字符串 4','字符串 4','字符串变量',5,'字','符','串','变','量']；

list_create_13 的值是['字','符','串','变','量','字','符','串','变','量']。

从上述创建出的列表类型数据可以看出，列表中的元素是可以重复的。

2．通用序列运算

列表类型和字符串类型一样都是序列类型，因此很多使用方法与操作都与字符串类型相似，例如，列表['字','符','串','变','量']的序号如表 9-1 所示。

表 9-1　列表数据的序号

逆向序号		-5	-4	-3	-2	-1	
列表	[	'字'	'符'	'串'	'变'	'量'	]
正向序号		0	1	2	3	4	

通过表 9-1 可以看出，列表的索引和字符串的索引序号规则一样，都是通用的序列序号规则：正向序号列表的索引号从 0 开始，第二个索引号是 1，以此类推。与其他序列类型一样，列表可以通过索引号进行索引、截取、组合、赋值等操作。基于此，表 9-2 列出了按优先级升序排列的通用序列常用运算。

表 9-2　通用序列常用运算

类型	运算	描述	说明
成员运算符	x in s	如果 s 中的某元素等于 x，则结果为 True，否则为 False	（1）
	x not in s	如果 s 中的某元素等于 x，则结果为 False，否则为 True	（1）
算术运算符	s+t	s 与 t 相拼接	（8）（9）
	s*n or n*s	相当于 s 与自身进行 n-1 次拼接	（2）（8）（9）
切片符号的运算	s[i]	s 的第 i 项，i 起始为 0	（3）（4）
	s[i:j]	s 从 i 到 j 的切片	（3）（5）
	s[i:j:k]	s 从 i 到 j 步长为 k 的切片	（3）（6）
内置函数	len(s)	返回 s 的长度	
	min(s)	返回 s 中的最小项	（10）
	max(s)	返回 s 中的最大项	（10）
序列函数	s.index(x[, i[, j]])	返回 x 在 s 中首次出现项的索引号（索引号在 i 或其后，且在 j 之前）	（3）（11）
	s.count(x)	返回 x 在 s 中出现的总次数	

大多数序列类型——包括可变序列类型（如 list）和不可变序列类型（如 str）都支持表 9-2 中的运算。在表 9-2 中，s 和 t 是相同类型的序列，n、i、j 和 k 是整数，而 x 是任何满足序列类型 s 所规

定的类型和"值"限制的任意对象。对于属于序列类型的列表类型，表9-2中的s和t就是列表类型。表9-2的其他相关说明如下。

（1）in和not in成员运算符具有与关系比较运算符相同的优先级。in和not in成员运算符通常仅被用于简单的成员检测，但某些专门化序列（如字符串str、字节串bytes和字节数组bytearray）也使用成员运算符进行子序列检测。

```
>>> "字符" in "字符串变量"
True
```

（2）当n≤0时，n都会被当作0来处理（即n≤0时，s*n都会生成一个与变量s同类型的空序列，列表类型就会生成空列表[]）。这种拼接操作，列表序列s中的元素并不会被复制，它们会被多次引用。进一步的说明可在如何创建多维列表中查看。

```
>>> list_1 = ['d',3]
>>> list_1 * -1
[]
>>>
```

（3）当i或j为负数时，索引号是相对于序列s的末尾（起始是-1），Python运算时索引号会被替换为len(s)+i或len(s)+j。-0和0没有区别。

（4）序列的索引符号用[]，与列表的定位符一样，但位置和含义不一样。譬如，索引符号[]直接放在变量的后面表示对序列类型中的元素的索引或者是切片操作，程序不会在相应位置自行生成或创建，需要用户在编写时指定，前后项目之间用":"间隔；而列表的定位符[]一般放在赋值符号"="的右侧或者利用list()创建就会生成具有这个定位符的值，前后元素用","间隔。

（5）只用于索引操作时，索引号i的取值是有限制的。i需要在序列类型索引号的范围内，即0≤i<len(s)；否则会触发IndexError索引越界的错误。当i是负数时，参考说明（3）中的转换。所以在使用索引时，需要对i进行判断，例如：

```
>>> i = 2
>>> if i < len(list_1):
list_1[i]
'4'
>>>
```

（6）s从i到j的切片（正向序号的情况下，出现逆向序号时参考（3）的序号转换）被定义为所有满足i≤num<j的索引号num的元素组成的序列，即返回的切片包括起始项i及中间项，但不包括结束项j。如果i或j大于len(s)，Python会强制使用len(s)进行运算，不会报错；如果i被省略或为None，则默认使用0进行运算；如果j被省略或为None，则使用len(s)；如果i大于等于j，则切片为空。

（7）s从i到j步长为k的切片被定义为所有满足0<=num<(j-i)/k的索引号num =i+num*k的元素组成的序列，即索引号为i、i+k、i+2*k、i+3*k，以此类推，当达到j时停止（但一定不包括j）。当k为正值时，i和j大于len(s)时会被减至不大于len(s)；当k为负值时，i和j大于len(s)时会被减至不大于len(s)-1；如果i或j被省略或为None，它们会成为"终止"值（是哪一端的终止取值则取决于k的符号）；如果k为None，则当作1处理，具体情况和说明（5）一致。注意，k不可为0，否则会触发ValueError。

（8）拼接（+）不可变序列总是会生成新的对象。通过重复拼接（+）操作来创建不可变序列的运行时开销是基于序列总长度的乘方。想要获得线性的运行时开销，必须改用下列替代方案之一。

方案一：如果是拼接字符串类型str对象，我们可先创建一个含有字符串元素的列表类型，然后使用 str.join()或是写入一个 io.StringIO 实例，最后在结束时获取它的值（详见第 15 章）。

方案二：如果是拼接字节串类型 bytes 对象，我们可以与字符串类型 str 类似地使用 bytes.join() 或 io.BytesIO，也可以使用字节数组 bytearray 对象进行原地拼接。bytearray 对象是可变的，并且具有高效的重分配机制。

方案三：如果拼接元组 tuple 对象（详见第 10 章），我们可以改为扩展 list 类。

方案四：对于其他数据类型，我们可以查看相应的文档。

各种拼接方式的输出结果一样，但是创建效率不一样，具体例子如下。

```
>>> str_2, str_3, str_4 = 'str_2','str_3','str_4'
>>> str_concatenating_1 = str_2 + str_3 + str_4
>>> str_concatenating_2 = "".join([ str_2, str_3, str_4])
>>> str_concatenating_1
'str_2str_3str_4'
>>> str_concatenating_2
'str_2str_3str_4'
>>>
```

其中，str_concatenating_2 比 str_concatenating_1 运行时开销小，这样对目前数量较少的字符串拼接效果影响不大；当数量达到一定级别时，你就能明显地体会到效率的差别。

（9）某些序列类型（如 range——范围类型，详见第 11 章）仅支持遵循特定规律的元素序列，不支持序列的拼接（+）或重复（*）操作。+（拼接）和*（重复）运算符与对应的算术运算符具有一样的优先级。

（10）当内置函数 min()和 max()作用于列表类型时，列表类型中的数据必须支持"<""<="">"">="几种关系比较运算；否则就会触发 TypeError。其他序列类型使用这两个内置函数的限制条件和列表类型的限制条件一样。

（11）当 x 在 s 中找不到时，index 会触发 ValueError。为了避免这个错误，我们可以先进行成员测试，然后在列表中获取索引号，不存在则执行其他操作。另外，不是所有序列类型实现都支持传入额外参数 i 和 j（如 range 类型就不支持）。这两个参数允许高效地搜索序列的子序列。传入这两个额外参数大致相当于使用 s[i:j].index(x)+i，但不会复制任何数据，并且返回的索引号是相对于切片的开头而非序列的开头；传入一个 i，相当于 j 是 len(s)，其他相同。

通用序列运算第一部分的例子如图 9-4 所示。

```
23 #通用序列运算
24 #in和not in还可以用于字符串、字节串、字节串数组的子字符串检测
25 comm_sequence_01 = '字符串' in str_1
26 comm_sequence_02 = '字符串' not in str_1
27 comm_sequence_03 = str_1 in list_create_04
28 comm_sequence_04 = list_create_01 in list_create_04
29 comm_sequence_05 = list_create_02 + list_create_03
30 comm_sequence_06 = list_create_01 * 2 + 2 * list_create_07
31 comm_sequence_07 = list_create_03 * 2
32 comm_sequence_08 = list_create_04[3]
33 comm_sequence_09 = list_create_04[3:5]
34 comm_sequence_10 = list_create_04[3:-1:2]
35 comm_sequence_11 = list_create_04[-3:0:-2]
36 comm_sequence_12 = list_create_04[::-2]
37 comm_sequence_13 = list_create_04[None:None:]
38 comm_sequence_14 = list_create_04[None:100:]
39 comm_sequence_15 = len(list_create_11)
40 comm_sequence_16 = min(list_create_02)
41 comm_sequence_17 = max(list_create_02)
42 #comm_sequence_18 = list_create_04[103]#报IndexError
43 #comm_sequence_19 = max(list_create_03)#报TypeError，列表中的int型和str型不能比较
44 comm_sequence_20 = list_create_02.index(4)
```

图 9-4　通用序列运算第一部分的例子

各种变量在 Debug Control 中对应的存储值如图 9-5 所示。

comm_sequence_01	True
comm_sequence_02	False
comm_sequence_03	True
comm_sequence_04	False
comm_sequence_05	[3, 1, 4, 1, 5, '3', '1', '4', 1, 5]
comm_sequence_06	[]
comm_sequence_07	['3', '1', '4', 1, 5, '3', '1', '4', 1, 5]
comm_sequence_08	'字符串4'
comm_sequence_09	['字符串4', '字符串变量']
comm_sequence_10	['字符串4']
comm_sequence_11	['字符串4', '1']
comm_sequence_12	[5, '字符串4', '1']
comm_sequence_13	['字符串1', '1', '字符串4', '字符串4', '字符串变量', 5]
comm_sequence_14	['字符串1', '1', '字符串4', '字符串4', '字符串变量', 5]
comm_sequence_15	4
comm_sequence_16	1
comm_sequence_17	5
comm_sequence_20	2

图 9-5　Debug Control 中对应的存储值

通用序列运算第二部分的例子如图 9-6 所示。

```
45 #为了保证不会报错,我们可以先进行成员测试，再获取索引号，避免使用异常获取
46 if 4 in list_create_02:
47     comm_sequence_20 = list_create_02.index(4)
48 if str_1 in list_create_04:
49     comm_sequence_21 = list_create_04.index(str_1, 3, 5)
50     comm_sequence_21_0 = list_create_04[3:5].index(str_1)
51 else:
52     comm_sequence_21 = '字符串不在列表中'
53     comm_sequence_21_0 = '字符串不在列表中'
54
55 if str_1 in list_create_04:
56     comm_sequence_21_1 = list_create_04.index(str_1, 3)
57     comm_sequence_21_2 = list_create_04.index(str_1, -3)
58     comm_sequence_21_3 = list_create_04[3:].index(str_1)
59     comm_sequence_21_4 = list_create_04[-3:].index(str_1)
60 else:
61     comm_sequence_21_1 = '字符串不在列表中'
62 #comm_sequence_22 = list_create_02.index(str_1,3,5)#str_1没在list中报值错误
63 if str_1 in list_create_02:
64     comm_sequence_22 = list_create_02.index(str_1, 3, 5)#不会报错，返回索引号
65 else:
66     comm_sequence_22 = '字符串不在列表中'
67 comm_sequence_23 = list_create_04.count('字符串4')
68 comm_sequence_24 = list_create_04.count(str_1*2)
69 #拼接字符串类型
70 str_2, str_3, str_4 = 'str_2', 'str_3', 'str_4'
71 str_concatenating_1 = str_2 + str_3 + str_4
72 str_concatenating_2 = "".join([str_2, str_3, str_4])
```

图 9-6　通用序列运算第二部分的例子

各种变量在 Debug Control 中对应的存储值如图 9-7 所示。

comm_sequence_21	4
comm_sequence_21_0	1
comm_sequence_21_1	4
comm_sequence_21_2	4
comm_sequence_21_3	1
comm_sequence_21_4	1
comm_sequence_22	'字符串不在列表中'
comm_sequence_23	2
comm_sequence_24	0

图 9-7　Debug Control 中对应的存储值

3．可变序列类型的运算

列表的元素是可以直接修改的。列表类型是一种可变序列类型，因此基于可变序列类型的各种

操作和函数也是支持列表的。可变序列类型的运算如表 9-3 所示。

表 9-3　可变序列类型的运算

类型	运算	描述	说明
切片操作	s[i] = x	s 的第 i 项元素被替换为对象 x	①
	s[i:j] = t	s[i:j] 的元素被替换为可迭代对象 t 的元素	②
	del s[i:j]	等同于 s[i:j] = []	②
	s[i:j:k] = t	s[i:j:k] 的元素被替换为 t 的元素	③
	del s[i:j:k]	移除序列中 s[i:j:k] 的元素	
函数操作	s.append(x)	在序列的末尾添加对象 x（等同于 s[len(s):len(s)] = [x]）	
	s.clear()	移除序列中的所有元素（等同于 del s[:]）	⑦
	s.copy()	创建序列 s 的浅复制（等同于 s[:]）	⑦
	s.extend(t)	用序列 t 的内容扩展 s（等同于 s += t）	
算术运算	s += t	用序列 t 的内容扩展 s（大部分情况等同于 s[len(s):len(s)] = t）	
	s *= n	用 s 自身的内容重复 n-1 次后更新给 s	⑧
函数操作	s.insert(i, x)	把对象 x 插入序列 s 中索引引号 i 的位置（等同于 s[i:i] = [x]），其他元素顺延	
	s.pop([i])	提取在 i 位置上的元素，并将其从 s 中移除	④
	s.remove(x)	删除 s 中第一个 s[i] 为 x 的元素	⑤
	s.reverse()	就地将序列中的元素反转	⑥

表 9-3 中的 s 是可变序列类型的实例，t 是任意一种可迭代对象，而 x 是符合对 s 所规定类型与"值"限制的任何对象（例如，字节数组 bytearray 仅接收满足 0≤x≤255 "值"限制的整数）；i、j、k、n 为整数。没有特殊强调，下面说明中的 i、j 都是正整数，负数的情况参考通用序列运算中的转换方式。

（1）表 9-3 的有关说明

① i 不能越界，否则会触发 IndexError。

② 在切片替换中，i、j 没有严格的限制。切片方式修改列表的运算逻辑如图 9-8 所示。

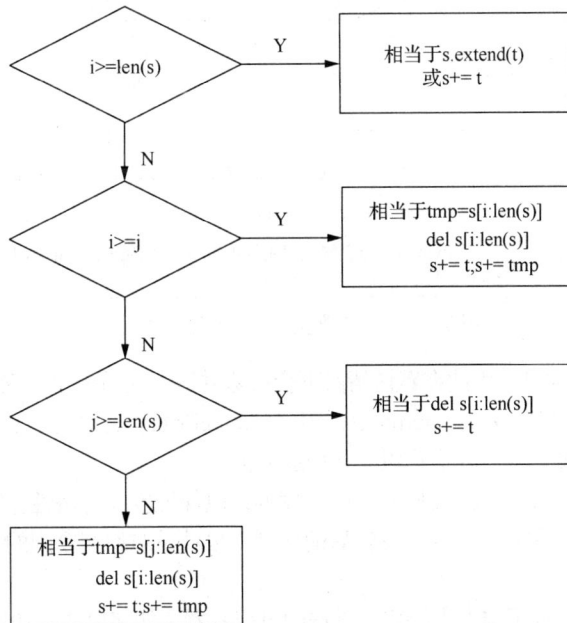

图 9-8　切片方式修改列表的运算逻辑

部分运算的示例如下代码片段所示。

```
>>> print(comm_sequence_13, end = '\n')
['字符串1', '1', '字符串4', '字符串4', '字符串变量', 5]
>>> comm_sequence_13[100:10] = 'new'
>>> print('i>=len(s)被替换为: ',comm_sequence_13)
i>=len(s)被替换为: ['字符串1', '1', '字符串4', '字符串4', '字符串变量', 5, 'n', 'e', 'w']
>>> comm_sequence_13[i:i] = ['n1','n2']
>>> print('i<len(s) and i>=j被替换为: ',comm_sequence_13)
i<len(s) and i>=j被替换为: ['字符串1', '1', '字符串4', '字符串4', '字符串变量', 'n1', 'n2',
5, 'n', 'e', 'w']
>>> comm_sequence_13[i:i+3] = ['n3','n4']
>>> print('j>i<len(s) and i+len(t)< j <len(s)被替换为: ',comm_sequence_13)
j>i<len(s) and i+len(t)< j <len(s)被替换为: ['字符串1', '1', '字符串4', '字符串4', '字符
串变量', 'n3', 'n4', 'n', 'e', 'w']
>>> comm_sequence_13[i:len(comm_sequence_13)] = ['n5','n6']
>>> print('j>i<len(s) and i+len(t)< len(s)<=j被替换为: ',comm_sequence_13)
j>i<len(s) and i+len(t)< len(s)<=j被替换为: ['字符串1', '1', '字符串4', '字符串4', '字符
串变量', 'n5', 'n6']
```

③ t 必须与它所要替换的切片具有相同的长度，具体逻辑如图 9-9 所示。切片中的 i、j、k 相关运算的逻辑同通用序列运算——s[i:j:1] = t 和 s[i:j] = t 是等同的。

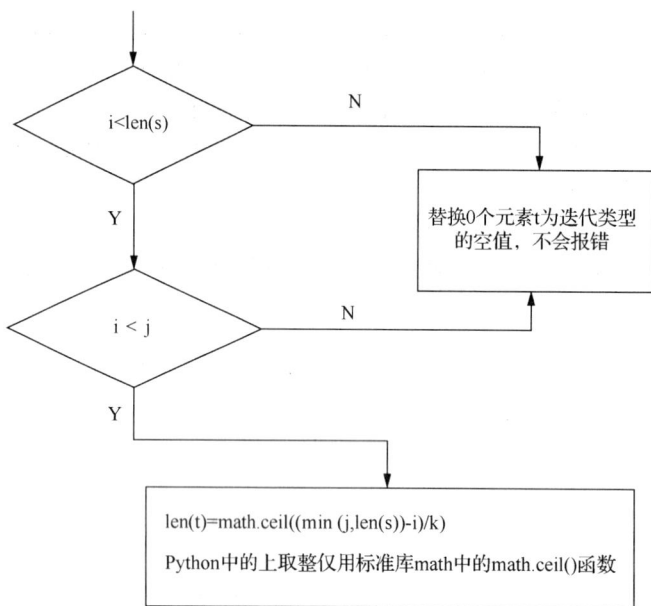

图 9-9　可迭代类型 t 的长度的运算逻辑

④ 可选参数 i 默认为-1，因此在默认情况下会移除并返回最后一项元素。

⑤ 当在 s 中找不到对象 x 时，remove()会引发 ValueError，此时可以先使用成员运算符判断 x 是否存在，再执行删除操作；删除操作没有任何返回值。

⑥ 当反转大序列时，reverse()会原地修改该序列，以保证空间经济性。需要注意的是，此操作是通过间接影响进行的，它并不会返回反转后的序列，也就是对原有序列的更改，本身没有任何返回值。

⑦ clear()和 copy()是为了与不支持切片操作的可变容器（如字典 dict 和集合 set）的接口保持一致；copy()实现对象的浅复制。

⑧ n 值为一个整数或一个实现了 __index__() 方法的对象。n≤0 将清空序列；序列中的元素不会被复制；它们会被多次引用，正如通用序列运算操作中有关 s * n 的说明（具体引用方式和复制方式的原理可以参看本节后面的"5.创建多维列表"）。

（2）列表的拼接（+）、重复（*）运算符原理

列表等可变序列类型是支持用拼接（+）、重复（*）运算符的增强型运算符进行赋值的。对于实现了 __iadd__() 方法的任意 Python 对象，这个方法都会在增强型赋值运算符"+="执行时被调用，而它的返回值会被用在赋值表达式中。对于列表类型，__iadd__() 方法相当于 list 调用了类型的 extend() 方法后并返回 list 值。对于列表，"+="是 list.extend() 的速记形式。例如：

```
>>> list_1 = []
>>> list_1 += ['extand']
>>> list_1
['extand']
```

这个运算等同于：

```
>>> result = list_1.__iadd__(['extand'])
>>> list_1 = result
```

由 list_1 指向的对象已被更改，指向该突变对象的指针再分配回 list_1。赋值的最终结果是空操作，因为它是 list_1 先前指向的同一对象的指针，但是赋值仍然发生。上面就是增强型运算符的实现逻辑。

需要注意的是，列表类型在直接使用拼接（+）、重复（*）运算符进行操作时，Python 会创建新的内存空间进行操作，即不是原地操作；但在使用拼接（+）、重复（*）运算符的增强型运算符（+=和*=）时，会基于原有的内存地址进行，即原地操作，特别是涉及大量元素操作时会提升程序的效率。具体例子如下：

```
>>> list_add_1 = ['abc',123,'45']
>>> id(list_add_1)
44353864
>>> list_add_1 = list_add_1 + ['other list']
>>> id(list_add_1)
44163656
>>> list_add_1 += ['new']
>>> id(list_add_1)
44163656
>>> list_add_1 = list_add_1 * 2
>>> id(list_add_1)
44353864
>>> list_add_1 *= 2
>>> id(list_add_1)
44353864
```

（3）具体可变序列运算的例子

可变序列运算的第一部分例子如图 9-10 所示。

```
74 #可变序列类型的运算
75 #s[i] = x是替换操作，所以i必须是在index索引号取值范围内
76 i, x = len(comm_sequence_13) - 1, '替换值'
77 print(comm_sequence_13,'被替换为：', end = '')
78 if i < len(comm_sequence_13) and i >= -len(comm_sequence_13):
79     comm_sequence_13[i] = x
80 if -len(comm_sequence_13) <= i < len(comm_sequence_13):        #等同于上式
81     comm_sequence_13[i] = x
82 print(comm_sequence_13)
```

图 9-10　可变序列运算的第一部分例子

可变序列运算的第二部分例子如图 9-11 所示。

```
 84 print(comm_sequence_13, end = '\n')
 85 comm_sequence_13[100:10] = 'new'
 86 print('i>=len(s)被替换为：', comm_sequence_13)
 87 comm_sequence_13[i:i] = ['n1','n2']
 88 print('i<len(s) and i>=j被替换为：', comm_sequence_13)
 89 comm_sequence_13[i:i+3] = ['n3','n4']
 90 print('j>i<len(s) and i+len(t)< j <len(s)被替换为：', comm_sequence_13)
 91 comm_sequence_13[i:len(comm_sequence_13)] = ['n5','n6']
 92 print('j>i<len(s) and i+len(t)< len(s)<=j被替换为：', comm_sequence_13)
 93 comm_sequence_13[i:100] = range(len(comm_sequence_13)+1-i)
 94 print('j>i<len(s) and len(s)=<i+len(t) <j被替换为：', comm_sequence_13)
 95 i = len(comm_sequence_13)-1
 96 comm_sequence_13[i:i+2] = ['n7','n8','n9']
 97 print('j>i<len(s) and i+len(t)>=j=len(s)被替换为：', comm_sequence_13)
 98 comm_sequence_13[i:i+1] = range(len(comm_sequence_13)+1-i)
 99 print('j>i<len(s) and i+len(t)>=j被替换为：', comm_sequence_13)
100 comm_sequence_13[i:i+1] = ['n10','n11']
101 print('j>i<len(s) and len(s) >i+len(t)>=j被替换为：', comm_sequence_13)
102
103 del comm_sequence_13[len(comm_sequence_13)-3:len(comm_sequence_13)]
104 print('删除后的列表：', comm_sequence_13, sep='')
105 comm_sequence_13[len(comm_sequence_13)-3:len(comm_sequence_13)]=[]
106 print('再删除后的列表：', comm_sequence_13, sep='')
107
108 comm_sequence_13[2:10:2] = '333'#迭代类型的长度需为3
109 print('[2:10:2]替换后的列表：', comm_sequence_13, sep='')
110 del comm_sequence_13[2:10:2]
111 print('[2:10:2]移除后的列表：', comm_sequence_13, sep='')
112
113 comm_sequence_13.append('append')
114 print('字符串x：', comm_sequence_13, sep='')
115 x = comm_sequence_13.pop()
116 print(' 移除x：', x, '后的序列', comm_sequence_13, sep='')
117 comm_sequence_13[len(comm_sequence_13):] = ['append']
118 print(' 等同于：', comm_sequence_13, sep='')
119 comm_sequence_13.append(['append'])
120 print('   列表x：', comm_sequence_13, sep='')
```

图 9-11　可变序列运算的第二部分例子

可变序列运算的第三部分例子如图 9-12 所示。

```
122 mutable_cp = comm_sequence_13.copy()
123 print('列表复制：', mutable_cp, sep='')
124 mutable_cp.clear()
125 print('列表清空：', mutable_cp, sep='')
126 mutable_cp.extend(comm_sequence_13)
127 print('列表扩展：', mutable_cp, sep='')
128 mutable_cp.clear()
129 mutable_cp += comm_sequence_13
130 print('列表扩展：', mutable_cp, sep='')
131 mutable_cp.clear()
132 mutable_cp[len(comm_sequence_13):] = comm_sequence_13
133 print('列表扩展：', mutable_cp, sep='')
134
135 mutable_cp.clear()
136 mutable_cp.extend('extend')
137 print('str列表扩展：', mutable_cp, sep='')
138 mutable_cp.clear()
139 mutable_cp += 'extend'
140 print('str列表扩展：', mutable_cp, sep='')
141
142 mutable_cp *=2
143 print('重复1次：', mutable_cp, sep='')
144 remove_x = mutable_cp.pop(3)
145 print('移除', remove_x, '后的序列：', mutable_cp, sep='')
146 if 'e' in mutable_cp:
147     mutable_cp.remove('e')
148 print('删除第一个e后的序列：', mutable_cp, sep='')
149 mutable_cp.reverse()
150 print(' 元素被反转后的序列：', mutable_cp, sep='')
```

图 9-12　可变序列运算的第三部分例子

以上 3 部分执行各种操作后，变量输出的结果如图 9-13 所示。

```
['字符串1', '1', '字符串4', '字符串4', '字符串变量', 5] 被替换为：['字符串1', '1'
, '字符串4', '字符串4', '字符串变量', '替换值']
['字符串1', '1', '字符串4', '字符串4', '字符串变量', '替换值']
i>=len(s)被替换为：['字符串1', '1', '字符串4', '字符串4', '字符串变量', '替换值
', 'n', 'e', 'w']
i<len(s) and i>=j被替换为：['字符串1', '1', '字符串4', '字符串4', '字符串变量',
'n1', 'n2', '替换值', 'n', 'e', 'w']
j>i<len(s) and i+len(t)< j <len(s)被替换为：['字符串1', '1', '字符串4', '字符串
4', '字符串变量', 'n3', 'n4', 'n', 'e', 'w']
j>i<len(s) and i+len(t)< len(s)<=j被替换为：['字符串1', '1', '字符串4', '字符
4', '字符串变量', 'n5', 'n6']
j>i<len(s) and len(s)=<i+len(t) <j被替换为：['字符串1', '1', '字符串4', '字符
4', '字符串变量', 0, 1, 2]
j>i<len(s) and i+len(t)>=j=len(s)被替换为：['字符串1', '1', '字符串4', '字符
4', '字符串变量', 0, 1, 'n7', 'n8', 'n9']
j>i<len(s) and i+len(t)>=len(s)>=j被替换为：['字符串1', '1', '字符串4', '字符
4', '字符串变量', 0, 1, 0, 1, 2, 3, 'n8', 'n9']
j>i<len(s) and len(s) >i+len(t)>=j被替换为：['字符串1', '1', '字符串4', '字符
4', '字符串变量', 0, 1, 'n10', 'n11', 1, 2, 3, 'n8', 'n9']
删除后的列表：['字符串1', '1', '字符串4', '字符串4', '字符串变量', 0, 1, 'n10',
'n11', 1, 2]
再删除后的列表：['字符串1', '1', '字符串4', '字符串4', '字符串变量', 0, 1, 'n10'
]
[2:10:2]替换后的列表：['字符串1', '1', '3', '字符串4', '3', 0, '3', 'n10']
[2:10:2]移除后的列表：['字符串1', '1', '字符串4', 0, 'n10']
字符串x:['字符串1', '1', '字符串4', 0, 'n10', 'append']
 移除x:append后的序列['字符串1', '1', '字符串4', 0, 'n10']
 等同于：['字符串1', '1', '字符串4', 0, 'n10', 'append']
 列表x:['字符串1', '1', '字符串4', 0, 'n10', 'append', ['append']]
列表复制:['字符串1', '1', '字符串4', 0, 'n10', 'append', ['append']]
列表清空:[]
列表扩展['字符串1', '1', '字符串4', 0, 'n10', 'append', ['append']]
列表扩展['字符串1', '1', '字符串4', 0, 'n10', 'append', ['append']]
列表扩展['字符串1', '1', '字符串4', 0, 'n10', 'append', ['append']]
str列表扩展:['e', 'x', 't', 'e', 'n', 'd']
str列表扩展:['e', 'x', 't', 'e', 'n', 'd', 'e', 'x', 't', 'e', 'n', 'd']
重复1次:['e', 'x', 't', 'e', 'n', 'd', 'e', 'x', 't', 'e', 'n', 'd']
移除e后的序列：['e', 'x', 't', 'n', 'd', 'e', 'x', 't', 'e', 'n', 'd']
删除第一个e后的序列：['x', 't', 'n', 'd', 'e', 'x', 't', 'e', 'n', 'd']
元素被反转后的序列：['d', 'n', 'e', 't', 'x', 'e', 'd', 'n', 't', 'x']
```

图 9-13　交互式开发环境中输出的值

4. list 自有 sort() 函数

列表除了实现所有通用和可变类型的运算外，列表类型也提供了额外的函数 sort()。sort() 的完整形式是 sort(*, key=None, reverse=False)，它只有两个关键字参数（详见第 12 章），排序方法是进行原地排序（从小到大），只使用 "<" 关系运算符进行元素之间的比较，同时也会触发异常，只有全部比较成功才会正常返回；否则一旦有任何失败，整个排序将失败（而列表可能部分已经被修改）。相关示例代码如图 9-14 所示。

```
152  #list自有sort()函数
153  mutable_cp.sort()
154  print('排序后的列表：',mutable_cp,sep='')
155  mutable_cp.reverse()
156  mutable_cp.insert(5,1)  #插入一个int型值
157  print('加1后的列表：',mutable_cp,sep='')
158  try :
159      mutable_cp.sort()
160  except Exception as e :
161      print('报错后列表：',mutable_cp,sep='')#部分已经被排序
162      print(e)
```

图 9-14　列表类型的函数 sort() 示例 1

输出结果如图 9-15 所示（虽然报错，但是列表本身的部分顺序已经被改变，这也是原地排序会使部分操作生效的展示）。

```
排序后的列表：['d', 'd', 'e', 'e', 'n', 'n', 't', 't', 'x', 'x']
 加1后的列表：['x', 'x', 't', 't', 'n', 'l', 'n', 'e', 'e', 'd', 'd']
 报错后列表：['n', 't', 't', 'x', 'x', 'l', 'n', 'e', 'e', 'd', 'd']
<' not supported between instances of 'int' and 'str'
```

图 9-15　交互式开发环境中输出的值 1

sort()的参数 key 是指函数参数，这个函数会对列表中的每个元素都进行操作，操作后的值再进行排序，即这个函数只能有一个参数；reverse 是 bool 型参数，默认值是 False，当其值是 True 时，就按从大到小排序。示例代码如图 9-16 所示。

```
164 mutable_cp.sort(key = str,reverse = True)
165 print('指定函数排序后的列表：',mutable_cp, sep='')
```

图 9-16　列表类型的函数 sort() 示例 2

将列表中的每个元素都转换成字符串后再进行比较，sort()本身是对调用者进行影响而进行操作的，本身不会返回任何值，输出结果如图 9-17 所示。

```
指定函数排序后的列表：['x', 'x', 't', 't', 'n', 'n', 'e', 'e', 'd', 'd', 1]
```

图 9-17　交互式开发环境中输出的值 2

sort()是稳定的。如果一个排序确保不会改变比较结果相等元素的相对顺序，就称其为稳定的方法。这个性质有利于进行多维列表的多重排序（如先按部门再接薪级排序等实际的需求）。

这里需要注意 CPython 实现的细节：在一个列表被排序期间，尝试改变，甚至进行检测，都会造成未定义的影响。Python 的 C 语言实现会在排序期间将列表显示为空，如果发现列表在排序期间被改变将会引发 ValueError。

5．创建多维列表

（1）重复（*）操作

利用重复（*）操作创建多维列表。例如：

```
>>> lists_blank = [[]] * 3
>>> lists_blank
[[], [], []]
>>> lists_blank[0].append(3)
>>> lists_blank
[[3], [3], [3]]
```

[[]]是一个包含了一个空列表（空列表不是必要条件）的单元素列表，所以[[]] * 3 结果中的 3 个元素都是对这一个空列表（同上）的引用。修改 lists_blank 中的任何一个元素，实际上都是对这一个空列表的修改，具体理解可参考图 9-18。

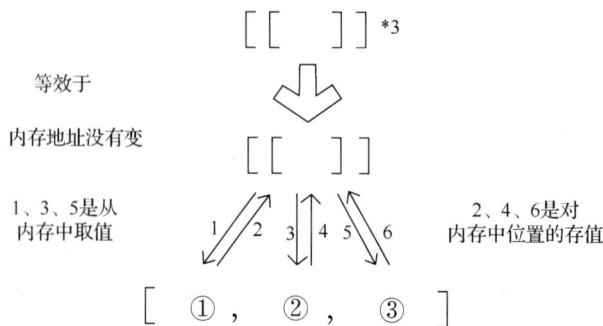

图 9-18　列表重复操作的引用原理

如果要创建指向不同内存地址的列表为元素的列表，我们可用以下方法。

```
>>> lists_blank = [[] for i in range(3)]
>>> lists_blank [0].append('3')
>>> lists_blank [1].append('1')
>>> lists_blank [2].append('5')
>>> lists_blank
[['3'], ['1'], ['5']]
```

（2）如何创建多维列表

多维列表也是经常使用的一种结构，但使用"*"进行多维列表创建时，会出现"多次引用"的问题。例如：

```
>>> array_mul = [['A'] * 2] * 3
>>> array_mul
[['A', 'A'], ['A', 'A'], ['A', 'A']]
```

创建后的多维列表可按位置对其中的元素进行赋值或修改，例如：

```
>>> array_mul [0][0] = 0
>>> array_mul
[[0, 'A'], [0, 'A'], [0, 'A']]
>>> array_mul[0].append('B')
>>> array_mul
[[0, 'A', 'B'], [0, 'A', 'B'], [0, 'A', 'B']]
```

从列表结果输出可以看出，列表中的元素都变化了，这可能与我们想要的结果不一致。这是因为列表的重复（*）操作并没有创建原来列表的副本，只是对现有的对象创建的多次引用，即"* 3"操作是对['A', 'A']对象的 3 次引用。当改变一行时，所有行都会改变，其原理与具有一个空列表元素的原理是一致的，具体可结合图 9-19 进一步理解。

如果要创建一个你想要的多维列表，Python 中建议的方式是先创建一个所需长度的列表，再以新创建的列表填充列表元素，例如：

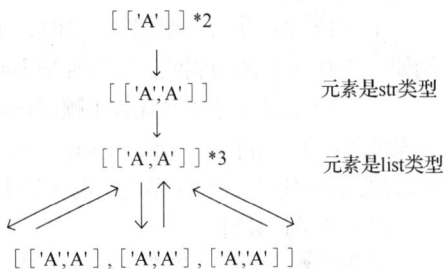

图 9-19 列表重复操作原理

```
>>> array_mul = [None] * 3
>>> for i in range (3):
array_mul[i]=[None] * 2
>>> array_mul
[[None, None], [None, None], [None, None]]
```

利用上面的方法创建之后，就会产生一个含有 3 个内存地址不同且长度为 2 的列表的列表。此外，还可使用列表推导式的方式进行创建，例如上面的创建就等价于：

```
>>> w, h = 2, 3
>>> array_mul = [[None] * w for i in range(h)]
>>> array_mul
[[None, None], [None, None], [None, None]]
```

我们还可用一些扩展模块库，如提供多维矩阵数据创建方法的第三方模块库，其中最知名的就是 NumPy。

9.2 列表调用运算符进行的运算

列表及其操作（3）

列表类型除了可进行通用序列运算和可变序列类型运算中的运算符操作，还可以参与其他一些运算符的运算。

1.比较运算符

（1）关系运算符

序列类型［元组（tuple）、列表（list）或范围（range）］只能在其每种类型内部进行比较，但限制是 range 不支持大小（顺序或排序）比较，即不支持"<"">="" <="">"等符号；如果强行进行比较就会触发 TypeError。这些类型之间的相等比较会导致不相等，而这些类型之间的排序比较会引发 TypeError。

序列类型在字典序（lexicographically）上使用相应元素的比较进行比较，从而增强了元素的自反性。字典序在序列中可以理解为元素的索引顺序。

如果是没有自反性的元素进行比较，比较结果可能令人惊讶。例如，列表中的元素是非自反性的 NaN 值时，进行关系比较的运算行为如下。

```
>>> nan = float('NaN')
>>> nan is nan
True
>>> nan == nan
False          <-- 非数字值 NaN 没有非自反性行为
>>> [nan] == [nan]
True           <-- list 强制自反性并首先测试身份标识
```

内置对象中多项元素的集合类型（广义上的集合，不是特指 set 集合类型）之间的词典序比较具体运算逻辑如下。

① 两个多项集合若要相等，它们必须为相同类型、相同长度，并且每对相应的元素都必须相等。例如，[3,8] == (3,8)为假值，因为类型不同。

② 对于支持大小关系比较（顺序比较）的多项集合，大小关系（或排序）与其第一个不相等的元素的大小关系相同，例如，[3,8,m] <= [3,8,n]和 m <= n 的值相同。如果一个对应的元素不存在，那么较短的多项集合的顺序靠前，也就是比较小，例如，[3,8] <= [3,8,5]为真。

（2）成员运算符

对于列表、元组、集合（set）、冻结集合（frozenset）、字典（dict）类型或 collections.deque 等容器类型，x in c 等效于 c 中的任何 e 出现 x is e 或 x == e 的情况。

（3）逻辑值

列表类型是可以应用于逻辑运算中的，那就涉及自身值的逻辑值的规定。在 Python 中，所有非空列表类型都是逻辑真值，而空列表[]是逻辑假值。例如：

```
>>> [] and [dfadf] <---------交互式开发环境中不会报错
[]
>>> ['r'] and ['a','b','c']
['a', 'b', 'c']
>>> [] or list()
[]
>>> not []
True
```

2.Python 的赋值与复制

任何程序语言都存在深浅复制的问题，Python"复制"操作与对象是否可变相关，而且复制需要从赋值讲起。

（1）以 list 为代表的可变序列类型的赋值与复制

正确认识深浅复制之前需要明白各种计算机语言中"赋值"的原理。Python 的赋值是变量指向同一个内存空间，即：

列表及其操作
代码展示（3）

```
>>> list_assignment_1 = ['a','b',1, [0,1,2]]
>>> list_assignment_2 = list_assignment_1
>>> id(list_assignment_2)
43971400
>>> id(list_assignment_1)
43971400
```

如果 list_assignment_2 中的值发生变化，list_assignment_1 的值也会发生变化，即：

```
>>> list_assignment_2[2] = '2'
>>> list_assignment_2
['a', 'b', '2', [0, 1, 2]]
>>> list_assignment_1
['a', 'b', '2', [0, 1, 2]]
```

Python 等程序语言将复制分为深复制和浅复制，而列表中的 copy()函数和切片操作就是一种浅复制，例如：

```
>>> slice_list_1 = list_assignment_1[:]
>>> slice_list_1
['a', 'b', '2', [0, 1, 2]]
>>> id(slice_list_1)
43970952
>>> id(list_assignment_1)
43971400
```

基于前面学习的比较运算，我们对切片操作可以有更直观的认识，例如：

```
>>> list_assignment_1 == slice_list_1
True
>>> list_assignment_1 is slice_list_1
False
```

由上例可以看出，slice_list_1 的值和 list_assignment_1 的值一样，因此 "=="返回 True；但两个对象的 id 是不一样的，因此 "is"判断返回 False。这说明切片操作和赋值是有区别的。我们从下面值的变化也能看出二者的区别。

```
>>> slice_list_1[1] = 'new'
>>> slice_list_1
['a', 'new', '2', [0, 1, 2]]
>>> list_assignment_1
['a', 'b', '2', [0, 1, 2]]
```

针对 slice_list_1 变量的元素赋值修改没有影响 list_assignment_1 变量,列表实例切片操作后引用的内存地址发生了变化。同理，copy()函数也是这样，例如：

```
>>> copy_list_1 = list_assignment_1.copy()
>>> id(copy_list_1)
43861384
>>> copy_list_1
['a', 'b', '2', [0, 1, 2]]
>>> copy_list_1[1] = 'new'
>>> copy_list_1
['a', 'new', '2', [0, 1, 2]]
>>> list_assignment_1
['a', 'b', '2', [0, 1, 2]]
```

也就是说，切片操作[:]和 copy()函数都进行了复制。浅复制可通过以下操作来理解。

```
>>> copy_list_1[3][0] ='new2'
>>> copy_list_1
```

```
['a', 'new', '2', ['new2', 1, 2]]
>>> list_assignment_1
['a', 'b', '2', ['new2', 1, 2]]
>>> slice_list_1[3][1] ='new3'
>>> list_assignment_1
['a', 'b', '2', ['new2', 'new3', 2]]
>>> slice_list_1
['a', 'new', '2', ['new2', 'new3', 2]]
>>> copy_list_1
['a', 'new', '2', ['new2', 'new3', 2]]
```

浅复制及赋值的原理如图 9-20 所示。

也就是说，浅复制只是把列表中的非可变元素进行了复制，而可变元素只是创建了一个引用。

图 9-20　浅复制及赋值的原理

（2）以 str 为代表的不可变类型的赋值与复制

字符串类型的变量的赋值操作如下。

```
>>> str_1 = 'string'
>>> str_2 = str_1
>>> id(str_1)
36322864
>>> id(str_2)
36322864
```

赋值也是一种引用，但是值变化时原有对象值不一定变化，例如：

```
>>> str_1.replace('s','X')
'Xtring'
>>> str_2
'string'
>>> str_1
'string'
```

str_1 调用 replace()函数后产生了返回值，但没有给任何变量，变换后的值就没有被保存，即 str_1 和 str_2 的值都没有变化。此时把 str_1.replace('s','X')赋值给一个新的变量，新的变量将指向返回值的内存空间，实现复制的操作。

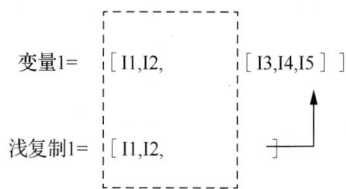

9.3　内置对象

1. 关键字 del

关键字 del（删除）的表达式为：del_stmt ::= "del" target_list。

列表及其操作（4）

删除是递归定义的，与赋值的操作有些相似，但功能几乎是相反的。目标列表 target_list（需要同时删除多个目标时，一般使用 "，" 分开）的删除将从左至右递归地删除每一个目标对象。

变量名的删除就是从所在命名空间把变量名的绑定移除。如果该名称未被绑定，将会触发 NameError。变量名所引用的 "值" 的类型是没有限制的，其可以是列表类型、字符串类型、集合类型以及字典类型等。

上文中已经介绍了切片的删除，具体使用方法如以下代码所示。

```
>>> s1, s2, s3 = 1,'4', [3,5]
>>> del s1
>>> del s2, s3
>>> s2
Traceback (most recent call last):
```

```
  File "<pyshell#252>", line 1, in <module>
    s2
NameError: name 's2' is not defined
```

2. sorted()

除了 list 本身的排序方法 sort()外，Python 内置函数中也提供了一种排序方法——sorted()，该方法的完整形式：sorted(iterable, *, key=None, reverse=False)。

sorted()会对可迭代类型 iterable 中的元素进行排序后生成一个新的列表，并返回这个列表。下面对内置排序方法和 list 的排序方法按表 9-4 的方式进行比较。

表9-4　内置排序方法和 list 的排序方法对比

名称	sorted()	sort()	备注
所属对象	内置函数	list	
调用方式（简）	sorted(iterable)	list_1.sort()	可选关键字参数 key=None, reverse=False
作用对象	参数 iterable	list_1 变量	
可变参数	关键字参数 key		默认值：None
	关键字参数 reverse：True or False		默认值：False
返回值	返回一个排序后的新 list	None	使用结果是否需要变量赋值
排序中出现错误	无返回	可能部分已排序	根据场景使用
关键字参数	可选、含义一样		对元素是否需要转换
是否是稳定的	稳定的		用于多重排序

sorted()函数和 sort()函数一样，具有两个可选的关键字参数。其中，key 指定带有单个参数的函数，用于把可迭代类型 iterable 的每个元素转换成用于比较的"键值"（如 key=str.lower），默认值为 None（直接进行元素之间的比较）。reverse 为一个 bool 类型值参数，如果设置为 True，则每个列表元素将按反向顺序比较进行排序。内置函数 sorted()也是稳定的。

具体使用示例如图 9-21 所示。

```
255 # sorted()函数
256 sorted_list = None
257 try :
258     sorted_list = sorted(mutable_cp)
259 except Exception as e :
260     print('    报错后列表：',sorted_list, sep='')#仍然是空，没有任何变化
261     print('sorted报错信息：',e)
262 sorted_list = sorted(mutable_cp,key = str,reverse = False)
263 print('排序后列表：',sorted_list)
```

图 9-21　内置函数 sorted()使用示例

输出结果如图 9-22 所示。

```
    报错后列表：None
sorted报错信息： '<' not supported between instances of 'int' and 'str'
排序后列表： [1, 'd', 'd', 'e', 'e', 'n', 'n', 't', 't', 'x', 'x']
```

图 9-22　内置函数 sorted()使用示例输出结果

另外，当对其他可迭代类型进行排序时，也会返回列表类型的数据，例如：

```
>>> sorted_listfromstr = sorted('I like Python!', key = str.lower)
>>> print('创建的列表：',sorted_listfromstr)
创建的列表： [' ', ' ', '!', 'e', 'h', 'I', 'i', 'k', 'l', 'n', 'o', 'P', 't', 'y']
```

这个也是一种列表类型数据创建的方法。

3．min()和max()

min()和max()两个函数是 Python 的内置函数，用于通用序列运算中。它们不仅支持对列表类型数据的操作，也具有自身的定义和其他使用方法。

（1）max()

max()具有两种使用方法，具体形式如下：

max(iterable, *[, key, default])：返回可迭代对象中最大的元素。

max(arg1, arg2, *args[, key])：返回两个及两个以上实参中最大的实参。

也就是说，只有一个参数时，必须是可迭代类型，函数会把可迭代类型 iterable 中的最大的元素返回；如果传入多个位置参数，函数就把其中最大的位置参数返回。如果有多个最大，那么函数就会把第一个找到的返回，这也体现了此方法的稳定性。

另外，函数有两个可选的关键字实参。其中，key 实参是指函数内部排序时用到的函数型参数，这个实参与在 list.sort()和 sorted()中有一样的效用。而 default 实参是当另外一个可迭代类型参数 iterable 为空的时候默认返回的值。如果 iterable 为空，也没有给定 default，则会触发 ValueError。

Python 3.4 版本新增加的功能：keyword-only 实参和 default。

（2）min()

min()具有两种使用方法，具体形式如下。

min(iterable, *[, key, default])：返回可迭代对象中最小的元素。

min(arg1, arg2, *args[, key])：返回两个及两个以上实参中最小的实参。

也就是说，只有一个参数时，必须是可迭代类型，函数会把可迭代类型 iterable 中最小的元素返回；如果传入多个位置参数，函数就把其中最小的位置参数返回。如果有多个最小，那么函数就会把第一个找到的返回，这也体现了此方法的稳定性。

相关使用示例如下所示。

```
>>> max('Python')
'y'
>>> min('Python')
'P'
>>> min('Python', key = str.lower)
'h'
```

4．sum()

函数的基本描述：sum()实现对可迭代类型的元素求和操作。

函数的表达形式：sum(iterable[, start])。

函数的参数：可迭代类型 iterable，如列表等。iterable 的元素通常为数字；start 值不允许为字符串，否则会触发 TypeError: sum() can't sum strings [use ''.join(seq) instead]。

函数的可选参数：start 默认值是 0。start 的含义是首先要加的值。

函数的返回值：函数返回符号"+"计算后的结果值，传入"空"值的时候返回 0。

函数的完整表达：以 start 为符号"+"的起始操作数，并从左向右对可迭代类型 iterable 中的元素进行符号"+"运算，最后返回总运算值。

函数使用的注意事项：对于字符串类型，我们可以使用"+"进行多个字符串拼接操作，但是由于有更好更快的方式''.join(sequence)，因此 Python 中就会建议使用上述方法替代。

具体使用示例如下所示。

```
>>> list_sum_1 = [['1','2'], ['a','b'], ['3','c']]
>>> list_sum_2 = [1,2,3,4,5]
```

```
>>> start_1 = ['start']
>>> start_2 = 100
>>> sum_1 = sum(list_sum_1, start_1)
>>> sum_2 = sum(list_sum_2, start_2)
>>> sum_1
['start', '1', '2', 'a', 'b', '3', 'c']
>>> sum_2
115
```

5. zip()

函数的基本描述：zip()会创建一个聚合每个可迭代对象中的元素的迭代器。

函数的表达形式：zip(*iterables)。

函数的参数：可以传入 0 或 n 个可迭代对象，不带参数时会返回一个空迭代器。

函数的返回值：返回一个聚合了每个可迭代对象中的元素的元组迭代器，其中，第 i 个元组是由来自每个参数序列或可迭代对象的第 i 个元素组成的。只有一个可迭代对象且只有一个元素时，就会返回一个只有一个元素组成的元组的迭代器。

函数的完整表达：创建一个迭代器，以聚合每个可迭代对象中的元素。

函数使用的注意事项：zip()返回的元组迭代器是由最短可迭代对象 iterables 中的最短长度的可迭代对象或序列决定的，也就是当最短长度的对象在迭代中被耗尽时，迭代器将停止迭代。聚合可迭代对象的元素是从左到右进行的。

zip()函数实现过程示意如图 9-23 所示。

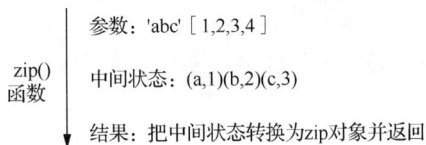

图 9-23　zip()函数实现过程示意

我们可以通过 zip(*[iter(s)]*n)这样的惯用形式将一系列数据聚类为长度为 n 的分组。它重复同样的迭代器 n 次，以便每个输出的元组具有第 n 次调用该迭代器的结果。它的作用效果就是将输入拆分为长度为 n 的数据块。

zip()与*运算符相结合可以用来拆解一个列表，例如：

```
>>> x = [1, 2, 3]
>>> y = [4, 5, 6]
>>> zipped = zip(x, y)
>>> list(zipped)
[(1, 4), (2, 5), (3, 6)]
>>> x2, y2 = zip(*zip(x, y))   #zipped已经被消耗，只能对新组合进行拆解
>>> x == list(x2) and y == list(y2)
True
```

其他例子：

```
>>> s1 = 'abc'
>>> l1 = [1,2,3,4]
>>> zipped0 = zip(s1, l1)
>>> print(zipped0)
<zip object at 0x00000000029D4648>
>>> s2, l2 = zip(*zipped0)
>>> print(s2)
```

```
('a', 'b', 'c')
>>> print(l2)
(1, 2, 3)
<zip object at 0x00000000029D4648>
>>> print(list(zipped0))
[]
```

从上面的反过程可以看出，zip()和*运算符的组合不一定能完全恢复原有变量的值或类型。第一个例子中使用 zip(*zip(x, y))，而没有使用变量 zipped，这是因为 zipped 进行 list 的类型转换后，Python会把中间状态的数据清空，此时只能作为空值使用，其他非空值使用都会报错；同理，当一个 zip类型数据经过*运算符后，中间状态的数据也会被清空，此时只能作为空值使用，其按非空值使用都会报错。也就是说，只要是对 zip 对象进行非标准输出方面的操作都会使 zip 对象被清空，这也是迭代器消耗型的特征。继续使用上面例子的变量定义，例如：

```
>>> zipped1 = zip(s1, l1)
>>> print(*zipped1)
('a', 1) ('b', 2) ('c', 3)
>>> print(*zipped1)
<----此处输出一个空行
```

zip()函数具体使用示例如下：

```
>>> zip_str_1 = '喜欢 Python! '
>>> zip_序号 = '12345679'
>>> zip_zipped = zip(zip_str_1 ,zip_序号)
>>> zip_list_1 = list(zip_zipped)
>>> print(zip_list_1)
[('喜', '1'), ('欢', '2'), ('P', '3'), ('y', '4'), ('t', '5'), ('h', '6'), ('o', '7'),
('n', '9')]
```

6. reversed()

函数的基本描述：reversed()会把传入的序列进行反转，然后生成迭代器。

函数的表达形式：reversed(seq)。

函数的参数：传入一个要反转的序列类型，可以是字符串（str）、列表（list）等序列类型实例。

函数的返回值：返回一个反转的 reversed 类型迭代器。

函数使用的注意事项：seq 序列参数必须是一个具有__reversed__()方法的对象或者是支持该序列协议。

reversed()具体使用示例如下：

```
>>> list(reversed(zip_序号))
['9', '7', '6', '5', '4', '3', '2', '1']
>>> list(reversed(zip_str_1))
['! ', 'n', 'o', 'h', 't', 'y', 'P', '欢', '喜']
>>> list(reversed(zip_list_1))
[('n', '9'), ('o', '7'), ('h', '6'), ('t', '5'), ('y', '4'), ('P', '3'), ('欢', '2'),
('喜', '1')]
```

9.4 一个列表基于另一个列表的值进行排序

在实际编程中可能遇到这样的情况：一个列表的排序要基于另一个列表的顺序，再把排序后的列表进行返回。例如：

```
>>> list1_基准 = ["what", "I'm", "sorting", "by"]
>>> list2_待排序 = ["something", "else", "to", "sort"]
```

```
>>> pairs_zip = zip(list1_基准, list2_待排序)
>>> pairs_zip = sorted(pairs_zip)
>>> print(pairs_zip)
[("I'm", 'else'), ('by', 'sort'), ('sorting', 'to'), ('what', 'something')]
>>> result = [xz[1] for xz in pairs_zip]    #第一种方法：列表创建方法
>>> print(result)
['else', 'sort', 'to', 'something']
>>> result_1 = []    #后面的重新生成列表还可以用下面的方法
>>> for ps in pairs_zip: result_1.append(ps[1])
>>> print(result_1)
['else', 'sort', 'to', 'something']
```

其中，用到的 for 循环详见第 11 章。第二种方法能够更容易被程序员所理解，我们更倾向于使用它，而不是最终列表推导式的方法。但是，对于长列表，第一种方法的速度可能是第二种方法的两倍。这是因为：第一，append()的操作每次都必须重新分配内存，尽管这个函数使用了一些方法避免这样，但是偶尔也需要分配内存，这样会浪费很多时间；第二，表达式"result_1.append(ps[1])"需要额外的函数属性查找；第三，必须用到的这些函数的调用也会降低速度。

9.5 习题

1. 基础题

（1）Python 提供了多种方式用于列表的构建，请指出任意一种列表创建的方法。

（2）简要说明只用于索引操作时对索引号的取值范围的限制。

（3）简述内置函数 min()和 max()操作列表类型参数时的作用和注意事项。

（4）简述关键字 del 的表达式及其含义。

（5）简述列表类型的通用序列运算。

（6）简述内置函数 zip()和 reversed()的使用方法。

2. 综合题

（1）简述列表序列排列的原理及注意事项。

（2）如何创建多维列表？

（3）简述内置函数 sorted()与 list 自有函数 sort()的异同点。

（4）如何理解浅复制？请举例说明。

（5）简述列表类型数据之间的比较运算。

（6）简述可变序列类型与不可变序列类型的异同点。

（7）编写列表数据反转语句。

（8）已知列表 l_1 = [1,2,9]、l_2 = [5,2,1,1,2,5]，编写返回两个列表对应位置的和组成的新列表的表达式。

3. 扩展题

一个列表序列数据如何根据另一个列表序列进行排序？简单阐述一下可能的应用场景。

元组及其操作

元组类型也是一种序列类型。元组类型的数据和列表类型的数据有些像，都是一些值的序列。但列表类型是可变的序列类型，而元组是不可变的序列类型。元组中的元素值的类型可以是任意类型的，也可以用整数进行索引。

本章重点讲解元组类型的创建、通用序列运算及元组的删除；介绍元组调用比较运算符、逻辑运算符等运算符进行的运算；介绍内置函数 map()、filter()、enumerate()；基于元组类型把相关学习过的函数进行使用，并以案例方式进行讲解；涉及的错误类型如 TypeError 等；比较 tuple 和 list 两个序列类型的异同点。本章词云图如图 10-1 所示。

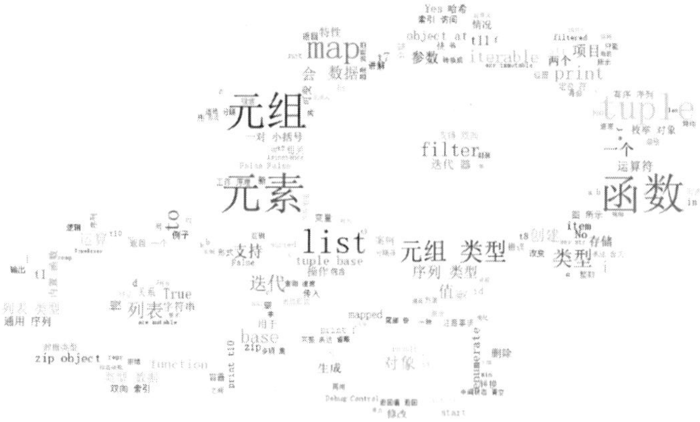

图 10-1　本章词云图

10.1　元组类型

元组常用于存储异构数据类型的多项元素，也可用于存储同构数据，它是不可变类型序列。

元组类型名称为 tuple，用一对小括号()作为定位符，即用小括号()括起来的内容，并且用逗号分隔的数据会被 Python 认为是元组类型数据。对于只有一个元素的元组，元素后面必须有"，"，形如"(元素 1,)"，否则 Python 就不会认为是元组类型。

元组及其操作（1）

元组类型数据的基本形式：()、('a',)、(True, 'b',3.14)、('a',1, ['c'], (True, 'b',3.14))等都是合法的元组类型数据。元组可以存储不同数据类型的元素（同时包含整数、实数、字符串、列表、元组等类型的元素），也可存储只包含一种数据类型的元素。存储在其中的值也被称为元素或者项目。

元组实现了所有通用序列类型的运算,但是不支持可变序列类型的运算。需要注意的是,只有被创建的元组才能被使用。

1. 元组创建

Python 提供了多种方式用于元组的创建,创建后的元组可以赋值给变量或直接使用。

(1)使用小括号创建空元组:()。

(2)使用小括号创建元组:('a',1,'c')、(True,'b',3.14)、('a',)等,其中元组中的元素以逗号分隔。

(3)省略小括号,只用逗号分隔各个元素创建元组:'a',1,'c'; True,'b',3.14; 'a',等。

(4)使用内置函数 tuple()创建空元组:tuple()。

(5)使用内置函数 tuple(iterable)创建元组类型数据,iterable 强调是支持迭代的容器或可迭代的数据类型。这个内置函数会创建一个元组,其中的元素是基于 iterable 中的元素的值和顺序生成的。iterable 可以是序列(列表、元组等)、支持迭代的容器或其他可迭代对象。如果 iterable 本身就是元组,那就直接返回,不会有任何变化。

需要注意的是,单元素元组的唯一元素后面必须有",",即必须以","为后缀。虽然 Python 文档中强调决定生成元组的符号是","而不是小括号,但是生成空元组就不需要",",即两者都比较重要。小括号是可省略的,但是上面说的空元组的生成不能省,需要避免语法分歧时也不能省。例如,['a',('a',)],此时的小括号就不能省略;f(a, b, c)是在调用函数时传入 3 个参数而不是元组类型;f((a, b, c))则是传入了一个三元组作为函数的参数。

元组及其操作
代码展示(1)

具体创建元组类型数据的例子如图 10-2 所示。

```
 1 #############################################################
 2 #      第10章    元组及其操作
 3 #      作者: zga
 4 #      1.0
 5 #      2021年4月
 6 #############################################################
 7 #第10章 元组及其操作
 8 #10.1 元组类型
 9 #元组创建
10 tuple_exp_1 = ()
11 tuple_exp_2 = ('a',)
12 tuple_exp_3 = (True, 'b', 3.14)
13 tuple_exp_4 = ('a', 1, ['c'], (True, 'b', 3.14))
14 tuple_exp_5 = ('a', 1, 'c')
15 tuple_exp_6 = 'a', 1, 'c'
16 tuple_exp_7 = True, 'b', 3.14
17 tuple_exp_8 = 'a',
18 print('2和8是相同的元组') if tuple_exp_8 == tuple_exp_2 else print(False)
19 print('3和7是相同的元组') if tuple_exp_7 == tuple_exp_3 else print(False)
20 print('5和6是相同的元组') if tuple_exp_5 == tuple_exp_6 else print(False)
21 ['a',('a',)]#此时的小括号就不能省略
22 tuple_exp_9 = tuple('I like Python.')
23 tuple_exp_10 = tuple([3, '.', 1, 4])
```

图 10-2　元组类型数据的创建方法

各种变量在 Debug Control 中对应的存储值如图 10-3 所示。

tuple_exp_1	0
tuple_exp_10	(3, '.', 1, 4)
tuple_exp_2	('a',)
tuple_exp_3	(True, 'b', 3.14)
tuple_exp_4	('a', 1, ['c'], (True, 'b', 3.14))
tuple_exp_5	('a', 1, 'c')
tuple_exp_6	('a', 1, 'c')
tuple_exp_7	(True, 'b', 3.14)
tuple_exp_8	('a',)
tuple_exp_9	('I', ' ', 'l', 'i', 'k', '...y', 't', 'h', 'o', 'n', '.')

图 10-3　Debug Control 中对应的元组类型存储值

具有相同输出值的结果有：

2 和 8 是相同的元组——单元素元组类型数据；

3 和 7 是相同的元组；

5 和 6 是相同的元组。

也就是说，创建形式有所区别，但实质是一样的。

2．通用序列运算

元组作为不可变类型序列，实现了所有通用序列运算，具体如表 10-1 所示。

表 10-1　通用序列运算简表

类型	运算（操作）	
成员运算符	x in s	x not in s
算术运算符	s + t	s * n or n * s
切片符号的运算	s[i]	s[i:j]及 s[i:j:k]
内置函数	len(s)	min(s)和 max(s)
序列函数	s.index(x[, i[, j]])	s.count(x)

相关说明和注意事项请参考列表类型中的介绍，其中索引号的规则同字符串类型和列表类型。可见，通常的元组类型数据是按索引进行数据的索引访问。但是，通过名称访问的多项集相比通过索引访问的多项集具有更清晰的异构数据访问关系，此时，collections.namedtuple()将是比简单元组对象更为合适的选择。

具体通用序列运算的例子如图 10-4 所示。

```
25 #通用序列运算
26 comm_tuple_01 = True in tuple_exp_3
27 comm_tuple_02 = True not in tuple_exp_4
28 comm_tuple_03 = tuple_exp_2 + tuple_exp_3
29 comm_tuple_04 = tuple_exp_2 * 2
30 comm_tuple_05 = tuple_exp_3[2]
31 comm_tuple_06 = tuple_exp_3[1:2]
32 comm_tuple_07 = tuple_exp_4[0:4:2]
33 comm_tuple_08 = len(tuple_exp_4)
34 comm_tuple_09 = min(comm_tuple_04)
35 comm_tuple_10 = max(comm_tuple_04)
36 comm_tuple_11 = tuple_exp_4.index(1, 0, 2)
37 comm_tuple_12 = tuple_exp_4.count('a')
```

图 10-4　元组类型中通用序列运算的例子

各种变量在 Debug Control 中对应的存储值如图 10-5 所示。

```
comm_tuple_01  True
comm_tuple_02  False
comm_tuple_03  ('a', True, 'b', 3.14)
comm_tuple_04  ('a', 'a')
comm_tuple_05  3.14
comm_tuple_06  ('b',)
comm_tuple_07  ('a', ['c'])
comm_tuple_08  4
comm_tuple_09  'a'
comm_tuple_10  'a'
comm_tuple_11  1
comm_tuple_12  1
```

图 10-5　Debug Control 中对应的存储值

元组的不可变特性主要体现在内存中的数据的不可变性，例如：

```
>>> t1 = (1,2,3,4)
>>> t1[2] = 4          <-----不可改变，报错如下
Traceback (most recent call last):
  File "<pyshell#5>", line 1, in <module>
    t1[2] = 4
TypeError: 'tuple' object does not support item assignment
>>> id(t1)             <-----查看此时的内存地址
59026632
>>> t1 = 5,6,7,8
>>> id(t1)             <-----查看此时的内存地址
43880104
```

从上面的示例可以看出，t1 重新赋值是生成了新的对象，此时即使非元组类型的数据也可给 t1 赋值，这个因为最本质的表现就是没有修改原来的对象而是创建了新对象，即元组类型是不可变序列类型。

3．元组的删除

元组类型具有不可变特性，因此不能对元组中的元素进行单独或者局部范围的删除，也不能对元素进行修改和增加，但可使用关键字 del 对元组整体删除——此时也就是把不使用的变量删除，与具体是什么类型无关。例如：

```
>>> del t1
>>> t1
Traceback (most recent call last):
  File "<pyshell#13>", line 1, in <module>
    t1
NameError: name 't1' is not defined
```

元组类型变量 t1 被删除，再使用就会触发错误。

10.2 元组调用运算符进行的运算

元组除了支持成员运算符外，也支持比较运算符中的其他运算。

1．关系比较运算

元素都是整数类型的情况下比较，例如：

```
>>> t1 = 5,6,7,8
>>> t2 = (5,6,7,8)
>>> t3 = (5,6,6,800)
>>> print(t1 > t2)
False
>>> print(t2 < t3)
False
```

元素都是字符串类型的情况下比较，例如：

```
>>> t4 = '5','6','7','8'
>>> t5 = ('5','6','7','8')
>>> t6 = ('5','6','6','800')
>>> print(t4 > t5)
False
>>> print(t5 < t6)
False
```

元素是整数类型和字符串类型混合出现的情况下比较，例如：

```
>>> t7 = 5,6,'7','8'
>>> t8 = (5,6,'7','8')
>>> t9 = (5,6,'6','800')
>>> print(t7 > t8)
False
>>> print (t8 < t9)
False
```

需要注意的是，这种情况下具体比较的两个元素的类型之间必须是可比较的，否则会触发 TypeError；但是，由于关系比较的惰性特性，有些没有比较到的两个元素类型之间存在不可比性却不会报错。

上述特性对于列表类型也适用。

2．身份比较运算

```
>>> print(t7 is t8)
False
```

```
>>> print(t8 is not t9)
True
```

对于含有不同类型元素的元组之间的比较也不会报错，会确认两个元组是否是一个。

```
>>> t10 = t7
>>> print(t10 is t7)
True
>>> print(t10 == t7)
True
>>> print(id(t10))
43858824
>>> print(id(t7))
43858824
>>> t10 = 5,6,'7','8'
>>> print(id(t10))
43872968
>>> print(t10 is t7)
False
>>> print(t10 == t7)
True
```

通过上面的例子可以看出，对于元组的"="关系比较是基于"值"进行的，而身份运算符的比较是基于内存地址进行的。

3．逻辑值

元组类型可应用于逻辑运算，但涉及自身值的逻辑值的规定：所有非空元组都是逻辑真值，而空元组是逻辑假值。例如：

```
>>> print(t10 and t7)
(5, 6, '7', '8')
>>> print(t10 and ())
()
>>> print(not ())
True
```

10.3 内置函数

1．map()函数

函数的基本描述：map()函数实现将可迭代类型的元素进行 function 运算后的结果封装成迭代器的函数。

元组及其操作（2）

函数的表达形式：map(function, iterable, …)。

函数的参数：如果传入了额外的可迭代 iterable 参数，相应的 function 必须能够接收相同个数的实参，function 的作用就是操作从所有可迭代对象中并行获取的元素，然后把所有的结果打包成迭代类型 map 进行返回。

函数的可选参数：当 map() 函数传入多个可迭代对象时，最短的可迭代对象耗尽，则整个迭代就将结束。

函数的返回值：返回一个新建的迭代器。

函数的完整表达：返回一个将 function 应用于可迭代类型 iterable 中每一个元素并输出其结果的迭代器。

函数使用的注意事项：传入几个 iterable，相应的 function 就有几个实参。需要注意的是，返回的迭代器被非 print() 函数使用后，也会把中间状态清空，也就是只能被一次有效使用，再用就需要使用转换后的数据（这个特性和 zip() 函数的特性有些相似，这也是迭代器消耗型的特征）。

一个 iterable 对象作为参数的 map() 函数工作原理如图 10-6 所示。

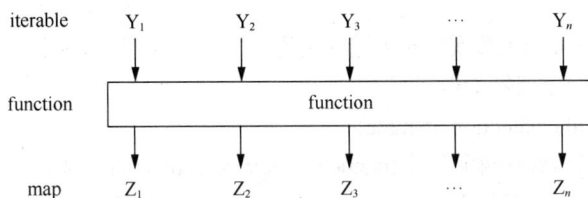

图 10-6　一个 iterable 对象的 map() 函数工作原理

两个 iterable 对象作为参数的 map() 函数工作原理如图 10-7 所示。

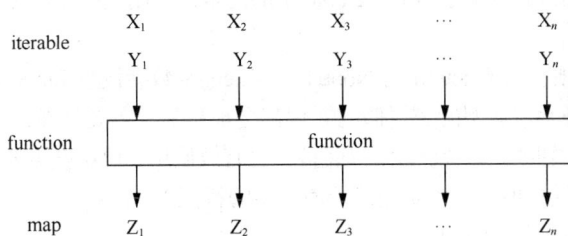

图 10-7　两个 iterable 对象的 map() 函数工作原理

相关的示例如下：

```
>>> map_str_1 = 'I like Python!'
>>> map_mapped = map(ord, map_str_1)
>>> map_list = list(map_mapped)
>>> print('转换后的列表是: ',map_list)
转换后的列表是:  [73, 32, 108, 105, 107, 101, 32, 80, 121, 116, 104, 111, 110, 33]
>>> map_mapped_1 = map(chr, map_list)
>>> map_list = list(map_mapped_1)
>>> print('生成的列表是: ',(map_list))
生成的列表是:  ['I', ' ', 'l', 'i', 'k', 'e', ' ', 'P', 'y', 't', 'h', 'o', 'n', '!']
>>> print('重新转换成字符串是: ','.join(map_list))
重新转换成字符串是:  I like Python!
```

另外，function（zip）具有两个参数的例子如下：

```
>>> map_tuple_1 = ('a','b','c','d','e','f','d','e','f','d','e','f')
```

```
>>> map_mapped_2 = map(zip, map_str_1, map_tuple_1)
>>> map_tuple_2 = tuple(map_mapped_2)
>>> print(map_tuple_2)
(<zip object at 0x00000000029E4DC8>, <zip object at 0x00000000029E4CC8>, <zip object at
0x00000000029E4848>, <zip object at 0x00000000029E4E88>, <zip object at 0x00000000029E4F48>,
<zip object at 0x00000000029D8588>, <zip object at 0x00000000029D8148>, <zip object at
0x00000000029D8D08>, <zip object at 0x00000000029D8DC8>, <zip object at 0x00000000029D8E88>,
<zip object at 0x00000000029D8F48>, <zip object at 0x00000000029E7048>)
>>> print([tuple(x) for x in map_tuple_2])
[((('I', 'a'),), (((' ', 'b'),), (('l', 'c'),), (('i', 'd'),), (('k', 'e'),), (('e', 'f'),),
((' ', 'd'),), (('P', 'e'),), (('y', 'f'),), (('t', 'd'),), (('h', 'e'),), (('o', 'f'),)]
#可以进行类型判断
>>> map_list_2 = ((str,), (list,), (tuple,), (bool,), (int,), (float,), (complex,))
>>> map_mapped_3 = map(isinstance, map_str_1, map_list_2)
>>> map_tuple_3 = tuple(map_mapped_3)
>>> print(map_tuple_3)
(True, False, False, False, False, False, False)
```

2. filter()函数

函数的基本描述：filter()函数实现对可迭代类型的每个元素的"函数"布尔操作，只有为 True 的情况下元素才被组合到迭代器中返回。

函数的表达形式：filter(function, iterable)。

函数的参数：filter()函数有两个参数 function 和 iterable，function 是指参数必须是一个 Python 认可的函数，用于判断操作元素后是否为 True；function 是只有一个参数的函数，也可以为 None；iterable 可以是一个序列、支持迭代的容器或一个迭代器。

函数的返回值：返回一个构建的新的迭代器，是一个 filter 对象。

函数的完整表达：用 function 去操作 iterable 中的元素，并用返回真的那些元素构建一个新的迭代器。

函数使用的注意事项：当 function 为 None 时，filter()函数会设想 function 是一个身份函数，即 iterable 中所有基于自身元素类型的逻辑假的元素都会被移除。需要注意的是，返回的迭代器被非 print()函数使用后，会把中间状态清空，即只能被一次有效使用，再用就需要使用转换后的数据（这个特性和 zip()函数的特性相似，这也是迭代器消耗型的特征）。

filter()函数工作原理如图 10-8 所示。

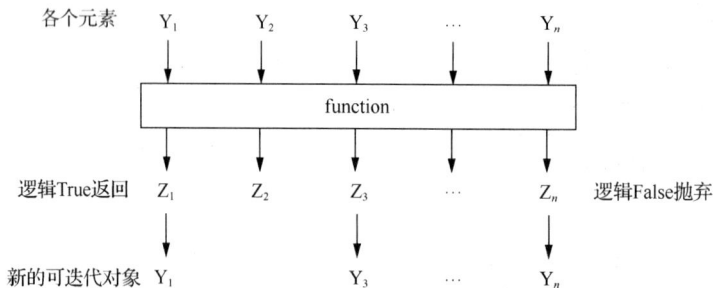

图 10-8　filter()函数工作原理

相关的示例如下：

```
>>> filter_tuple_1 = ('Tuples',' ','are', '','immutable',' ', '.')
>>> filter_list_1 = ['Lists',' ','are',' ','mutable',' ', '.']
>>> filter_filtered_1 = filter(str.strip, filter_tuple_1)
```

```
>>> filter_filtered_2 = filter(str.strip, filter_list_1)
>>> filter_result_1 = list(filter_filtered_1)
>>> print(filter_result_1)
['Tuples', 'are', 'immutable', '.']
>>> filter_result_2 = tuple(filter_filtered_2)
>>> print(filter_result_2)
('Lists', 'are', 'mutable', '.')
```

3. enumerate() 函数

函数的基本描述：enumerate()函数实现对可迭代类型的元素与序列号的封装，生成枚举对象。封装的形式如(9,元素)，9 表示序号，"元素"为可迭代类型中的元素，之后利用 list()或 tuple()等构造函数把生成的枚举对象数据转换成序列等类型进行使用。

函数的表达形式：enumerate(iterable, start=0)。

函数的参数：iterable 可以是一个序列、支持迭代的容器或一个迭代器。

函数的可选参数：start，默认值是 0；在实际使用中也可以指定需要的起始值，如 start=9，就是从 9 开始生成序列号。

函数的返回值：返回一个枚举对象。

函数的完整表达：enumerate()会返回一个枚举对象，这个对象是一个迭代器，用于生成元组，每个元组里面都包含两个元素，分别是一个计数值（从 start 开始，默认值为 0）元素和通过迭代 iterable 获得的元素。

函数使用的注意事项：返回的枚举对象被非 print()函数使用后，会把中间状态清空，即只能被一次有效使用，再用就需要使用转换后的数据（这个特性和 zip()、map()、filter()函数的特性有些相似，这也是迭代器消耗型的特征）。

相关的示例如下：

```
>>> enumerate_1 = enumerate(filter_tuple_1, start = 0)
>>> enumerate_2 = enumerate(filter_list_1, start = 1)
>>> list(enumerate_1)
[(0, 'Tuples'), (1, ' '), (2, 'are'), (3, ''), (4, 'immutable'), (5, ' '), (6, '.')]
>>> tuple(enumerate_2)
((1, 'Lists'), (2, ' '), (3, 'are'), (4, ' '), (5, 'mutable'), (6, ' '), (7, '.'))
```

4. 其他内置函数

（1）print()

使用 print()函数可以输出整个元组的结构。例如：

```
>>> t11 = 5,6,'7','8'
>>> print(t11)
(5, 6, '7', '8')
```

（2）ascii()

```
>>> ascii(t11)
"(5, 6, '7', '8')"
```

（3）eval()和 repr()

```
>>> repr(t11)
"(5, 6, '7', '8')"
>>> eval(repr(t11))
(5, 6, '7', '8')
```

（4）type()、isinstance()和 id()

```
>>> type(t11)
<class 'tuple'>
```

```
>>> isinstance(t11, tuple)
True
>>> id(t11)
43843240
```

（5）list()

```
>>> list(t11)
[5, 6, '7', '8']
```

（6）sorted()

```
>>> sorted(t11, key = str)
[5, 6, '7', '8']
>>> sorted(t11, key = str, reverse = True)
['8', '7', 6, 5]
>>> tuple(sorted(t11, key = str, reverse = True))
('8', '7', 6, 5)
```

（7）sum()、max()、min()

```
>>> sum(tuple(map(int, t11)))        <--------把字符串类型转换成int
26
>>> max(tuple(map(int, t11)))
8
>>> min(tuple(map(int, t11)))
5
```

（8）zip()

```
>>> tuple(zip(t11, tuple(map(int, t11))))
((5, 5), (6, 6), ('7', 7), ('8', 8))
```

元组及其操作
代码展示（2）

10.4 列表与元组的异同点

列表和元组是 Python 比较典型的序列数据类型，二者的异同点如表 10-2 所示。

表 10-2　列表和元组特性对比

序号	项目	列表	元组
1	类型名	list	tuple
2	定位符	[]	()
3	有序序列类型	是	
4	是否支持双向索引访问元素	是	
5	是否可变	可变	不可变
6	元素分隔符	,	
7	元素类型是否有限制	无	
8	元素值是否有限制	无	
9	元素级别的增加	支持	不支持
10	元素级别的删除	支持	不支持
11	元素级别的修改	支持	不支持
12	查询速度	非常慢	慢，快于列表
13	修改速度	尾部快，其他慢	不支持
14	是否可以作为字典的键	不可以	可以
15	是否可以作为集合的元素	不可以	可以
16	是否可散列	否	是

注意：字典类型和集合类型后面章节会重点讲解。对象是否可散列是指一个对象在创建后的整个过程中的散列值是否会变化，如果绝对不改变就称为可散列（是通过对象内部的方法__hash__()实现的），并可和其他对象进行相等关系比较（是通过对象内部的方法__eq__()实现的）。具有相同的散列值的可散列对象，相等关系比较的结果才会相同。

10.5 程序案例

利用代码展示元组类型和列表类型的区别。具体代码如下：

```
#####################################################################
#      第 10 章  元组及其操作
#      作者：zga
#      2.0
#      2023 年 5 月
#####################################################################
#10.5  程序案例
#元组和列表类型的比较项目
items_comp = ('类型名','定位符','有序序列类型','是否支持双向索引访问元素','是否可变','元素分隔符',
                '元素类型是否有限制','元素值是否有限制','查询速度','修改速度',)
items_tuple = ('tuple','(','Yes','Yes','No',',','No','No','慢，快于列表','尾部快，其他慢',)
items_list = ('list','[','Yes','Yes','Yes',',','No','No','非常慢','不支持',)
#循环显示比较项目的结果
for i,item in zip(range(len(items_comp)),items_comp):
    print(f'比较项目：{item:<38}\t，元组——{items_tuple[i]}\t，列表——{items_list[i]}\t。')
str_base = '''高举中国特色社会主义伟大旗帜，全面贯彻习近平新时代中国特色社会主义思想，弘扬伟大建党精神，自信自强、守正创新，踔厉奋发、勇毅前行，为全面建设社会主义现代化国家、全面推进中华民族伟大复兴而团结奋斗。
'''
#基于字符串生成元组和列表类型数据
base_to_tuple = tuple(str_base)
base_to_list = list(str_base)
print(f'''    列表类型和元组类型的对比，每个对应位置元素一样：base_to_tuple[9]={base_to_tuple[9]},
base_to_list[9]={base_to_list[9]}，base_to_tuple[9]==base_to_list[9]：{base_to_tuple[3]==
base_to_list[3]}，
但是 base_to_tuple==base_to_list：{base_to_tuple==base_to_list}。''')
print(f'元组类型是有序序列类型，base_to_tuple[2:4]：{base_to_tuple[2:4]}\t，base_to_tuple
[40:44]：{base_to_tuple[40:44]}。')
print(f'元组类型支持双向索引，base_to_tuple[-92:-94:-1]：{base_to_tuple[-92:-94:-1]}\t，
base_to_tuple[-49:-45]：{base_to_tuple[-49:-45]}。')
print(f'元组是不可变序列类型，base_to_tuple[1]= "决" 是错误的，不能改变某个位置的元素的值或类型。')
print(f'元组类型的元素类型和元素值都没有限制，查询速度慢，但是比列表类型快。')
```

输出结果如图 10-9 所示。

```
比较项目：类型名                                 ，元组——tuple ，列表——list   。
比较项目：定位符                                 ，元组——(      ，列表——[      。
比较项目：有序序列类型                           ，元组——Yes    ，列表——Yes    。
比较项目：是否支持双向索引访问元素                     ，元组——Yes    ，列表——Yes    。
比较项目：是否可变                               ，元组——No     ，列表——Yes    。
比较项目：元素分隔符                             ，元组——,      ，列表——,      。
比较项目：元素类型是否有限制                           ，元组——No     ，列表——No     。
比较项目：元素值是否有限制                             ，元组——No     ，列表——No     。
比较项目：查询速度                               ，元组——慢，快于列表 ，列表——非常慢 。
比较项目：修改速度                               ，元组——尾部快，其他慢     ，列表——不支持 。
    列表类型和元组类型的对比，每个对应位置元素一样：base_to_tuple[9]=义，base_to_list[9]=义，base_to_tuple[9]==base_to_list[9]:True，
但是base_to_tuple==base_to_list：False。
元组类型是有序序列类型，base_to_tuple[2:4]：('中', '国')，base_to_tuple[40:44]：('建', '党', '精', '神')。
元组类型支持双向索引    ，base_to_tuple[-92:-94:-1]：('主', '会')        ，base_to_tuple[-49:-45]：('守', '正', '创', '新')。
元组是不可变序列类型    ，base_to_tuple[1]="决"是错误的，不能改变某个位置的元素的值或类型。
元组类型的元素类型和元素值都没有限制，查询速度慢，但是比列表类型快。
```

图 10-9　输出结果

10.6 习题

1．基础题

（1）Python 提供了多种方式用于元组类型数据的创建，请列出任意一种创建方法。

（2）简要说明只用于索引操作时对索引号的取值范围的限制。

（3）简述内置函数 min()和 max()操作元组类型参数时的作用和注意事项。

（4）简述元组的删除及其含义。

（5）简述元组类型的通用序列运算。

（6）简述内置函数 map()、filter()、enumerate()、filter()的使用方法。

2．综合题

（1）简述元组类型数据之间的比较运算支持哪些运算符操作并举例说明。

（2）简述可变序列类型和不可变序列类型的异同点。

（3）如何对元组中的数据进行排序？

（4）下列语句的输出结果是什么？

语句一：

```
>>> map_str_1 = 'I like Python!'
>>> map_mapped = map(ord, map_str_1)
>>> map_list = list(map_mapped)
>>> print('转换后的列表是: ',map_list)
```

语句二：

```
>>> map_mapped_1 = map(chr, map_list)
>>> map_list = list(map_mapped_1)
>>> print('生成的列表是: ',(map_list))
```

语句三：

```
>>> print('重新转换成字符串是: ',".join(map_list))
```

3．扩展题

总结已经学习的不可变序列类型和可变序列类型的异同点。

第11章 程序控制之循环结构

循环结构是任何程序语言的程序控制必备结构之一，Python 中有 while 和 for 两种循环语句结构。while 和 for 语句与 if 语句一样，是实现传统的控制流构造语句之一，也是 Python 的 35 个关键字中的两个。Python 为了实现复杂的业务逻辑，经常将 while、for 结构和 if 选择分支结构进行嵌套使用。Python 的循环语句控制结构原理如图 11-1 所示。

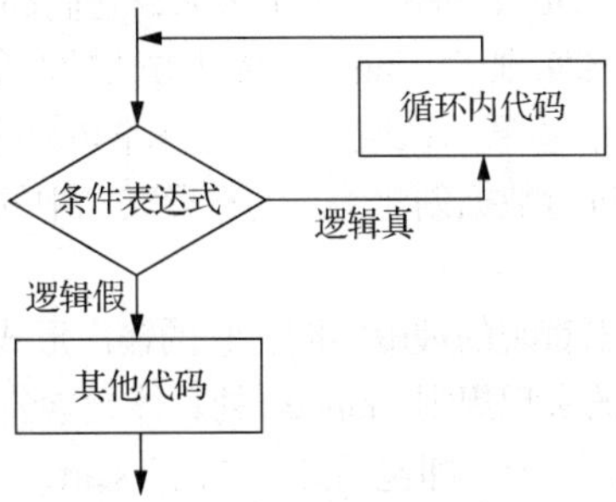

图 11-1　Python 的循环语句控制结构原理

本章从内置对象为范围类型开始，顺序讲解与循环相关的关键字 while、for，与循环中断相关的关键字 break、continue，循环在列表、元组等序列类型中的遍历应用等。本章还介绍了错误类型 StopIteration 和特殊字符\t（表示 Tab 键），并使用 random 模块中的随机函数进行猜数字游戏。本章词云图如图 11-2 所示。

图 11-2　本章词云图

11.1 范围类型

程序控制之循环
结构（1）

与 str、int、float 等数据类型一样，range 在 Python 中的实现是一种数据类型。range 被称为范围类型，本身是一种不可变的数字序列类型（这个不可变序列特性与 tuple 的一致）。范围类型常用于 for 循环中，作用是指定循环次数。

范围类型的名称：range。

范围类型数据的基本形式：range(0,10)、range(10)等都是合法的形式，形式上与范围类型的创建方法一样，但输出时都会以创建的方法进行输出，而没有进行实际的迭代。只有在进行转换运算时才会进行实际的迭代运算。

1. 范围类型的创建方法

通过范围类型的构造函数实现范围类型数据的创建。

创建形式一：range(stop)。

创建形式二：range(start, stop [, step])。

程序控制之循环结构
代码展示（1）

范围类型的构造函数有 start、stop、step 这 3 个参数，它们都必须是整数类型（如内置类型 int），或者是内部实现了 __index__ 特殊方法的对象。综上可见，step 参数默认值是 1，它是可选参数，可以省略；start 参数默认值是 0，它是非必须使用的参数，也可省略（此时，实际上是利用了创建形式一的方法进行数据创建）。创建形式二中的 step 参数值不能为 0，否则会触发 ValueError。

范围类型输出和其他类型输出直观的理解不同，它的输出形式都会转换为第二种创建形式，但范围类型实例包含的元素有一定的实现规则。range r 的具体元素公式说明：当 step > 0 时，$r[i] = start + step * i$，其中索引号 $i \geq 0$ 且 $r[i] < stop$，即包括开头"值"start，不包括结尾"值"stop；当 step < 0 时，元素公式仍为 $r[i] = start + step * i$，但限制条件改为 $i \geq 0$ 且 $r[i] > stop$，同样包括开头"值"start，不包括结尾"值"stop，但元素顺序是从大到小。可见，当 $start \leq stop$ 时，$r[i]$就不存在符合条件的值，本身就没有任何元素，即该对象 r 为空。

具体范围类型创建的例子如图 11-3 所示。

```
1  ################################################
2  #      第11章    程序控制之循环结构
3  #      作者: zga
4  #      1.0
5  #      2021年4月
6  ################################################
7  #第11章  程序控制之循环结构
8  #11.1 范围类型
9  #范围类型的创建方法
10 range_1 = range(10)
11 range_2 = range(0, 10)
12 range_3 = range(1, 10, 2)
13 range_4 = range(1,-10,-2)
14 range_5 = range(1, 10,-2)
15
16 if range_1[1] == 0 + 1 * 1 :
17     range_1_i = 'range_1[1]='+ str(0 + 1 * 1)
18
19 if range_2[2] == 0 + 2 * 1 :
20     range_2_i = 'range_2[2]='+ str(0 + 2 * 1)
21
22 if range_3[3] == 1 + 3 * 2 :
23     range_3_i = 'range_2[2]='+ str(1 + 3 * 2)
24
25 if range_4[4] == 1 + 4 * -2 :
26     range_4_i = 'range_2[2]='+ str(1 + 4 * -2)
27 #range_5中不存在元素，如果用索引号获取元素会报错
```

图 11-3　范围类型创建的例子

各种变量在 Debug Control 中对应的存储值如图 11-4 所示。

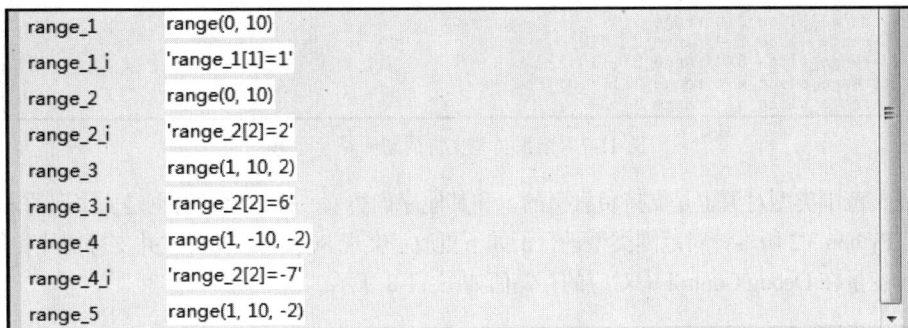

range_1	range(0, 10)
range_1_i	'range_1[1]=1'
range_2	range(0, 10)
range_2_i	'range_2[2]=2'
range_3	range(1, 10, 2)
range_3_i	'range_2[2]=6'
range_4	range(1, -10, -2)
range_4_i	'range_2[2]=-7'
range_5	range(1, 10, -2)

图 11-4　Debug Control 中对应的存储值

2．范围类型与通用序列运算

范围类型是不可变序列类型，但它不支持通用序列类型运算中的拼接（＋）和重复（＊）两个运算符的操作。这是因为范围类型的对象只支持表示符合严格模式的序列，而重复和拼接通常会违反这样的模式，实际上可以把范围类型看成一种符合等差数列特征的 Python 类型，拼接或重复操作都会破坏等差数列的特征。具体适合范围类型的通用序列运算如表 11-1 所示（相关说明详见第 9 章）。

表 11-1　适合范围类型的通用序列运算简表

类型	运算	
成员运算符	x in s	x not in s
切片符号的运算	s[i]	s[i:j]及 s[i:j:k]
内置函数	len(s)	min(s)和 max(s)
序列函数	s.index(x)	s.count(x)

（1）基于成员运算符运算的具体例子如图 11-5 所示。

```
29  # 范围类型与通用序列运算,不支持+和*
30  if 1 in range_1:
31      range_in_1 = '1是范围类型range_1中的元素'
32  if 2 in range_2:
33      range_in_2 = '2是范围类型range_2中的元素'
34  if 3 in range_3:
35      range_in_3 = '3是范围类型range_3中的元素'
36  if 4 not in range_4:
37      range_in_4 = '4不是范围类型range_4中的元素'
```

图 11-5　范围类型支持的成员运算符运算

从 Python 3.2 版本开始使用 int 类型对象进行范围类型数据中的成员检测时，不是逐一迭代所有元素。

各种变量在 Debug Control 中对应的存储值如图 11-6 所示。

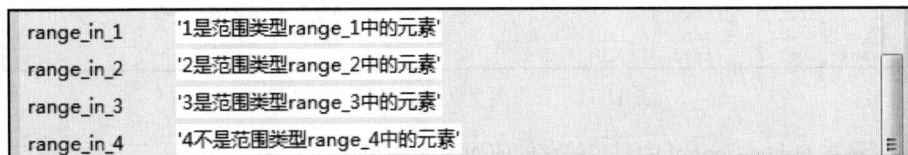

range_in_1	'1是范围类型range_1中的元素'
range_in_2	'2是范围类型range_2中的元素'
range_in_3	'3是范围类型range_3中的元素'
range_in_4	'4不是范围类型range_4中的元素'

图 11-6　Debug Control 中对应的存储值

（2）基于切片符号运算的具体例子如图 11-7 所示。

```
39 range_slice_1 = range_1[1]
40 range_slice_2 = range_2[1:10]
41 range_slice_3 = range_3[1:10:2]
42 range_slice_4 = range_3[1:-10:-2]
43 range_slice_5 = range_3[-2]
```

图 11-7　范围类型支持的切片符号运算

可见，范围类型对象也是支持负索引的。和其他序列类型一样，负索引也是从序列的末尾开始索引的。Python 3.2 版本针对范围类型进行了如下更改：实现 Sequence ABC，并支持切片和负索引。

各种变量在 Debug Control 中对应的存储值如图 11-8 所示。

```
range_slice_1    1
range_slice_2    range(1, 10)
range_slice_3    range(3, 11, 4)
range_slice_4    range(3, -1, -4)
range_slice_5    7
```

图 11-8　Debug Control 中对应的存储值

（3）基于内置函数运算的具体例子如图 11-9 所示。

```
45 range_builtins_1 = len(range_1)
46 range_builtins_2 = len(range_2)
47 range_builtins_3 = len(range_3)
48 range_builtins_4 = len(range_4)
49 range_builtins_5 = max(range_4)
50 range_builtins_6 = min(range_4)
```

图 11-9　范围类型支持的内置函数运算

各种变量在 Debug Control 中对应的存储值如图 11-10 所示。

```
range_builtins_1  10
range_builtins_2  10
range_builtins_3  5
range_builtins_4  6
range_builtins_5  1
range_builtins_6  -9
```

图 11-10　Debug Control 中对应的存储值

（4）基于序列函数运算的具体例子如图 11-11 所示。

```
52 range_sort_1 = range_1.index(1)
53 range_sort_2 = range_2.index(3)
54 if (3 in range_4):              #如果3不在范围range_4中就报错
55     range_sort_3 = range_4.index(3)
56 else:
57     range_sort_4 = '3不在范围range_4内'
58 range_sort_5 = range_4.count(-3)  #范围range_4中的统计结果不是0就是1
59 #range_sort_6 = range_3.index(3,1,10) 范围类型不支持传入i和j
60 range_sort_7 = range_3[1:10].index(3)
```

图 11-11　范围类型支持的序列函数运算

各种变量在 Debug Control 中对应的存储值如图 11-12 所示。

图 11-12　Debug Control 中对应的存储值

3．范围类型与其他运算符

定义范围类型的"相等"关系运算符（"=="和"!="）的结果是基于类型所表示的序列"值"进行比较的，即不论两个 range 对象的身份标识是否一样，只要它们所表示的"值"序列相同，就认为它们是相等的。空范围类型的两个比较对象可能具有不同的 start、stop 和 step 属性，但它们都表示空范围，比较结果就是相等的；而非空范围类型只可能出现省略 step 或 step 是 1 的情况，比较结果是相等的。具体例子如图 11-13 所示。

图 11-13　范围类型的"相等"关系运算符运算

各种变量在 Debug Control 中对应的存储值如图 11-14 所示。

图 11-14　Debug Control 中对应的存储值

两个范围类型的对象不支持进行"顺序"关系的比较，即不支持">"">="""<"""<="等运算符，否则会触发 TypeError。

Python 3.3 版本针对范围类型进行了如下更改：定义"=="和"!="两个"相等"关系比较运算符的结果是基于 range 对象所包含的"元素"序列来进行"值"比较的（而不是根据对象的身份标识）。

Python 3.3 版本针对范围类型增加了 start、stop 和 step 3 个属性。

范围类型可用于逻辑运算，涉及自身值的逻辑值在 Python 中的规定：所有非空范围类型都是逻辑真值，而空范围类型是逻辑假值。例如：

```
>>> if range(0):
print("range(0)是逻辑真",range(0),sep = '')
else:
print("range(0)是逻辑假",range(0),sep = '')

range(0)是逻辑假 range(0, 0)
>>> range(0) and [range(10)]
range(0, 0)
>>> range(10) and [range(10)]
```

```
[range (0, 10)]
>>> range(0) or range(20)
range(0, 20)
>>> range(30) or range(40)
range(0, 30)
>>> not range(0, -3)
True
>>> not range(50)
False
```

4．范围类型与其他内置函数

范围类型作为序列类型，只要是参数中能用序列或是可迭代类型的内置函数，都可以对 range 对象进行操作。各种函数的使用示例如下（为了在文件式运行方式下也有输出，在交互式开发环境中也使用 print()输出）。

```
>>> range_6 = range(1,-10,-2)
>>> range_7 = range(1, 20, 2)
>>> range_8 = range(50,40, 2)
```

几种构造函数相关的转换：

```
>>> range_other_c_2 = bytes(range_7)
>>> range_other_c_1 = str(range_6)
>>> range_other_c_2 = bytes(range_7)
>>> range_other_c_3 = list(range_7)
>>> range_other_c_4 = tuple(range_8)
>>> print(range_other_c_1)
range(1, -10, -2)
>>> print(range_other_c_2)
b'\x01\x03\x05\x07\t\x0b\r\x0f\x11\x13'
>>> print(range_other_c_3)
[1, 3, 5, 7, 9, 11, 13, 15, 17, 19]
>>> print(range_other_c_4)
()
```

4 种生成迭代器的内置函数的相关操作：

```
>>> range_other_t_1 = zip(range_6, range_7)
>>> print(tuple(range_other_t_1))
((1, 1), (-1, 3), (-3, 5), (-5, 7), (-7, 9), (-9, 11))
>>> range_other_t_2 = zip(range_7, range_8)
>>> print(tuple(range_other_t_2))
()
>>> range_other_t_3 = map(max, range_6, range_7)
>>> print(tuple(range_other_t_3))
(1, 3, 5, 7, 9, 11)
>>> range_other_t_4 = map(min, range_6, range_7, range_8)
>>> print(tuple(range_other_t_4))
()
>>> range_other_t_5 = filter(chr, range_7)
>>> print(tuple(range_other_t_5))
(1, 3, 5, 7, 9, 11, 13, 15, 17, 19)
>>> range_other_t_6 = filter(str, range_8)
>>> print(tuple(range_other_t_6))
()
>>> range_other_t_7 = enumerate(range_8)
```

```
>>> print(tuple(range_other_t_7))
()
>>> range_other_t_8 = enumerate(range_7, start = 1)
>>> print(tuple(range_other_t_8))
((1, 1), (2, 3), (3, 5), (4, 7), (5, 9), (6, 11), (7, 13), (8, 15), (9, 17), (10, 19))
```

其他内置函数相关的操作：

```
>>> range_other_b_1 = sum(range_6)
>>> range_other_b_2 = sum(range_7)
>>> range_other_b_3 = sum(range_8)
>>> print(range_other_b_1)
-24
>>> print(range_other_b_2)
100
>>> print(range_other_b_3)
0
>>> range_other_b_4 = sorted(range_6)
>>> range_other_b_5 = sorted(range_7)
>>> range_other_b_6 = sorted(range_8)
>>> print(range_other_b_4)
[-9, -7, -5, -3, -1, 1]
>>> print(range_other_b_5)
[1, 3, 5, 7, 9, 11, 13, 15, 17, 19]
>>> print(range_other_b_6)
[]
```

5. 范围类型与其他序列类型的比较

相比常规列表或元组类型，范围类型的优势在于对象总是占用固定大小（一般用较小）的内存（不论 range 对象实际所表示的等差数列范围有多大）。这是因为 Python 只保存了范围类型的 start、stop 和 step 值，并会根据使用的实际需要去计算具体单个元素值或子集范围内的元素值。

范围类型能够满足实现等差数列相关应用的需求，但无法满足其他数据类型的容器或无规则的数字类型的要求，它们可使用元组类型。因此，要根据实际的应用进行类型选择。

range 对象中元素的绝对值可以大于 sys.maxsize（系统中的最大值），但是范围类型的某些操作〔如 len()〕可能会引发 OverflowError。

11.2 while 语句

while 循环语句是实现传统的控制流构造语句之一，用在 expression 表达式返回值为逻辑真的情况下，重复地执行 suite 语句体。其语句结构如下所示。

```
while_stmt ::= "while" expression ":" suite
               ["else" ":" suite]
```

while 循环语句结构是一种复合语句结构，其表达式包含语句头的行，并用"："结尾，后面跟随缩进的语句块（或叫 suite 的语句体）。

1. while 循环语句的基本执行逻辑

while 循环语句的基本执行逻辑：当执行到 while 语句体时，首先会测试表达式 expression 的逻辑值，如果是逻辑真，执行第一个 suite 语句体；如果是逻辑假且存在 else 的子语句体，就会执行 else 子句的 suite 语句体，然后结束循环。while 循环语句基本执行逻辑如图 11-15 所示。

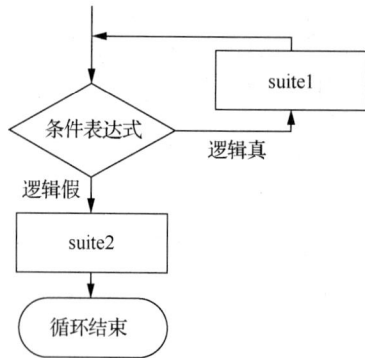

图 11-15　while 循环语句基本执行逻辑

当 expression 表达式的逻辑值第一次就是逻辑假时，第一个 suite 语句块 suite1 一次也不会被执行；可以没有 else 子句。

2. while 循环语句的使用

循环语句是编程常用的程序流程控制方法，例如可以使用嵌套循环语句输出九九乘法口诀表，具体代码如下所示。

```
>>> i = 0
>>> print('------------乘法口诀表------------')
------------乘法口诀表------------
>>> while i in range(9):         #外层循环
  i += 1
  j = 0
  while j < i:                   #内层循环
    j += 1
    if j < i:                    #一行结尾的符号
      end_a = ' '                #两个乘法之间默认加一个空格，方便阅读
    else:
      end_a = '\n'               #换行符，前面讲print()函数时介绍过
    #3*3、3*4两种情况前面要多加一个空格，进行对齐
    if j == 3 and (i==3 or i==4):
      print (" ", j, "*", i, "=", i * j, sep='', end = end_a)
    else:
      print (j, "*", i, "=", i * j, sep='', end = end_a)


1*1=1
1*2=2 2*2=4
1*3=3 2*3=6  3*3=9
1*4=4 2*4=8  3*4=12 4*4=16
1*5=5 2*5=10 3*5=15 4*5=20 5*5=25
1*6=6 2*6=12 3*6=18 4*6=24 5*6=30 6*6=36
1*7=7 2*7=14 3*7=21 4*7=28 5*7=35 6*7=42 7*7=49
1*8=8 2*8=16 3*8=24 4*8=32 5*8=40 6*8=48 7*8=56 8*8=64
1*9=9 2*9=18 3*9=27 4*9=36 5*9=45 6*9=54 7*9=63 8*9=72 9*9=81
```

我们可以利用三元运算符和范围类型的特性对上述代码进行调整，调整后的代码如下所示。

```
>>> i = 1
>>> print('------------乘法口诀表------------')
------------乘法口诀表------------
```

```
>>> while i in range(1,10):              #外层循环
    j = 1
    while j in range(1,i+1):             #内层循环
        end_a = ' ' if j < i else '\n'
        #3*3、3*4两种情况前面要多加一个空格，进行对齐
        begin = ' ' if j == 3 and (i==3 or i==4) else ''
        print(begin, j, "*", i, "=", i * j, sep='', end = end_a)
        j +=1
    i +=1


1*1=1
1*2=2 2*2=4
1*3=3 2*3=6  3*3=9
1*4=4 2*4=8  3*4=12 4*4=16
1*5=5 2*5=10 3*5=15 4*5=20 5*5=25
1*6=6 2*6=12 3*6=18 4*6=24 5*6=30 6*6=36
1*7=7 2*7=14 3*7=21 4*7=28 5*7=35 6*7=42 7*7=49
1*8=8 2*8=16 3*8=24 4*8=32 5*8=40 6*8=48 7*8=56 8*8=64
1*9=9 2*9=18 3*9=27 4*9=36 5*9=45 6*9=54 7*9=63 8*9=72 9*9=81
```

这里用于循环的变量 i 和 j 都需要在 while 循环语句头使用前进行定义（即 while 语句头并不会在自己的作用域空间中创建变量 i 和 j），而且两个变量的值的变化也需要在语句体中进行指定（如上例中的 i += 1 和 j += 1），也就是说即使使用范围类型 range 对象，while 语句头也不会自动去获取序列中的下一个元素。因此，range 常用于 for 循环，而非 while 循环。while 循环常用于循环次数不能提前确定的循环逻辑中，而九九乘法口诀表属于循环次数已提前确定的业务逻辑。上例也可用以下简单代码实现。

```
>>> i = 1
>>> while i < 10:                        #外层循环
    j = 1
    while j < i + 1:                     #内层循环
        end_a = ' ' if j < i else '\n'
        #3*3、3*4两种情况前面要多加一个空格，进行对齐
        begin = ' ' if j == 3 and (i==3 or i==4) else ''
        print(begin, j, "*", i, "=", i * j, sep=", end = end_a)
        j +=1
    i +=1


1*1=1
1*2=2 2*2=4
1*3=3 2*3=6  3*3=9
1*4=4 2*4=8  3*4=12 4*4=16
1*5=5 2*5=10 3*5=15 4*5=20 5*5=25
1*6=6 2*6=12 3*6=18 4*6=24 5*6=30 6*6=36
1*7=7 2*7=14 3*7=21 4*7=28 5*7=35 6*7=42 7*7=49
1*8=8 2*8=16 3*8=24 4*8=32 5*8=40 6*8=48 7*8=56 8*8=64
1*9=9 2*9=18 3*9=27 4*9=36 5*9=45 6*9=54 7*9=63 8*9=72 9*9=81
```

3. while 循环语句的中断

上述九九乘法口诀表的例子属于正常的循环逻辑，即依靠的是循环的终止条件实现循环的结束。

但在实际程序编写时，在某些特定情况下，会遇到不需要继续执行循环的情形。针对这些特殊情况，程序语言设计了中断操作。Python 主要利用两个关键字——break 和 continue 来完成循环程序的中断。

（1）break

一个 break 表达式的语法结构如下所示。

```
break_stmt ::= "break"
```

break 语句表达式在语法上只会出现在 while 或 for 循环所嵌套的代码中，具体只会在第一个 suite 语句体中执行，当执行到 break 表达式时，循环就会被终止，else 子句的 suite 语句体也不会被执行。也就是说，break 表达式会中断与它最近的外层循环，即使此循环有 else 子句的语句体，也不会被执行。while 循环的 break 中断原理如图 11-16 所示。

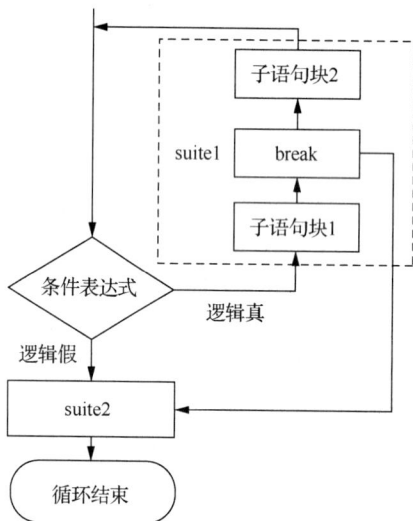

图 11-16　while 循环的 break 中断原理

使用 break 的程序代码实现对循环程序的中断，具体如下所示。

```
>>> while True:
    input_str = input('输入字符串，输入 "end" 结束: ')
    if input_str == 'end':
        print("循环结束，其他都不会执行! ")
        break
    else:
        print("你输入的字符串是: ",input_str,sep = '')
    print("一次循环结束! ")
else:
    print("循环的else子句部分! ")

输入字符串，输入 "end" 结束: 姓名
你输入的字符串是: 姓名
一次循环结束!
输入字符串，输入 "end" 结束: 年龄
你输入的字符串是: 年龄
一次循环结束!
输入字符串，输入 "end" 结束: 身高
你输入的字符串是: 身高
```

程序控制之循环结构
代码展示（2）

一次循环结束!
输入字符串，输入"end"结束：end
循环结束，其他都不会执行!

基于 break 表达式的原理和上面实现的案例，结合 Python 具体的程序代码对 break 进一步的理解如下所示。

```
while True:
    input_str = input('输入字符串，输入"end"结束：')
    if input_str == 'end':
        print("循环结束，其他都不会执行! ")
        break ————————————————————————————————————→
    else:
        print("你输入的字符串是: ",input_str,sep = '')
    print("一次循环结束! ")
else:
    print("循环的else子句部分! ")
print("已经跳出循环! ") ◄—————————————————————————
```

由此可见，在执行 break 语句后，直接跳转到箭头所指向的语句，文件式开发环境中会直接输出"已经跳出循环! "的字符串。

（2）continue

一个 continue 表达式的语法结构如下所示。

```
continue_stmt ::="continue"
```

continue 在语法上只会出现于 while 或 for 循环所嵌套的代码中。while 循环的 continue 中断原理如图 11-17 所示。

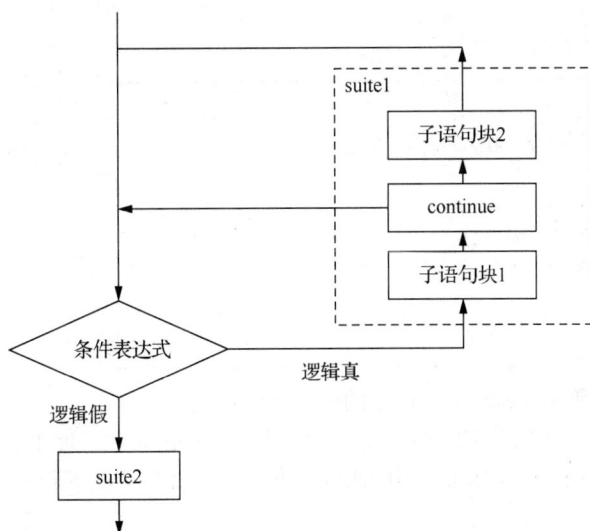

图 11-17　while 循环的 continue 中断原理

可见，执行 continue 后，不会直接中断循环，而是中断本次循环中 continue 表达式后面的语句，然后继续执行距 continue 最近的外层循环的下一个循环轮次。也就是说，一个 continue 表达式在第一个 suite 语句块中被执行后，第一个 suite 语句块中 continue 后面的语句将被跳过，然后去测试 while 循环头表达式的逻辑值。

使用 continue 的程序代码如下所示。

```
>>> while True:
```

```
input_str = input('输入长度大于 3 的字符串, 输入 "end" 结束: ')
if input_str == 'end':
    print("循环结束, 其他都不会执行! ")
    break
elif len(input_str) < 3:
    print("长度小于 3, 请重新输入! ")
    continue
else:
    print("你输入的字符串是: ", input_str, sep = ")
print("一次循环结束! ")
else:
    print("循环的 else 子句部分! ")
```

```
输入长度大于 3 的字符串, 输入 "end" 结束: 12
长度小于 3, 请重新输入!
输入长度大于 3 的字符串, 输入 "end" 结束: 1234
你输入的字符串是: 1234
一次循环结束!
输入长度大于 3 的字符串, 输入 "end" 结束: end
循环结束, 其他都不会执行!
```

基于 break 和 continue 表达式的原理及上面实现的案例, 结合代码对 break 和 continue 的逻辑的进一步理解如下所示。

```
while True:
    input_str = input('输入长度大于 3 的字符串, 输入 "end" 结束: ')
    if input_str == 'end':
        print("循环结束, 其他都不会执行! ")
        break
    elif len(input_str) < 3:
        print("长度小于 3, 请重新输入! ")
        continue
    else:
        print("你输入的字符串是: ", input_str, sep = ")
    print("一次循环结束! ")
else:
    print("循环的 else 子句部分! ")
print("已经跳出循环")
```

（3）基于 while 循环和 break、continue 的猜数字小游戏

基于随机函数实现一个猜数字的小游戏, 需要用到 random 模块。使用 import random 语句后, 就可使用 random 模块（详见第 18 章）中的相关函数了。具体代码如下所示。

```
>>> import random
>>> input_str = input('请猜系统随机产生的 0 到 9 的数字: ')
请猜系统随机产生的 0 到 9 的数字: 5
>>> #暂时不做其他类型的具体判断
random_int = int(random.random() * 10)
>>> while str(random_int) != input_str:
op = input('你没有猜中, 输入 "c" 继续, 输入 "e" 结束: ')
if op == "c":
input_str = input('请猜系统随机产生的 0 到 9 的数字: ')
elif op == "e":
```

```
break
else:
print("请重新输入!")
continue
else:
    print('恭喜你猜中了, 好厉害! ')


你没有猜中, 输入 "c" 继续, 输入 "e" 结束: c
请猜系统随机产生的 0 到 9 的数字: 2
你没有猜中, 输入 "c" 继续, 输入 "e" 结束: c
请猜系统随机产生的 0 到 9 的数字: 6
你没有猜中, 输入 "c" 继续, 输入 "e" 结束: c
请猜系统随机产生的 0 到 9 的数字: 9
恭喜你猜中了, 好厉害!
```

4. while 与列表遍历

while 循环可以实现对列表类型的元素的遍历, 更好地对列表元素的值进行各种使用。具体遍历的代码如下:

```
>>> list_for_while = ['a', 'b', 'c', 'd', 1, 2]
>>> i, len_l = 0, len(list_for_while)
>>> while i < len_l:
print(list_for_while[i])
i += 1


a
b
c
d
1
2
>>>
```

需要注意的是, while 循环内部需要对序列的索引号进行增加。利用 while 循环也可以创建列表类型数据, 然后利用 append()实现追加, 利用+实现连接。

5. while 与元组遍历

while 循环可以实现对元组类型的元素的遍历, 更好地对元组元素的值进行各种使用。具体遍历的代码如下:

```
>>> tuple_for_while = 'a', 'b', 'c', 'd', 1, 2
>>> i, len_l = 0, len(tuple_for_while)
>>> while i < len_l:
    print(tuple_for_while[i])
    i += 1


a
b
c
d
1
2
```

11.3 for 语句

for 循环语句和 while、if 一样，是实现传统的控制流构造语句之一。for 复合语句常用于对序列（字符串类型、元组类型、列表类型）或其他可迭代对象中的元素进行迭代。其语句结构如下所示。

```
for_stmt ::= "for" target_list "in" expression_list ":" suite1
             ["else" ":" suite2]
```

for 循环语句结构是一种复合语句结构，其表达式包含语句头的行，并用 ":" 结尾，后面跟随缩进的语句块（或叫 suite 的语句体）。

1. for 循环语句的基本执行逻辑

for 循环语句的基本执行逻辑：当执行到 for 复合语句时，expression_list 表达式列表会被求值一次，生成一个可迭代对象。也就是说，Python 会为 expression_list 表达式列表的结果创建一个迭代器，然后将基于迭代器中的每一个元素都去执行 suite1 子语句体，具体元素执行的顺序和迭代器返回的顺序一样。迭代器中的每一个元素都会按标准赋值规则给 target_list（目标列表）赋值，然后 suite1 子语句体会被执行。当所有的元素都耗尽时，即序列中的元素被取尽或者是迭代器触发 StopIteration 异常时，如果存在 else 子句的 suite2 子语句体，其将会被运行，然后终止循环。当 expression_list 为空时，第一个 suite1 子语句体一次也不会被执行，如果存在 else 子句的 suite2 子语句体，其将会被运行，然后终止循环。基于惰性求值的特性，此时 target_list 并没有被创建，使用它就会触发语法错误。因此，范围类型经常和 for 进行组合应用。for 循环基本执行逻辑如图 11-18 所示。

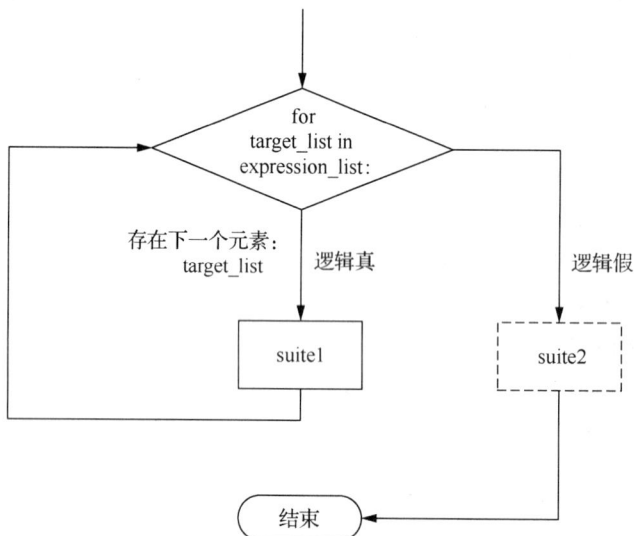

图 11-18 for 循环基本执行逻辑

2. for 循环语句的使用

for 循环语句是编程常用的流程控制方法，例如使用嵌套循环语句输出九九乘法口诀表，具体代码如下所示。

```
>>> print('------------乘法口诀表------------')
------------乘法口诀表------------
>>> for i in range(1,10):          #外层循环
    for j in range(1,i+1):         #内层循环
```

```
        if j < i :                    #一行结尾的符号
            end_a = ' '               #两个乘法之间默认加一个空格，方便阅读
        else:
            end_a = '\n'              #换行符，前面讲print()函数时介绍过
        #3*3、3*4两种情况前面要多加一个空格，进行对齐
        if j == 3 and (i==3 or i==4):
            print(" ", j, "*", i, "=", i * j, sep='', end = end_a)
        else:
            print(j, "*", i, "=", i * j, sep='', end = end_a)


1*1=1
1*2=2 2*2=4
1*3=3 2*3=6  3*3=9
1*4=4 2*4=8  3*4=12 4*4=16
1*5=5 2*5=10 3*5=15 4*5=20 5*5=25
1*6=6 2*6=12 3*6=18 4*6=24 5*6=30 6*6=36
1*7=7 2*7=14 3*7=21 4*7=28 5*7=35 6*7=42 7*7=49
1*8=8 2*8=16 3*8=24 4*8=32 5*8=40 6*8=48 7*8=56 8*8=64
1*9=9 2*9=18 3*9=27 4*9=36 5*9=45 6*9=54 7*9=63 8*9=72 9*9=81
```

上述的代码可以利用三元运算符进一步进行调整，调整后的代码如下所示。

```
>>> print('------------乘法口诀表------------')
------------乘法口诀表------------
>>> for i in range(1,10):                   #外层循环
      for j in range(1,i+1):                #内层循环
          end_a = ' ' if j < i else '\n'    #可以用三元运算符实现
          #3*3、3*4两种情况前面要多加一个空格，进行对齐
          begin = ' ' if j == 3 and (i==3 or i==4) else ''
          print(begin, j, "*", i, "=", i * j, sep='', end = end_a)


1*1=1
1*2=2 2*2=4
1*3=3 2*3=6  3*3=9
1*4=4 2*4=8  3*4=12 4*4=16
1*5=5 2*5=10 3*5=15 4*5=20 5*5=25
1*6=6 2*6=12 3*6=18 4*6=24 5*6=30 6*6=36
1*7=7 2*7=14 3*7=21 4*7=28 5*7=35 6*7=42 7*7=49
1*8=8 2*8=16 3*8=24 4*8=32 5*8=40 6*8=48 7*8=56 8*8=64
1*9=9 2*9=18 3*9=27 4*9=36 5*9=45 6*9=54 7*9=63 8*9=72 9*9=81
```

上述的代码可以利用更简洁的语句进行实现，具体代码如下所示。

```
>>> print('------------乘法口诀表------------') # for 3
------------乘法口诀表------------
>>> for i in range(1,10):                       #外层循环
      for j in range(1,i+1):                    #内层循环
          end_tab_newline = '\t' if j < i else '\n'#可以用三元运算符实现
          print(j, "*", i, "=", i * j, sep='', end = end_tab_newline)
```

```
1*1=1
1*2=2  2*2=4
1*3=3  2*3=6  3*3=9
1*4=4  2*4=8  3*4=12  4*4=16
1*5=5  2*5=10  3*5=15  4*5=20  5*5=25
1*6=6  2*6=12  3*6=18  4*6=24  5*6=30  6*6=36
1*7=7  2*7=14  3*7=21  4*7=28  5*7=35  6*7=42  7*7=49
1*8=8  2*8=16  3*8=24  4*8=32  5*8=40  6*8=48  7*8=56  8*8=64
1*9=9  2*9=18  3*9=27  4*9=36  5*9=45  6*9=54  7*9=63  8*9=72  9*9=81
```

注意：特殊符号 "\t" 表示 Tab 键，按 Tab 键会自动对齐；结尾时需要输入换行符，完成对九九乘法口诀表的输出格式化。

for 循环语句头中的变量 i 和 j 会在 for 的语句头中自动被创建，同时 i 或 j 也会被赋值为序列中的一个元素的值；当再一次回到语句头时，i 或 j 又被赋值为序列中的下一个元素的值。

基于上面 for 循环赋值的实现思路和原理，对 for 循环语句头中的变量的列表 target_list 做进一步的明确。如果 target_list 没有被定义，就会被创建并被赋值；如果已经使用过，就会被重新赋值（此时也可以对多个变量同时进行赋值）。for 循环语句头将会覆盖所有以前对目标列表 target_list 中这些变量的赋值，包括在 for 循环 suite1 语句体中所进行的赋值。参见以下示例。

```
>>> for target_i, target_j in zip(range(10), range(10)):
    print(target_i)
    target_i = 5    #循环中对 target_i 的赋值不会影响下一个循环
                    #因为 target_i 值会在执行到下一个循环的时候被覆盖
                    #会被范围类型对象的索引号重新赋值


0
1
2
3
4
5
6
7
8
9
```

循环结束后，目标列表中的变量名没有被删除，可继续被使用（但序列为空时它们不会被赋值）。基于上例继续编码如下：

```
>>> print(target_i)    #target_i 被循环体中的赋值所改变
5
>>> print(target_j)    #target_j 是循环头中最后一次的赋值
9
```

3. for 循环语句的中断

for 循环语句的中断方式和原理与 while 循环语句一样，也是利用 break（中断整个循环）和 continue（中断其中一次循环）两个关键字实现的。

break 语句表达式和 continue 语句表达式结构同前文所述，在语法上只会出现在 for 或 while 循环所嵌套的代码中。具体只会在第一个 suite 语句体中执行，当执行到 break 表达式时，循环就会被终止，else 子句的 suite 语句体不会被执行。第一个 suite 语句体中执行 continue 后，不会直接中断循环，而是跳过本次循环中 continue 表达式后面的语句，然后继续执行距 continue 最近的外层循环的下一个循环轮次，或者在没有下一个循环轮次时转往 else 子句执行。

如果一个 for 循环被 break 所终结，该循环的 target_list 中的变量会被保持其当前的"值"。

利用 for 循环继续把上面的猜数字游戏重写：

```
>>> import random
>>> random_int = int(random.random() * 10)    #产生一个 0 到 9 的随机数
>>> input_str = input('只能猜 3 次。请猜系统随机产生的 0 到 9 的数字：')
只能猜 3 次。请猜系统随机产生的 0 到 9 的数字：3
>>> #暂时不做其他类型的具体判断
>>> for num in range(1, 3):
    if str(random_int) != input_str:
        op = input('你没有猜中，输入 "c" 继续，输入 "e" 结束：')
        if op == "c":
            input_str = input('请猜系统随机产生的 0 到 9 的数字：')
        elif op == "e":
            break
        else:
            print("浪费一次机会，请重新选择输入！")
            continue
    else:
        print(f'恭喜你第{num}次就猜中了，好厉害！')
        break
else:
    print('游戏结束，下次再来挑战！')


你没有猜中，输入 "c" 继续，输入 "e" 结束：c
请猜系统随机产生的 0 到 9 的数字：4
你没有猜中，输入 "c" 继续，输入 "e" 结束：c
请猜系统随机产生的 0 到 9 的数字：8
游戏结束，下次再来挑战！
```

4. for 与列表

（1）列表遍历

对于 for 循环，最常用的组合就是与序列类型 range 组合，也可对列表类型进行遍历，具体例子如下：

```
>>> list_for_for = ['a', 'b', 1, 2, 3]
>>> for i_list in range(len(list_for_for)):
print(list_for_for[i_list])


a
b
1
2
3
```

（2）列表推导式

基于 for 循环不但可以实现对列表的遍历,还单独存在一个列表推导的方式,可以实现创建列表,示例语句如下：

```
>>> [obj[0] for obj in list(zip(tuple_for_for,tuple_for_for))]
['a', 'b', 1, 2, 3]
```

（3）列表使用中的特殊情况

在使用 for 循环操作列表类型数据的时候，列表类型序列被修改，可能就会出现一个微妙的问题（这个问题也会发生在其他可变的序列类型）。for 循环的机制有一个内部的计数器，用来跟踪下一个要使用的元素的位置号，每次迭代都会使这个计数器递增。当计数器达到 expression_list 序列表达式的长度时，for 循环就会终止。这就意味着，当 expression_list 序列表达式中的当前或以前的元素被删除时，下一项的元素就会被跳过（这是因为下一项元素的索引号就会变成当前正在处理元素的索引号）；同理，在序列中当前处理元素位置之前插入一个新元素，当前被处理的元素会在循环中被再一次使用。无论是序列中没有被处理的元素还是一个元素被处理多遍，可能都不是程序员真正的意图，同时也会导致难以查找的程序错误，那么这时就需要对整个序列使用切片等方式来创建一个临时副本，进而避免类似以上述问题的发生。例如：

```
>>> list_for_for = ['a', 'b', 1, 2, 3]
>>> for obj in list_for_for[:]:
    if obj != 1:
        list_for_for.remove(obj)


>>> list_for_for
[1]
```

5. for 与元组遍历

基于 for 循环可以对元组类型进行遍历，具体的例子如下：

```
>>> tuple_for_for = ('a', 'b', 1, 2, 3)
>>> for i_tuple in range(len(tuple_for_for)):
print(tuple_for_for[i_tuple])


a
b
1
2
3
```

for 循环还可对字符串类型、范围类型进行遍历操作。

11.4 while 和 for 的嵌套使用

基于 for 和 while 优势互补的原则，我们可将二者嵌套使用。关于 while 和 for 的嵌套使用，本节还是利用九九乘法口诀表的例子进行介绍，具体代码如下：

```
>>> print('------------乘法口诀表------------')
------------乘法口诀表------------
>>> for i in range(1,10):                          #外层循环
    j = 1
    while j <= i:                                  #内层循环
        end_tab_newline = '\t' if j < i else '\n'  #用三元运算符实现
        print(j, "*", i, "=", i * j, sep='', end = end_tab_newline)
        j += 1
```

```
1*1=1
1*2=2 2*2=4
1*3=3 2*3=6  3*3=9
1*4=4 2*4=8  3*4=12 4*4=16
1*5=5 2*5=10 3*5=15 4*5=20 5*5=25
1*6=6 2*6=12 3*6=18 4*6=24 5*6=30 6*6=36
1*7=7 2*7=14 3*7=21 4*7=28 5*7=35 6*7=42 7*7=49
1*8=8 2*8=16 3*8=24 4*8=32 5*8=40 6*8=48 7*8=56 8*8=64
1*9=9 2*9=18 3*9=27 4*9=36 5*9=45 6*9=54 7*9=63 8*9=72 9*9=81
```

11.5 习题

程序控制之循环
结构小结

1．基础题

（1）简述内置对象范围（range）类型。

（2）两个范围类型的对象是否支持进行"顺序"关系的比较？

（3）Python 中哪些关键字与循环相关？哪些与循环中断相关？

（4）描述 while 循环语句的结构并画出执行逻辑图。

（5）描述 for 循环语句的结构并画出执行逻辑图。

（6）简述 while 循环语句与 for 循环语句的异同点，并举例说明。

2．综合题

（1）从 Python 3.2 开始使用 int 类型对象进行范围类型数据中的成员检测时，与以前版本相比有什么变化？

（2）简述范围类型与常规列表类型或元组类型的异同点。

（3）利用 while 循环语句输出乘法口诀表。

（4）利用 for 循环语句输出乘法口诀表。

（5）利用 while 循环和 break、continue 编写一个猜数字小游戏。

（6）利用 for 循环和 break、continue 编写一个猜数字小游戏。

（7）简述 while 循环语句和 for 循环语句头部使用变量的注意事项。

（8）下面语句执行后的输出结果是什么？

语句一：

```
>>> if range(0):
print("range(0)是逻辑真",range(0),sep = '')
else:
print("range(0)是逻辑假",range(0),sep = '')
```

语句二：

```
>>> range(0) and [range(10)]
```

语句三：

```
>>> range(10) and [range(10)]
```

语句四：

```
>>> list_for_while = ['救国', '立国', '富国', '强国', 1, 2]
>>> i, len_l = 0, len(list_for_while)
>>> while i < len_l:
print(list_for_while[i])
i += 1
```

语句五：

```
>>> for target_i, target_j in zip(range(10), range(10)):
    print(target_i)
    target_i = 5    #循环中对 target_i 的赋值不会影响下一个循环
                    #因为 target_i 值会在执行到下一个循环的时候被覆盖
                    #会被范围类型对象的索引号重新赋值
```

语句六：

```
>>> print(target_i)    #target_i 被循环体中的赋值所改变
```

语句七：

```
>>> print(target_j)    #target_j 是循环头中最后一次的赋值（9）
```

3．扩展题

（1）列表等可变序列类型使用循环语句删除元素时需要注意什么问题？

（2）列表类型数据创建方法有哪些？尝试用各种方法创建以 1～1000 的自然数为元素的列表类型数据。

第 **12** 章 函数

前面已经从不同的角度使用了各种内置函数和数据类型自有的函数或方法，从本章开始，我们将正式认识函数并讲解如何定义自己的函数。

本章主要讲解函数的概念及功能，在介绍代码块的基础上重点介绍函数的语法结构、函数定义及主要构成部件。本章还介绍下列内容：形参的各种形式，代码块的各种形式及函数体，装饰器函数的使用方法，自定义函数的语法，函数嵌套的使用方法，lambda 匿名函数的语法结构及使用方法，递归函数及其使用方法，乘法口诀和汉诺塔问题案例，Python 的命名空间及作用域，函数中的__doc__、__name__、__defaults__、__module__等各种特殊属性。本章词云图如图 12-1 所示。

图 12-1　本章词云图

12.1　函数概述

函数是计算机程序语言中最常用的一种代码封装技术，是实现代码块或代码段功能复用的一种技术手段，特别是在面向过程设计方法中是最常用的一种程序设计思路，设计程序甚至被称为设计函数。函数是一段独立的代码块，以实现特定的功能为目的，同时包含其他位置使用的名称和实现特定"功能"的方法。每种程序语言中的函数有不同的表现形式和使用方法。有些面向过程的高级语言会有函数和过程两种定义方式，Python 只有函数。

函数（1）

1．函数的主要作用

函数是一种代码封装的技术手段，它在计算机程序语言中的作用主要有以下几点。

（1）函数通过自身一段独立的代码实现现代码的复用。

（2）函数通过完成特定的计算或实现一定的功能实现计算或功能的复用。

（3）函数可以使用不同的参数实现基于不同输入情况下的代码复用。

（4）函数可以使用不同的参数实现基于不同输入情况下的功能复用。

（5）函数可以使用不同的参数，产生一定的输出结果。

（6）通过函数的反复使用实现编程效率的提升。

（7）通过函数的不断丰富和优化实现编程语言自身的壮大和发展。

Python 中的函数就是支持面向过程编程的直接体现。在其他只支持面向对象编程的计算机高级程序语言中，函数不能独立存在于一个源代码中，需要利用其他的封装方式定义和使用。

2．函数的使用方法

无论是 Python 还是其他语言，函数都需要进行先定义再使用。同时各种编程语言也会内置一些函数，有的以直接函数方式体现，有的以类型函数体现。具体使用的方法因函数的不同而异，这是由函数的基本结构元素决定的。函数被使用的主要基本结构元素有函数所属范围、函数名、函数的参数、函数的返回值、函数的作用对象及函数的计算或功能等方面。

函数的所属范围决定在哪里能找到函数。例如，map()、filter()等都是内置函数，直接可以使用；而 sort()是通过范围类型变量调用这个函数的方式使用函数的，即 sort()是属于列表类型的。

函数名是调用函数直接的体现，一般函数名也都用具有一定功能含义的简短表达方式，如 enumerate()表示枚举函数。

函数的实际参数是调用函数时直接传给函数使用的数据，它是函数功能中用到的数据。具体是对数据进行修改还是进行其他操作，依据函数的定义进行。例如，min(2,4)，2 和 4 都是 min()的实际参数；print()，默认输出空行。需要注意的是，函数的参数也会有多种形式和作用。

在使用函数时，有时会把函数赋值给一个变量，有时直接使用而没有赋值。这是因为有些函数有返回值，而有些函数没有返回值，这是由函数的具体功能决定的。例如，type()就是有返回值的，它返回一个对象的类型的新对象；print()就是没有返回值的，是对传入对象的直接输出。可见，每种函数的作用还是有区别的，有的会返回一个新对象，有的没有返回值，有的还会对传入的参数进行操作。所以在使用函数时，需要对函数的作用对象及函数的性质进行了解，这样才能在充分利用函数功能的同时更好地使用函数。

12.2 定义函数的语法

函数是先定义后使用。用户的函数对象是由函数的定义创建的，Python 对函数定义的语法进行了严格的定义。因此，在完成一定的业务功能时，我们就需要对通用的代码进行封装，完成函数的定义。这是 Python 程序由代码块构成思想的体现。

函数（2）　　函数（3）

1．代码块

代码块就是把一些代码封装到一起，作为一个单元去执行的 Python 源代码程序。在交互式开发环境中执行的每条语句就是一个代码块，例如，一个脚本文件（如已经编写的程序文件，用于发送给解释器去执行的文件）、一条脚本命令（出现在 Python 解释器命令行中，并用-c 选项指定的命令）、传递给内置函数 eval()和 exec()的字符串、模块文件（详见第 18 章）、函数体（本章介绍）、class

的定义（详见第 16 章）等，都是代码块。

代码块在执行帧中被执行。执行帧是 Python 用于后台执行代码的一种机制。一个执行帧会包含某些管理信息（用于调试），这些信息决定了代码块执行完成后应前往何处以及如何继续执行。

2．函数定义的基本结构

基于前述函数的使用，结合函数定义是由关键字"def"声明的语法，我们可以总结出以下 4 种常见的函数定义基本形式。

函数定义的基本形式一：

```
def 函数名1():
函数体  #可执行的语句集合
```

函数定义的基本形式二：

```
def 函数名2(形式参数1,形式参数2,形式参数3,…):
函数体
```

函数定义的基本形式三：

```
def 函数名3():
函数体（带 return 语句的）
```

函数定义的基本形式四：

```
def 函数名4(形式参数1,形式参数2,形式参数3,…):
函数体（带 return 语句的）
```

定义好函数后，需要对函数进行调用，也就是使用函数。具体使用函数的方法如下：

```
函数名1()
函数名2(实参1,实参2,…)
变量1 = 函数名3()
变量2 = 函数名4(实参1,实参2,…)
```

相关示例代码如下所示。

```
>>> def fun_base():
    print('函数的基本形式')
```

```
>>> fun_base()  #函数调用
函数的基本形式
```

虽然 Python 简单的定义只有这 4 种形式，但基于基本语法的定义，Python 的函数还有很多需要注意的定义和调用方式。

在 Python 中，函数定义在语法上属于复合语句，具体复杂的抽象数据结构如下：

```
Funcdef ::= [decorators] "def" funcname "(" [parameter_list] ")"
                ["->" expression] ":" suite
Decorators ::= decorator+
Decorator ::= "@" dotted_name ["(" [argument_list [","]] ")"] NEWLINE
dotted_name ::= identifier ("." identifier)*
parameter_list ::= defparameter ("," defparameter)* [","
                [parameter_list_starargs]] | parameter_list_starargs
parameter_list_starargs ::= "*" [parameter] ("," defparameter)* ["," ["**" parameter
                [","]]] | "**" parameter [","]
Parameter ::= identifier [":" expression]
Defparameter ::= parameter ["=" expression]
Funcname ::= identifier
```

从具体函数定义的语法结构中可以看出，函数主要包括以下几个部分：装饰器函数、函数名、参数列表、函数"返回"标注及函数体。

从定义的语法结构中可以看出，函数的可选项有以下几项。

（1）装饰器函数是独立的一种形式，不是所有函数都需要定义和使用。

（2）参数列表中定义的参数是可选项，即个别函数是可以没有参数的。从定义的角度，这些参数都是函数定义使用的参数，是函数形式上的参数。

（3）同样，形参参数列表后面的函数"返回"标注也是可选项，其基本形式为在形参列表的右括号后加上"-> expression"等任何 Python 认可的表达式。

从定义的语法结构中还可以看出，必须定义的项目有以下几项。

（1）def 关键字是必选的，它是函数定义的起始标识。

（2）关键字和函数名之间至少有一个空格。

（3）函数名是必须定义的。

（4）函数名与小括号之间的空格一般没有，但是有了也不会报错。

（5）小括号（圆括号）是必须有的。

（6）小括号后用冒号（:）结束，小括号和冒号之间一般不要有空格，但是有空格也不会报错，然后进入函数的语句体中。

3. 函数名

函数名是函数定义的主要内容之一。与变量名一样，函数名是 Python 的一种标识符，具体语法结构如下：

```
Funcname ::= identifier
```

任何符合 Python 定义的标识符都可作为函数名称，而只以原子出现的标识符就是一种"名称"，这种名称只有绑定到具体的对象才可以被"使用"。函数名既然是一种标识符，就必须遵循标识符的命名规范。具体规范如下：

（1）在 ASCII 编码范围内，用于标识符的有效字符与 Python 2.x 中的相同，包括大写和小写字母（a~z 和 A~Z）、下画线（_）以及数字（0~9），但是不能以数字开头。标识符不能以任何 Unicode 编码中的数字等价物为开头。

（2）Python 3.x 使用了 ASCII 编码范围以外的字符。Python 3.x 中的标识符语法基于 Unicode 标准附件 UAX-31（具体参见 PEP 3131）。这些字符使用 Unicode 字符数据库（Unicode 字符数据库相关的访问和字符分类包含于 unicodedata 模块中）。

（3）其他诸如标识符不能与关键字一样、必须区分字母大小写等规范也需要遵循，但标识符的长度不限。

另外，基于程序的可读性等方面考虑，标识符的命名还需注意以下事项。

（1）函数名的命名尽量表达函数的功能。

（2）函数名一般不与已知的函数名一样，除非是为了覆盖已知函数。

（3）函数名的开头使用下画线（_）具有特殊含义，使用时需要注意相关的含义。

（4）函数名一般也不与已知的模块中的"名称"一样，除非是为了覆盖那个"名称"。

（5）作为标识符的名称本身没有任何"属性类限制"，只是对绑定对象的一个引用，名称本身可以被绑定到任何对象。

总之，当一个名称被绑定到一个函数后，就可对这个名称进行"调用"；当一个名称没有绑定任何对象时，就会触发 NameError 异常。函数名称定义的例子如下：

```
>>> def multiplication_table():      #输出乘法口诀表的函数名
    pass


>>> def area_rectangle():            #长方形面积
    pass
```

```
>>> def circumference_rectangle():    #长方形周长
    pass

>>> def get_pai():  #获取π的值
    pass
```

上例也是一种空函数的形式。该形式在项目初期应用比较多,主要是为构建程序的框架而使用。

4. 参数(形参)

在函数定义时,参数是对变量一种形式上的表示,因此也叫形参(parameter)。形参是函数定义中的一种命名实体,指定函数可接收的一个自变量(或者多个自变量);实际传入的参数就叫实参。形参也需要用名称进行表示;与函数名、变量名一样,形参名在 Python 中也是一种标识符。Python对参数列表的语法约定如下:

```
parameter_list ::= defparameter ("," defparameter)* [","
                   [parameter_list_starargs]] | parameter_list_starargs
parameter_list_starargs ::= "*" [parameter] ("," defparameter)* [","  ["**" parameter
                   [","]]] | "**" parameter [","]
Parameter ::= identifier [":" expression]
defparameter ::= parameter ["=" expression]
```

可见,形参参数列表的表达比较复杂。基于形参语法结构可以有多种形参形态,每种形态的具体介绍如下。

第一种形态:形参列表为空。

该种形态的形参,参数列表为空。这个函数不处理任何参数,本身实现一定的功能。例如下面的代码片段。

```
>>> def multiplication_table():  #只输出九九乘法口诀表的函数就不需要参数
    pass

>>> def get_pai():                #获取默认π的值,不需要参数
    pass
```

定义函数的时候,形参的参数列表为空也是被允许的。

第二种形态:位置参数或关键字参数。

该种形态的形参,只有 defparameter。其主要参数形式是位置参数或关键字参数,具体形式如表 12-1 所示。

表 12-1　多个 defparameter 形参的参数列表形式

形式	多个 defparameter 形参		
	defparameter(1)——参数 1	defparameter(2)——参数 2	……
1	identifier1	identifier2	……
2	identifier1 = expression1	identifier2 = expression2	……
3	identifier1 : expression1	identifier2 : expression2	……
4	identifier1 : expression1 = expression1	identifier2 : expression2 = expression2	……

表 12-1 中形式 1 和形式 2 是较常见的,被称为位置参数或关键字参数形式。形式 2 具有默认值,它在调用时可不传入实参,称之为可选参数。此外,还有字符串的构造函数 str(object='')和 int(x, base=10)都是有默认值的位置参数或关键字参数的;float()返回浮点数 0.0,它是具有默认值的位置参数或关键字参数的。形式 1 和形式 2 形参定义的示例代码如下:

```
>>> #只输出九九乘法口诀表的函数默认到 9 结束
```

```
def multiplication_table(start, end = 9):
    pass
```

```
>>> #只输出九九乘法口诀表的函数默认从1开始到9结束
def multiplication_table(start = 1, end = 9):
    pass
```

```
>>> def get_pai(n = 2):   #获取默认π的值, 参数n表示精度
    pass
```

有默认值的形参（可选参数的一种形式）一定要放在没有默认值形参（不可选参数）的后面。也就是说，形参 defparameter（1）是形式 2（或形式 4），那么形参 defparameter（2）也得是形式 2（或形式 4），后面的其他 defparameter 参数亦如此。例如下面的代码片段：

```
def multiplication_table(start = 1, end):   #这种定义是不符合语法的
```

表 12-1 中形式 3 和形式 4 的参数是被冒号（:）后的标注表达式标注的位置参数或关键字参数。其中参数"标注"后，会被存放在函数的属性 __annotations__ 中，不会影响函数的其他部分。也就是说，参数标注只是一种说明，并没有强制检测。当个别参数标注类型时，个别的 IDE 会根据参数标注的类型，提示参数不符合类型的要求。具体示例的代码如下：

```
>>> #只输出九九乘法口诀表的函数默认从1开始到9结束, 并且标注
    #传入是整数类型
def multiplication_table(start: int = 1, end:'只能输入整数'= 9):
    print("annotations: ", multiplication_table.__annotations__)
    pass
```

```
>>> multiplication_table(start = 1, end = 'd')
annotations: {'start': <class 'int'>, 'end': '只能输入整数'}
>>> multiplication_table(end = 1, start = 'd')
annotations: {'start': <class 'int'>, 'end': '只能输入整数'}
>>> #长方形面积
def area_rectangle(lenth : '整数或浮点数', width : '整数或浮点数' ):
    pass
```

```
>>> #长方形周长
def circumference_rectangle(lenth : '整数或浮点数' ,width : '整数或浮点数'):
    pass
```

```
>>> def get_pai(n: '只能大于2的整数' = 2):   #获取默认π的值, 参数n表示精度
    pass
```

形式 3 和形式 4 都是具有形参标注的位置参数或关键字参数形式，可以指定必选参数（没有默认值的形参）和可选参数（有默认值的形参）。在用这两种形式定义函数时，具有默认值的可选参数要放在没有默认值的必选参数后面。

总之，位置或关键字形参的作用是约定传入实参（实际调用函数时使用的参数）的方式，即按位置或者按关键字传入，属于默认的形参类型。具有默认值的可选形参一定要放在没有默认值的必选形参的后面。

还有一种只能按位置传入参数的形参，即仅限位置的形参形式。在 Python 3.8 版本之前并没有定义这种形参形式的语法，但有些内置函数却仅限位置的方式传入实参（如 abs()）。Python 3.8 则定义了这种形参的语法结构，即规定分隔符"/"左侧的形参只能按位置传入实参。

第三种形态：包含*的形参。

该种形态的形参，只有 parameter_list_starargs（具有*的形参列表），包括仅限关键字形参、可变位置形参和可变关键字形参等具体形式。语法定义如下：

```
parameter_list_starargs ::= "*" [parameter] ("," defparameter)* ["," ["**" parameter
                            [","]]] | "**" parameter [","]
Parameter ::= identifier [":" expression]
Defparameter ::= parameter ["=" expression]
```

包含*的形参语法定义如表 12-2 所示。

表 12-2　包含*的形参语法定义

parameter_list_starargs（无论怎么变化都可以使用参数标注）			
第一种形参形式			第二种形参形式
"*" [parameter] ("," defparameter)* ["," ["**" parameter [","]]]			"**" parameter [","]
语法形式	"*"必有 parameter 有或无	defparameter 参数 0 或多个	["," ["**" parameter [","]]]有或无	"**" parameter [","]
	"*"后前两部分的形参定义时必须定义一个			
实际定义形式	*①	, ②	, ③	**kwargs
	*	, p2 = 表达式	,	**kwargs
		, p2 = 表达式	, ** p3	
		, …	, ** p3,	
	*p1	, p2 = 表达式	,	**kwargs
		, p2 = 表达式	, ** p3	
		, p4 = 表达式		
		, …	, ** p3,	

注：参数标注的含义与第二种形态一样。"①"表示此种形态（包含*的形参）的第一种形式的起始位置；"②"表示此种形态（包含*的形参）的第一种形式的中间位置；"③"表示此种形态（包含*的形参）的第一种形式的最后位置。

表 12-2 中第一种形参形式说明：*后的①②两部分必须定义一个，即*的形参不能独立存在，①②③ 部分的相对位置不能变。具体*形参的示例代码如下：

```
>>> def starargs_show(*p1):     #可变位置形参，又被称为不定长形参
    pass

>>> def starargs_show(*, p2):   #仅限关键字形参
    pass
```

上例中第一个定义的函数的形参*p1 是一种可变位置形参（var-positional，不定长形参之一），限定可传入任意数量的位置参数构成的序列。这种形参是通过在位置或关键字形参名称前加*来定义的（可以无此形式形参，如果有则只能有一个这样的形参），一般函数定义时使用"*args"，具体传入实参的形式是任意多的"值"。例如，starargs_show(1,2,'3',bool)对传入参数的位置和数量没有限制，这些实参会以元组类型方式导入，即为(1,2,'3',bool)，其定义中参数的个数只需一个。第二个定义的函数的形参"*, p2"是一种仅限关键字形参（keyword-only），传入的实参必须按关键字被赋值的方式传入。例如，starargs_show(p2 ='关键字形参的传值')，以 p2 关键字被赋值的形式传入具体的

实参。仅限关键字形参强调的是只能通过关键字形式进行传参，是通过在函数定义的形参列表中包含单个可变位置形参或者在多个可变位置形参之前放一个*来定义。这种形参是可以有默认值的（如上例的 p2），而可变位置形参是不能有默认值的。

这两种形式的扩展或组合形式的代码如下：

```
>>> def starargs_show(*p1, p2):          #可变位置形参，仅限关键字的形参
    pass

>>> def starargs_show(*p1, p2, p4):       #可以定义更多的仅限关键字的形参
    pass

>>> def starargs_show(*, p2, p4):         #可以定义更多的仅限关键字的形参
    pass

>>> def starargs_show(*p1, **p3):
    pass

>>> def starargs_show(*p1, **p3,):
    pass

>>> def starargs_show(*, p2, **p3):
    pass

>>> def starargs_show(*, p2, **p3,):
    pass

>>> def starargs_show(*, p2, p4, **p3):   #可以定义更多的仅限关键字的形参
    pass

>>> def starargs_show(*p1, p2, p4, **p3,): #可以定义更多的仅限关键字的形参
    pass
```

其中，**开始的形参表示的是可变关键字（var-keyword）形参形式，是另一种不定长参数形式；实参是按关键字赋值的方式传入的，常用的形式和名称是**kwargs。例如，上例源码中最后定义的函数传值形式为：starargs_show(2,'c',p2 = 'key1', p4 = 'key2', a = 'd',关键字 = ('a',))，后面两个实参就是可变关键字参数传入的一种方式，这两个实参会以"字典"类型方式导入：{'a': 'd', '关键字': ('a',)}。

此形态的第二种形参形式实际上是第一种形参形式的一种，即只有两个*的形参形式。其具体示例代码如下：

```
>>> def starargs_show(**kwargs,):
    pass

>>> def starargs_show(**kwargs):
    pass
```

这种形式就是只有可变关键字参数（var-keyword）形式，也是一种不定长参数形式，限定可提供任意数量的关键字参数。这种形参可通过在形参名称处加**来定义（放在形参定义的最后定义），如上面的 kwargs（常用的形参名称）。

第四种形态：混合定义形式。

该种形态的形参，有 defparameter。参数形式是位置参数或关键字参数，且后面有 parameter_list_starargs 形参定义形式。这种形态是所有形参语法类型的一个简单综合，化简后的语法格式如下所示。

```
parameter_list ::= defparameter ("," defparameter)* "," parameter_list_starargs
```

混合形式定义形参时，位置或关键字形参必须放在前面，其后依次为可变位置参数、仅限关键字参数（如果有的话）、可变关键字参数等。涵盖几种形参的示例代码如下：

```
>>> def starargs_show(p1, p2 = 3, *args, kw1=5, kw2, **kwargs,):
    print('p1:',p1,', p2:',p2)
    print('args:',args)
    print('kw1:',kw1,', kw2:',kw2)
    print('kwargs:',kwargs)


>>> starargs_show(2,3,kw1=5,kw2=4)
p1: 2 , p2: 3
args: ()
kw1: 5 , kw2: 4
kwargs: {}
```

其中，p1 和 p2 就是位置参数或关键字参数；kw1 和 kw2 是仅限关键字参数。如果一个形参具有默认值，该形参和所有在"*"之前的后续形参也必须具有默认值（在函数定义的语法中，没有明确地表达这个语法限制）。上面的例子如果改成下面的定义就是错误的（p3 没有默认值，这里仅限于对 p3 这种关键字或位置参数有这个约束，仅限关键字参数 kw2 就无此约束）。

```
>>> def starargs_show(p1, p2 = 3, p3,*args, kw1=5, kw2, **kwargs,):
pass
SyntaxError: non-default argument follows default argument
```

5．函数体及返回值

函数体是函数语法定义中的 suite 部分（suite 不能为空，至少有一个说明字符串），是函数功能逻辑主要实现的地方，一般通过返回值或对参数进行操作以及其他方式（文本输出、声音输出、图形输出等）作用实现相应的功能。在此主要讲返回值，其他内容随用随讲。

严格地说，Python 的函数都是有默认返回值的。在函数体中的语句如果没有利用 return 表达式指定返回值，那么所有的函数都会返回 None。特定意义的返回值都利用 return 表达式实现，其语法形式如下：

```
return_stmt ::= "return" [expression_list]
```

return 表达式在语法上只会出现在函数定义所嵌套的代码中。具有两个作用：一是显性地把"表达式列表"的值作为函数的返回值；二是结束当前的函数调用（特殊情况详见第 17 章）。其中，如果 expression_list 表达式列表存在，Python 会先对其进行求值，然后返回"值"；如果不存在，则函数返回 None。在生成器函数中，return 表达式还是有一些限制的，详见 16.8 节。具体函数体的简单代码示例如下：

```
>>> print(starargs_show(1,3,3,kw2=5))       #默认返回 None
None
>>> def return_example():                    #表达式列表为空，返回 None
    return
    print("函数调用已经结束，此部分不会被执行！")


>>> return_example()
```

```
>>> print(return_example())
None
>>> def re_exa(func):
    return type(func)

>>> re_exa(re_exa)
<class 'function'>
```

当函数的返回值是 None 时，交互式开发环境中调用函数不会输出 None，但打印输出却可以输出 None，如下例所示：

```
>>> def re_None():
    return None

>>> re_None()
>>> print(re_None())
None
```

6. 文档字符串

文档字符串是函数体和函数定义头之间的字符串。函数的第一行语句可选择性地使用文档字符串，用于存放函数说明，使用的说明被存放在函数的 __doc__ 属性中。在集成开发环境中调用函数时的提示说明就出自这个位置，即为 __doc__ 的值，具体的示例代码如下：

```
>>> def information_func():#此函数就是为了说明函数说明的作用和存放的位置
    """
    函数名：information_func
    函数的参数：无
    函数的返回值：None
    函数的功能：输出函数的使用说明
    """
    print(information_func.__doc__)

>>> information_func()

    函数名：information_func
    函数的参数：无
    函数的返回值：None
    函数的功能：输出函数的使用说明
```

Python 只会把第一个独立存在的字符串保存到函数的 __doc__ 属性中，例如：

```
>>> def information_func():#此函数就是为了说明函数说明的作用和存放的位置
    "函数名：information_func"
    """函数的参数：无
    函数的返回值：None
    函数的功能：输出函数的使用说明
    """
    print(information_func.__doc__)

>>> information_func()
函数名：information_func
```

7. 返回标注

返回标注是指对函数的返回进行标注，一般是对返回值进行类型说明等。其与函数形参的标注有相似的作用，属于函数语法结构定义中的"["→" expression]"部分，是函数定义的可选部分。一旦定义了函数的返回标注，其就会被保存到函数对象的__annotations__属性中。有的集成开发环境会根据这个标注对函数的语法进行判断，特别是当利用标注指定函数的返回类型时（这也是标注经常被使用的功能），可以对函数返回值的类型进行检测。具体的示例代码如下：

```
>>> def return_annotation()->"返回标注演示":
    print(return_annotation.__annotations__)


>>> return_annotation()
{'return': '返回标注演示'}
>>> def re_annotation()-> tuple:
    print(re_annotation.__annotations__)


>>> re_annotation()
{'return': <class 'tuple'>}
```

8. 函数的调用及参数传递

Python 中使用函数所定义功能的过程叫函数调用，函数调用是函数定义的最终目的。所谓调用，就是使用一系列参数去执行一个可调用对象。Python 的可调用对象包括用户定义的函数、内置函数、内置对象的方法、类对象、类实例的方法以及任何具有__call__()方法的对象。函数的调用有完整的语法格式，可简化为：f(参数列表)。而 f_another_name = f 形式相当于把自定义函数 f 改名为 f_another_name（即把函数对象 f 赋值给变量名 f_another_name），此时自定义函数 f 的调用方式可变为 f_another_name(参数列表)，其调用效果与 f(参数列表)的调用效果一样。函数必须先定义后调用，否则会触发 NameError。

函数定义是一条可执行语句，当执行到函数定义的位置时会检查语法，但定义阶段执行时并不会执行函数体。具体执行情况如下：程序执行到函数定义时，会在程序的当前局部命名空间中将定义的函数名称绑定（详见 12.6 节）到一个函数对象（即函数可执行代码的包装器，也是 Python 内置的函数类型对象）；当函数被调用时，才会执行函数体中的语句。函数调用就是给已绑定名称的函数对象传递参数，并执行函数体的过程。因此，函数调用形式上最重要的就是参数传递。

（1）参数传递

在函数调用时，使用位置参数、关键字参数或是默认值给形参列表中列出的形参进行赋值的过程，就是参数传递。参数传递可分为位置传递（简写为 pos）、关键字传递（简写为 key）、位置和关键字方式混用传递（简写为 pos_key）3 种方式。这里需要注意区分形参与实参：形参是指出现在函数定义中的名称，而实参则是在调用函数时实际传入的表达式或值；形参定义了一个函数能接收何种类型的实参，能传递什么样的实参是被形参的定义所限制的。Python 各种形参的形式及参数传递方式如表 12-3 所示。

表 12-3 形参的形式及参数传递方式

形参类型	参数类型					
	实参			形参		
	传递方式	限制位置	传递	默认值	变长	可变位置
位置或 关键字	pos_key	是	可选传递	有	否	否
	pos	是	必须传递	无		
	key	否				

形参类型	参数类型					
	实参			形参		
	传递方式	限制位置	传递	默认值	变长	可变位置
仅限位置	pos	是	必须传递	Python3.8 版本定义，用"/"分隔，左侧仅限位置		
可变位置	pos	否	可选传递	无	是	是
仅限关键字	key	否	可选传递	有	否	是
			必须传递	无		
可变关键字	key	否	可选传递	无	是	是

在函数调用和参数传递时，同一个参数不能多次赋值；可选参数可以不传入参数，如果传入了就使用传入的值；如果存在"可变位置"的形参，它会被初始化为一个元组来接收任何额外的位置参数，默认为空元组；如果存在"可变关键字"的形参，它会被初始化为一个字典来接收任何额外的关键字参数，默认为空字典。在"*"或"可变位置"形参之后的形参都是仅限关键字形参，只能通过关键字参数传入值（有默认值的可以不传实参）。具体示例代码如下：

```
>>> def func_p(p1, p2 = 5, p3 = 4, *arg, p4 = 8, p5 = 9, **kwarg):
    print(p1,p2, p3, arg, p4, p5, kwarg)

>>> func_p(1,2,3,p5 = 5, p4 = 4, o = 9, k = 10)      #调用方法一
1 2 3 () 4 5 {'o': 9, 'k': 10}
>>> func_p(p2 = 2, p3 = 3, p1 = 1, p5 = 5, p4 = 4, o = 9, k = 10)   #调用方法二
1 2 3 () 4 5 {'o': 9, 'k': 10}
>>> #func_p(p2 = 2, p3 = 3, p1 = 1, 'a',p5 = 5,p4 = 4, o = 9, k = 10)
    #语法错误  <--当出现位置参数时，前面传递的参数也必须是位置参数
>>> func_p(1, 2, 3, 'a',p5 = 5, p4 = 4, o = 9, k = 10) #调用方法三
1 2 3 ('a',) 4 5 {'o': 9, 'k': 10}
>>> func_p(1, p2 = 2)  #调用方法四
1 2 4 () 8 9 {}
```

如果实参按关键字参数传入，后面也不能出现按位置传入参数的情况。

函数调用也可以使用*expression 的方式，其中 expression 表达式必须求值为一个可迭代类型的对象。来自该可迭代对象的元素会被当作额外的位置参数。具体示例代码如下：

```
>>> func_p(1, *('star','2','3'))        #调用方法五
1 star 2 ('3',) 8 9 {}
```

虽然*expression 在函数调用时可能出现在显式的关键字参数之后，但它会在关键字参数之前被处理。因此，下面的调用方式会报错。

```
>>> func_p(*('star','2','3'), p1 = 1)    #调用方法六
Traceback (most recent call last):
  File "<pyshell#44>", line 1, in <module>
    func_p(*('star','2','3'), p1 = 1)    #调用方法六
TypeError: func_p() got multiple values for argument 'p1'
>>> func_p(p3 = 1, *('star','2'))        #调用方法七
star 2 1 () 8 9 {}
```

还有一些其他的参数传入方式，后面使用时会讲解。总之，除非触发了异常，否则调用总会有返回值（None 也是返回值）。

（2）函数定义是一条可执行语句

默认形参值会在执行函数定义时，按从左至右的顺序被求值，即函数在定义时就会对形参中

的表达式求值，并在每次调用函数时被使用。函数定义是一条可执行语句的程序代码，示例代码如下：

```
>>> my_str_p = 'I like Python!'
>>> def func_exec(p0, p1:str = my_str_p):
    print('func_exec 函数体，调用时才被执行')
    print('参数p0 为: ', p0)
    print('参数p1 为: ', p1)


>>> print(func_exec.__annotations__)        #此时函数并没有被调用，只是输出函数声明中的信息
{'p1': <class 'str'>}
>>> my_str_p = 'I love my family! '
>>> func_exec('P0 传入的实参')
func_exec 函数体，调用时才被执行
参数p0 为:  P0 传入的实参
参数p1 为:  I like Python!
```

由上例可知，第一，函数定义后，相关的标注就已写入函数名称绑定的函数对象中；第二，具有默认值的参数如果其默认值是通过变量名的方式赋值的，那么形参实际记录的是变量的内存地址，即使传入形参的变量的值发生了变化，且调用函数时没有传入实参，那么函数使用的值仍然是函数定义时的默认值，如果是将传入的可变类型变量作为形参的默认值，则该可变类型变量的值在函数调用前便发生了变化，即使没有直接显性地对函数的参数进行传递，函数内使用的值也会随之变化。具体代码如下：

```
>>> my_list_p = list('I like Python! ')
>>> def func_def_exec(p0, p1:list = my_list_p):
    print('func_exec 函数体，调用时才被执行')
    print('参数p0 为: ', p0)
    print('参数p1 为: ', p1)


>>> func_def_exec('P0 传入的实参')
func_exec 函数体，调用时才被执行
参数p0 为: P0 传入的实参
参数p1 为: ['I', ' ', 'l', 'i', 'k', 'e', ' ', 'P', 'y', 't', 'h', 'o', 'n', '!']
>>> my_list_p[0:3] = []
>>> func_def_exec('P0 传入的实参')
func_exec 函数体，调用时才被执行
参数p0 为: P0 传入的实参
参数p1 为: ['i', 'k', 'e', ' ', 'P', 'y', 't', 'h', 'o', 'n', '!']
```

Python 的参数传递对可变类型和不可变类型具有不同的效果，但都体现了"引用"传递的思想。可变类型的参数传递可能出现达不到预期的效果，如何避免这一情况的发生至关重要。Python 相关文档给出了利用 None 值作为默认值的方法，并在函数体中利用显性的方法去进行测试，避免此问题的出现，例如：

```
>>> def func_list_persons(list_persons = None):
    if list_persons == None:
        list_persons = []
    list_persons.append("person1")
    return list_persons


>>> print(func_list_persons())
['person1']
```

（3）函数是可调用对象

自定义函数和内置函数都属于 Python 可调用对象。下面利用嵌套代码理解函数可调用对象的含义。

```
>>> def circle(coordinates = (0,0),pai = 3.14):
    def area(r):
        print('中心点坐标为: ', coordinates,", 面积为: ",pai * r**2)
    return area
```

使用上面的嵌套函数可以通过以下方式来定义一个可调用对象。

```
>>> circle_one = circle()
```

然后通过以下方式来调用该对象。

```
>>> circle_one(2)
中心点坐标为: (0,0), 面积为: 12.56
```

9. 装饰器函数

从函数定义中可以看出，函数可被一个或多个 decorator 表达式所包装。decorator 本身也是一种函数，即装饰器函数。Python 装饰器具有一些经典的应用场景，如操作日志记录、性能测试、数据过滤、事务处理、权限验证等。装饰器的方法是在不改变原有函数代码的基础上解决这些场景中问题的理想方式。装饰器的语法结构如下：

```
Decorators ::= decorator+
Decorator ::= "@" dotted_name ["(" [argument_list [","]] ")"] NEWLINE
dotted_name ::= identifier ("." identifier)*
```

装饰器是一种函数，但不是任何函数都可充当装饰器函数。作为装饰器函数，其返回值必须是可调用对象，如自定义函数、类及类中的方法等。具体示例代码如下：

```
>>> def f1_decorator(func):
    print("f1_decorator",func)
    return func

>>> @f1_decorator
def func_decorated():
    print("func_decorated")

f1_decorator <function func_decorated at 0x00000000029B7168>
>>> func_decorated()
func_decorated
```

从上例可以看出，装饰器函数在被装饰函数定义时就被执行了。具体装饰器函数求值范围是基于被装饰函数的作用域的。装饰器没有显性传入参数时，被装饰函数名称对应的函数对象直接被当作唯一参数传入装饰器函数，而且装饰器函数返回这个定义的函数——符合必须是一个可调用对象的要求。既然装饰器函数返回的值是可调用对象，那么这个返回值会被绑定到被装饰的函数名称，而不是被装饰函数对象。而 func_decorated()调用时，实际上调用的是 f1_decorator()函数返回的可调用对象 func，即被装饰函数自身，因此执行函数体中的输出语句。

Python 支持多个装饰器，它们以嵌套方式被应用。Python 文档的相关说明代码如下：

```
@f1(arg)
@f2
def func(): pass
```
左侧装饰器函数大致等价于右侧的效果。
```
def func(): pass
func = f1(arg)(f2(func))
```

不同之处在于，原始函数并不会被临时绑定到名称 func，但在 func()被调用时，就相当于执行 f1(arg)(f2(func))()。基于这个思路，上例就相当于执行代码 f1_decorator(func_decorated)()。总体进行等效处理如下：

```
>>> def f1_decorator(func):
    print("f1_decorator",func)
    return func

>>> def func_decorated():
    print("func_decorated")

>>> f1_decorator(func_decorated)()
f1_decorator <function func_decorated at 0x0000000003832DC8>
func_decorated
```

虽然功能一样，但执行顺序等方面还是有区别的。把 Python 相关文档中的装饰器函数嵌套说明写一个完整的示例代码如下：

```
>>> def f1(arg):
    print(arg)
    def inline_func(func):
        print("inline_func", func)
        return func
    return inline_func

>>> def f2(func):
    print(func,'f2')
    return func

>>> arg = '3'
>>> @f1(arg)
@f2
def func_decorated():
    """大致等价于
    def func_decorated(): pass
    func = f1(arg)(f2(func))
    """
    print("func")

3
<function func_decorated at 0x00000000029A6678> f2
inline_func <function func_decorated at 0x00000000029A6678>
>>> func_decorated()
func
```

上例简单地对装饰器函数进行了定义和使用，功能性不强，也不好理解，但可以看出装饰器函数是从上到下开始执行的。需要注意的是，最后面的装饰函数不一定最后执行完或最早执行完，这一点要看具体的代码逻辑。利用装饰器的方法，实现计算函数执行时间的示例代码如下：

```
>>> import time      #需要用到时间模块，这个是调用模块的方式
>>> def timer(func):
    def wrapper(*args, **kwargs):
        begin_time = time.time()
        func(*args, **kwargs)
        end_time = time.time()
        print('执行时间是: ', end_time - begin_time)
    print(wrapper)
```

```
        return wrapper

>>> @timer
def func(*args, **kwargs):
    print('已经执行了函数体！')

<function timer.<locals>.wrapper at 0x00000000029D6948>
>>> func()
已经执行了函数体！
执行时间是: 0.045999765396118164
```

12.3 函数的嵌套

装饰器函数可理解为一种函数嵌套的方式（参见上文）。
同时，自定义函数的内部可以定义另外一个函数，这个函数可
以被调用，该方式也是一种函数嵌套的形式。示例代码如下：

函数（4）　　函数代码展示（2）

```
>>> def func_a():
    def func_inline():
        print('内嵌函数')
    print('外层函数开始')
    func_inline()
    print('外层函数结束')

>>> func_a()
外层函数开始
内嵌函数
外层函数结束
```

自定义函数调用外部自定义函数或者是定义内部函数都是嵌套的一种形式，在 Python 日常编程
中使用较多。另外，Python 的函数也是一种可调用的对象，那么这种"函数"对象便可作为返回值，
这种方式也是一种嵌套的形式，具体示例代码如下：

```
>>> def important(thing1,thing2):
    def repeat(n):              <--也被称为闭包函数
        return thing1 * n + "," + eval("f"+repr(thing2))
    return repeat

>>> important_things_repeat = important("努力学习","重要的事情说{n}遍！")
>>> print(type(important_things_repeat))
<class 'function'>
>>> important_things_repeat(3)
'努力学习努力学习努力学习,重要的事情说 3 遍！'
```

12.4 匿名函数

匿名函数是 Python 的一种没有名字的函数形式（没有绑定到一个有具体名称的函数），不需要
用 def 关键字定义（随用随定义）。声明匿名函数的具体语法如下：

```
lambda_expr ::= "lambda" [parameter_list] ":" expression
lambda_expr_nocond ::= "lambda" [parameter_list] ":" expression_nocond
```

由此可见，匿名函数是由关键字 lambda 开始的一种表达方式，在空一个空格的基础上声明参数

列表（同函数的参数列表的定义方式一样，不过匿名函数参数列表两端没有小括号），在空一个以上空格的基础上（也可以没有空格）以冒号（:）结束，后面直接使用 Python 的表达式或无条件表达式。我们可以确定的是，匿名函数只能包含单一的表达式。其中，表达式与条件表达式（三元表达式）的语法结构如下：

```
conditional_expression ::= or_test ["if" or_test "else" expression]
expression ::= conditional_expression | lambda_expr
expression_nocond ::= or_test | lambda_expr_nocond
```

其中，布尔运算的语法结构如下：

```
or_test ::= and_test | or_test "or" and_test
and_test ::= not_test | and_test "and" not_test
not_test ::= comparison | "not" not_test
```

在这里，comparison（比较）运算等就是对由比较运算符、位运算符以及算术运算符等各种运算产生的结果进行比较的表达式形式。

创建匿名函数以便立即在表达式中使用也是可行的。匿名函数是利用 lambda 表达式创建的，lambda 表达式 lambda parameters : expression 会产生一个函数对象。该匿名函数对象的功能类似于使用下面方式定义的函数。

```
def <lambda>(parameters):
    return expression
```

匿名函数只包含单一表达式，只有被调用时才被执行。匿名函数是不能包括多条语句或者返回标注的，即 lambda 表达式只是简单函数定义的一种简化写法。lambda 表达式定义的函数可以像使用关键字 def 定义的函数一样，被传递或赋值给其他名称，也可以出现在符合要求的任何以函数为参数的调用位置。关键字 def 形式的函数定义允许执行多条语句和使用返回标注，功能更为强大。匿名函数的定义及常用方法的代码示例如下：

```
>>> tuple_lambda = (1.2,3,4,5,6,7)
>>> list(filter(lambda x : x >5,tuple_lambda))
[6, 7]
>>> x_com_5 = lambda x : x >5            #匿名函数也可以赋值给其他名称
>>> list(filter(x_com_5,tuple_lambda))   #过滤效果同上个式子一样
[6, 7]
>>> add_two = lambda x,y=0 : x + y
>>> add_two(3)
3
>>> add_two(3,5)
8
>>> tuple_n = lambda *x : x
>>> tuple_n(1,'a','b')
(1, 'a', 'b')
>>> tuple_n('abc')
('abc',)
>>> tuple(map(lambda x,y: x*y,tuple_lambda,tuple_lambda ))
(1.44, 9, 16, 25, 36, 49)
```

12.5 递归函数

函数体中的语句调用其他函数是一种常见的函数嵌套形式，而递归函数是函数体中的语句调用函数自身的一种使用形式，用以完成特定的功能，特别适合解决与数学运算相关的一些问题。递归

函数一般依靠参数的变化作为结束的重要条件，例如，阶乘的公式 $n! = 1 \times 2 \times 3 \times \cdots \times n$，利用循环语句编写阶乘的函数示例如下：

```
>>> def factorial(n):
    if n == 0 :
        return 1
    else:
        multiple_num = 1
        for i in range(1,n+1):
            multiple_num *= i
        return multiple_num

>>> factorial(10)
3628800
```

上面的阶乘函数利用递归函数的方法进行变换，变换后的阶乘函数如下：

```
>>> def factorial_recursion(n):
    print(f'当n为{n}时的调用')
    if n == 0 :
        return 1
    elif n == 1:
        return 1
    else:
        f_r_r = factorial_recursion(n-1) * n
        print(f'当n为{n}时的返回值{f_r_r}')
        return f_r_r

>>> factorial_recursion(10)
当n为10时的调用
当n为9时的调用
当n为8时的调用
当n为7时的调用
当n为6时的调用
当n为5时的调用
当n为4时的调用
当n为3时的调用
当n为2时的调用
当n为1时的调用
当n为2时的返回值2
当n为3时的返回值6
当n为4时的返回值24
当n为5时的返回值120
当n为6时的返回值720
当n为7时的返回值5040
当n为8时的返回值40320
当n为9时的返回值362880
当n为10时的返回值3628800
3628800
```

上述递归函数的基本实现思路如下面数学分段函数公式所示。

$$f(n) = \begin{cases} 1 & n=1 \\ f(n-1)*n & n>1 \end{cases}$$

上述递归函数的调用基本思路如图 12-2 所示（上述阶乘函数名简写为 f_r()）。

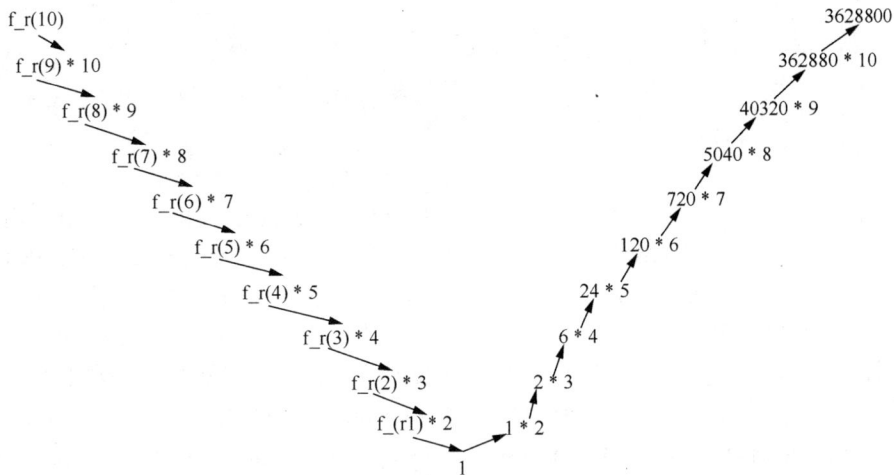

图 12-2　阶乘函数 f_r()执行逻辑

　　可见，递归函数的思想类似数学归纳法的思想，可以解决结构自相似的问题，也可以实现一般循环可编写的程序。理论上，递归实现与循环实现是可以相互转换的。一般情况下，上述的递归函数在执行的过程中，有很多的中间过程没有计算，而是临时存储起来（Python 使用创建的新栈存储中间的过程值），最后结果再进行反过来运算。显然这种方式会降低效率，我们可以对其进行改进，如下代码所示。

```
>>> def factorial_tail_recursion(n, mul_n_1=1):
    print(f'当n为{n}时的调用')
    if n <= 0 :
        return
    elif n == 1:
        f_t_r = 1 * mul_n_1
        print(f'当n为{n}时的返回值{f_t_r}')
        return 1 * mul_n_1
    else:
        f_t_r = factorial_tail_recursion(n-1, mul_n_1*n)
        print(f'当n为{n}时的返回值{f_t_r}')
        return f_t_r

>>> factorial_tail_recursion(10)
当n为10时的调用
当n为9时的调用
当n为8时的调用
当n为7时的调用
当n为6时的调用
当n为5时的调用
当n为4时的调用
当n为3时的调用
当n为2时的调用
当n为1时的调用
当n为1时的返回值3628800
当n为2时的返回值3628800
当n为3时的返回值3628800
当n为4时的返回值3628800
当n为5时的返回值3628800
```

```
当 n 为 6 时的返回值 3628800
当 n 为 7 时的返回值 3628800
当 n 为 8 时的返回值 3628800
当 n 为 9 时的返回值 3628800
当 n 为 10 时的返回值 3628800
3628800
```

上述的函数实际上是试图利用"尾递归"的方法，对递归函数进行优化。可以看出，当 n=1 时，就计算出了整个函数的结果 3628800，但是函数还是一层一层地返回这个结果，显然，Python 并不直接支持"尾递归"。有关 Python 如何实现"尾递归"，请参看本章提供的程序源代码部分。

总之，递归函数具备以下特征：必须有结束的条件；进入下一层次计算时，问题的规模必须减少；相邻两次计算之间是有联系的（例如，阶乘中的调用逻辑图）；递归函数的效率通常比较低；递归调用的次数过多（超过系统的限制）时会触发继承了 RuntimeError 的 RecursionError（RecursionError: maximum recursion depth exceeded in comparison）。在 Python 3.5 之前，递归调用的次数超过系统限制触发的是 RuntimeError。

常见的一些问题都可以转换为递归的方式解决。例如，乘法口诀表可以写成递归函数的形式；常见的数学中的数学归纳法涉及的函数也经常写成递归函数的形式；还有比较经典的汉诺塔问题也是讲解递归函数常用的例子。

1. 乘法口诀表

乘法口诀表可以利用循环语句的方式编写函数实现，具体代码如下：

```
>>> def multiplication_table(n):
    if n <= 0 :
        return
    for i in range(1,n+1):
        for j in range(1,i+1):
            end_symbol = '\t' if j < i else '\n'
            print(f'{j}*{i}={i*j}',end = end_symbol)

>>> multiplication_table(5)
1*1=1
1*2=2 2*2=4
1*3=3 2*3=6  3*3=9
1*4=4 2*4=8  3*4=12 4*4=16
1*5=5 2*5=10 3*5=15 4*5=20 5*5=25
>>> multiplication_table(9)
1*1=1
1*2=2 2*2=4
1*3=3 2*3=6  3*3=9
1*4=4 2*4=8  3*4=12 4*4=16
1*5=5 2*5=10 3*5=15 4*5=20 5*5=25
1*6=6 2*6=12 3*6=18 4*6=24 5*6=30 6*6=36
1*7=7 2*7=14 3*7=21 4*7=28 5*7=35 6*7=42 7*7=49
1*8=8 2*8=16 3*8=24 4*8=32 5*8=40 6*8=48 7*8=56 8*8=64
1*9=9 2*9=18 3*9=27 4*9=36 5*9=45 6*9=54 7*9=63 8*9=72 9*9=81
```

上面乘法口诀表的函数利用递归方法进行变换，变换后的递归函数如下：

```
>>> def multiplication_table_recursion(n):
    if n <= 0 :
        return
    if n == 1 :
        print(f'{n}*{n}={n*n}')            <-- 字符串格式化的一种方法
```

```
    else:
        multiplication_table_recursion(n-1)
        for i in range(1,n+1):
            end_symbol = '\t' if i < n else '\n'
            print(f'{i}*{n}={i*n}', end = end_symbol)

>>> multiplication_table_recursion(5)
1*1=1
1*2=2 2*2=4
1*3=3 2*3=6  3*3=9
1*4=4 2*4=8  3*4=12 4*4=16
1*5=5 2*5=10 3*5=15 4*5=20 5*5=25
>>> multiplication_table_recursion(9)
1*1=1
1*2=2 2*2=4
1*3=3 2*3=6  3*3=9
1*4=4 2*4=8  3*4=12 4*4=16
1*5=5 2*5=10 3*5=15 4*5=20 5*5=25
1*6=6 2*6=12 3*6=18 4*6=24 5*6=30 6*6=36
1*7=7 2*7=14 3*7=21 4*7=28 5*7=35 6*7=42 7*7=49
1*8=8 2*8=16 3*8=24 4*8=32 5*8=40 6*8=48 7*8=56 8*8=64
1*9=9 2*9=18 3*9=27 4*9=36 5*9=45 6*9=54 7*9=63 8*9=72 9*9=81
```

上述递归函数的基本思路：当 n 是 1 时，直接输出 1*1=1；当是 n（$n>1$）时，先输出 $n-1$ 时的乘法口诀表，再输出 n 乘以从 1 到 n 的乘法口诀表的最后一行。至此，乘法口诀表输出完毕。

2. 汉诺塔问题

汉诺塔（Tower of Hanoi）问题又称为汉诺塔游戏，源自古印度。其基本规则是有 3 个柱子（假设柱子标号为 F、B、T），其中，F 柱子自底向上依次叠放 n 个从大到小的圆盘，借助 B 柱子把所有圆盘从 F 柱子一次一个移动到 T 柱子上，并且每次移动后所有柱子上的圆盘自底向上都是从大到小的圆盘，也就是自始至终不能出现大圆盘在小圆盘上面的情况，F、B、T 这 3 个柱子中间状态可以有 0 到 n 个圆盘。初始情况如图 12-3 所示，请问需要怎样移动才能把 F 柱子上所有圆盘都移动到 T 柱子上？并计算移动次数。

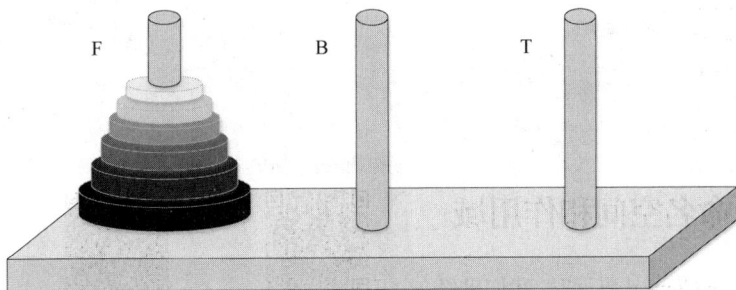

图 12-3　汉诺塔游戏

汉诺塔问题是一个典型的利用递归方式解决的案例，那么计算机是怎么解决这个问题的呢？我们需要对汉诺塔问题进行分析。

第一，当 n 为 1 时，直接把套在柱子 F 上的圆盘移动到 T 柱子上。

第二，当 $n>1$ 时，把 F 柱子上的圆盘分为两部分，一部分为 $H(n-1)$，另一部分为底部的圆盘 $H(1)$。此时，只需借助 T 柱子将 $H(n-1)$ 移动到 B 柱子上，然后把 $H(1)$ 从 F 柱子上移动到 T 柱子上。

第三，T柱子最下面的圆盘已经到位，剩下的问题就是如何将 $H(n-1)$ 的圆盘借助 F 柱子从 B 柱子移动到 T 柱子上。

上面的移动思路是可以转换为 Python 编写的函数的，具体代码如下：

```
>>> def tower_hanoi(n, from1, by,to ):
    if n == 1:
        print(f'{from1}最上面圆盘-->{to}')
    else:
        tower_hanoi(n-1, from1, to, by)
        tower_hanoi(1, from1, by,to)
        tower_hanoi(n-1, by, from1, to)

>>> tower_hanoi(3,'F','B','T')
F最上面圆盘-->T
F最上面圆盘-->B
T最上面圆盘-->B
F最上面圆盘-->T
B最上面圆盘-->F
B最上面圆盘-->T
F最上面圆盘-->T
```

我们至少需要 2^n-1 次才能将圆盘全部从 F 柱子上移动到 T 柱子上。如果把从小到大的圆盘按照 1 到 n 进行编号，那么上面的函数可修改如下：

```
>>> def tower_hanoi_n(n, from1 = 'F', by = 'B',to = 'T' ):
    if n == 1:
        print(f'{from1}柱{n}号圆盘-->{to}')
    else:
        tower_hanoi_n(n-1, from1, to, by)
        print(f'{from1}柱{n}号圆盘-->{to}')
        tower_hanoi_n(n-1, by, from1, to)

>>> tower_hanoi_n(3)
F柱1号圆盘-->T
F柱2号圆盘-->B
T柱1号圆盘-->B
F柱3号圆盘-->T
B柱1号圆盘-->F
B柱2号圆盘-->T
F柱1号圆盘-->T
```

12.6 命名空间和作用域

函数（5） 函数（6） 函数（7）

当打开 Debug Control 界面时，我们已经见过 Locals 和 Globals 指定不同的变量类型，这里类型指代两种命名空间。而且 Python 的程序运行后，解释器会记录每个名称对应的"对象"，表现为各种值。实际上，Python 就是利用字典类型的方式去存储各种变量。下面从 Python 的各种名称的绑定说起。

1．名称的绑定

名称（标识符）用于代表一个对象，它是通过名称的"绑定"操作，同时实现定义和引入的。Python 提供了下面一些"绑定"操作。

（1）传给函数的实参（正式的参数）

函数调用时，传入函数的各种实参会被绑定到相应的形参名称，这样函数体中使用形参的地方就会调用实参的值进行各种操作或运算。

（2）import 语句

import（导入模块）语句会用模块名称指代模块对象（详见 18.2 节）。除了以下画线开头的名称，导入形式 from…import *会导入模块中定义的其他所有名称。这种形式仅在模块层级（即最高层级的代码块）上被使用。

（3）函数与类的定义

函数与类（详见第 16 章）的定义，会在相应定义位置的代码块中把相应的名称绑定到函数或类的对象。

（4）标识符的赋值

以标识符为目标的赋值（赋值符号=）是一种名称绑定操作。每条赋值语句出现在类或函数内部定义的代码块中，或是出现在模块层级。

（5）for 循环的语句头

for 循环的语句头会实现变量名称的绑定，详见 11.3 节。

（6）with 语句和 except 子句的 as 之后

with 语句的基本语句形式是 with expression as target：suite，其功能是把 expression 表达式的返回值赋值给 target。except 子句后的 as 详见第 17 章。

2．命名空间及变量

命名空间（namespace）是一个从名称（标识符）到对象指代的映射所存放的位置。这样同一个标识符就可以在不同的命名空间中反复使用，不会发生被覆盖的情况，有效避免了冲突，更好地支持了模块化的程序设计。当前，Python 的命名空间都是基于字典类型实现的（日常编程中也不需要去关注它，除非面对一些性能问题）。Python 的这种命名空间的实现机制也可能变化。

Python 的命名空间有局部、全局和内置 3 种类型，它们之间的关系如图 12-4 所示。命名空间和具体对象是相关的，但个别对象可产生嵌套的命名空间（如在函数之内）。同时，每种命名空间都拥有各自的生命周期（创建时开始起作用，删除后失去作用而结束）。Python 会智能地判断一个变量是局部的还是全局的。3 种命名空间的说明如下。

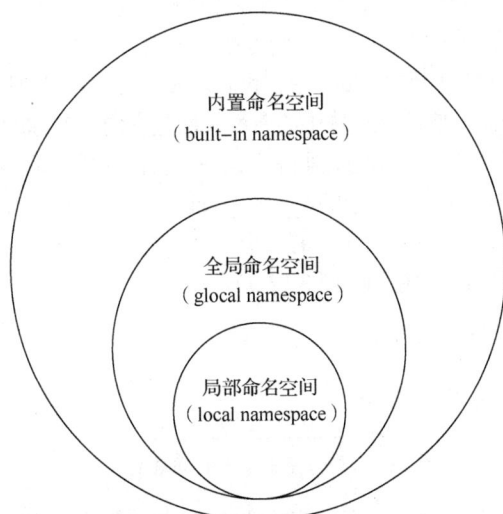

内置命名空间
（built-in namespace）

全局命名空间
（glocal namespace）

局部命名空间
（local namespace）

图 12-4　3 种命名空间之间的关系

（1）局部命名空间

函数在定义时会在当前的局部空间中生成一个函数对象。这个函数对象中会记录当前全局命名空间的引用，作为函数被调用时所使用的全局命名空间。而函数体就是函数自身的命名空间，函数内部就是局部命名空间。

函数自身创建的局部命名空间随函数的调用而创建，并在函数终止时被删除（终止条件：函数执行到返回语句或者抛出一个函数内部没有处理的错误）。函数的嵌套（函数中再定义一个函数）及后面递归调用函数都会创建自身的局部命名空间，这种命名空间也被称为闭包命名空间；它是局部命名空间的子局部命名空间。

名称绑定如果出现在函数体的代码块中，则为局部变量（除非使用关键字 nonlocal 或 global 进行声明），且被保存在局部命名空间中。

（2）全局命名空间

全局命名空间是基于模块的。模块是一个包含各种定义和语句的 Python 源代码文件，文件名的扩展名是.py，文件名与模块名一致。模块的使用是利用关键字 import 实现的，如 import itertools。模块导入后就可以使用 itertools 模块中的各种对象。有关模块更详细的使用，请参见第 18 章。在读入模块定义时，创建了模块的全局命名空间，通常模块命名空间（全局命名空间）会持续到解释器的退出。

全局命名空间就是模块内的命名空间。例如，内置函数 builtins.open()与模块中的函数 os.open()可通过各自所属的命名空间进行区分。再如，通过 random.seed()或 itertools.islice()的调用方式，明确了这两个函数分别是由 random、itertools 模块实现的，增加了程序的可读性和可维护性。同时，模块内的属性和模块定义的全局名称之间存在直观的对应关系，它们共享相同的命名空间。被解释器的顶层调用执行的语句从一个脚本文件读取或交互式地读取，它们被认为是__main__模块调用的一部分，因此它们拥有自己的全局命名空间。

从命名空间的角度看，名称绑定如果出现在模块层级的代码块中，或者是被关键字 global 声明后并被绑定的名称，则被称为全局变量。全局变量保存在全局命名空间中。在模块层级，模块代码块的变量既为项目的局部变量，又为模块内其他变量的全局变量。

如果一个变量的定义不在其被使用的代码块中，则被称为自由变量。

（3）内置命名空间

内置命名空间是 Python 解释器运行时加载的各种对象的总和，包括 BaseException 异常类型、abs()和 bin()等内置函数以及一些特殊方法，它们可在程序代码中的任何位置被调用。这些内置函数等内置对象实际上是存在于内置模块 builtins 中，我们一般不对内置对象进行修改；如果要重载，则需要执行语句 import builtins 并修改该模块中的属性。而包含内置名称的内置命名空间会在 Python 解释器启动的时候被创建，而不会被删除。实际上，一个代码块的关联内置命名空间是在其全局命名空间搜索__builtins__来被找到的。__builtins__在__main__模块中时，就是内置模块 builtins；而在其他模块中时，就是 builtins 模块的自身字典的一个别名。

相关局部变量和全局变量的示例代码如图 12-5 所示。

```
 8 def func_namespace():
 9     local_variable_1 = '局部变量-1'
10     pass
11 global_variable_1 = '全局变量-1'
12 func_namespace()
```

图 12-5　局部变量和全局变量的代码

开启 Debugger 后，Debug Control 中体现的 Locals 和 Globals 信息如图 12-6 所示。

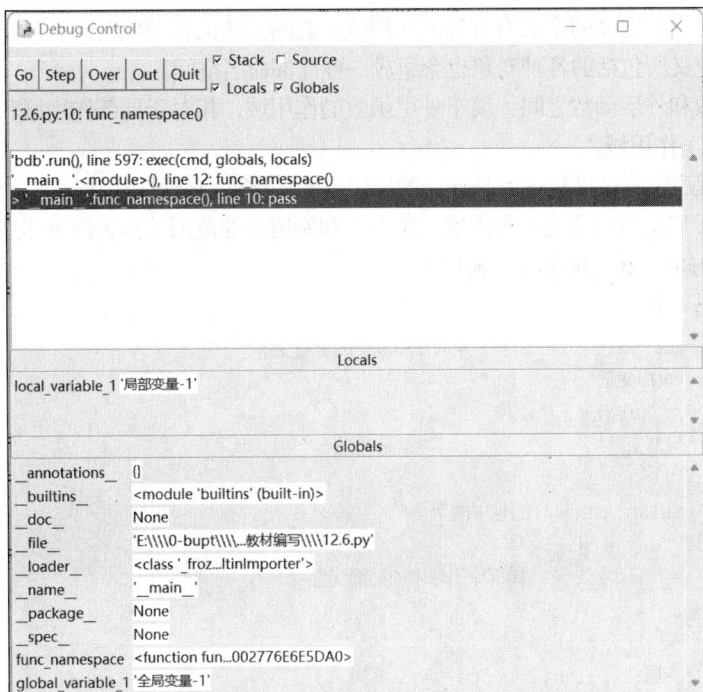

图 12-6　Debug Control 中体现的 Locals 和 Globals 信息

需要注意的是，全局变量会一直在全局命名空间中保留，而局部变量在局部变量所在的代码块执行结束后就会被释放。在局部命名空间被删除后，局部变量也随之被删除。因此，为了能同时获取局部变量和全局变量，上例先对全局名称进行绑定，再调用函数绑定局部名称，构建出同时出现的情况。而程序运行结束，局部变量也就不存在了。

3. 作用域及变量

作用域是指 Python 程序的文本区域，并且这个区域可以被一个命名空间直接访问。"直接访问"是相对于"限定访问"而言的，也就是非限定引用，其会在命名空间中查找名称，表现形式为直接出现"名称"。命名空间是内存中的空间，作用域是代码中的文本区域。作用域被静态确定（程序的文本区域），但被动态使用（命名空间，并动态解释成与具体对象的绑定关系）。可见，作用域定义了一个代码块中名称的有效范围。

Python 从里到外规定了 4 种变量的作用域——局部作用域、闭包作用域（嵌套作用域）、全局作用域及内置作用域，如图 12-7 所示。

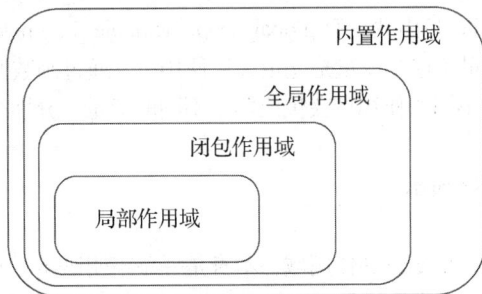

图 12-7　Python 的 4 种作用域

其中，局部作用域是函数内部的程序文本区域（函数体的代码块），属于函数自身的作用范围。函数是可以嵌套的，内层定义的函数有自身的作用域。类的方法的作用域规则和通常函数的作用域规则一样，即类的定义所包括的各种对象也会组成一种局部命名空间。

介于内层函数和外层函数之间，属于外层函数的作用域，相对于局部作用域和全局作用域被称为闭包（Enclosed）作用域。

模块文件的程序文本区域被视为是独立的作用范围，被称为全局作用域。

Python 解释器启动后加载的各种内置对象的总和所覆盖的范围被称为内置作用域。内置作用域是被 Python 定义好的，在 __builtins__ 模块中。

具体示例代码如下：

```
>>> global_scope_variable_1 = '全局作用域中的全局变量'
>>> rename = '全局变量'
>>> def out_func(arg):
    rename = '局部变量'                #名称相同
    print(arg)
    enclosed_variable_1 = '闭包中的变量'
    def inline_func(arg1):
        local_variable_1 = '局部作用域中的局部变量-1'
        print(arg1)
        print(local_variable_1)
        print('内联: ',global_scope_variable_1)
        print('内联: ',enclosed_variable_1)
    inline_func('内部函数调用的实参')
    print(enclosed_variable_1)
    print(rename)


>>> out_func('实参传递')
实参传递
内部函数调用的实参
局部作用域中的局部变量-1
内联: 全局作用域中的全局变量
内联: 闭包中的变量
闭包中的变量
局部变量
>>> print(rename)
全局变量
```

上例中处于全局作用域中的变量有 global_scope_variable_1、rename、out_func；处于闭包作用域（函数 out_func()的局部作用域）中的变量有 arg、rename、enclosed_variable_1；处于局部作用域中的变量有 local_variable_1、arg1；自由变量有 global_scope_variable_1、enclosed_variable_1。

注意：函数也是一种变量（这个变量是先定义后使用——通过函数调用使用函数变量）。虽然 rename 名称一样，但是基于不同的作用域会生成两个不同的变量，分别存于全局命名空间和局部命名空间中。

上例作用域示意如图 12-8 所示。

（1）global

关键字 global 用于改变一个变量的作用域，本身是一条声明语句，并且把当前的代码按代码块的方式进行保存，语法结构相对比较简单，后面直接加一个或多个标识符。具体语法如下：

```
global_stmt ::= "global" identifier ("," identifier)*
```

```
                global_scope_variable_1 ='全局作用域中的全局变量'
                rename ='全局变量'
                def out_func(arg):
                    rename ='局部变量'                    #名称相同
                    print(arg)
                    enclosed_variable_1 ='闭包中的变量'
                    def inline_func(arg1):
                        local_variable_1 ='局部作用域中的局部变量-1'
                        print(arg1)
                        print(local_variable_1)
                        print('内联: ',global_scope_variable_1)
                        print('内联: ',enclosed_variable_1)
                    inline_func('内部函数调用的实参')
                    print(enclosed_variable_1)
                    print(rename)
                out_func('实参传递')
                print(rename)
```

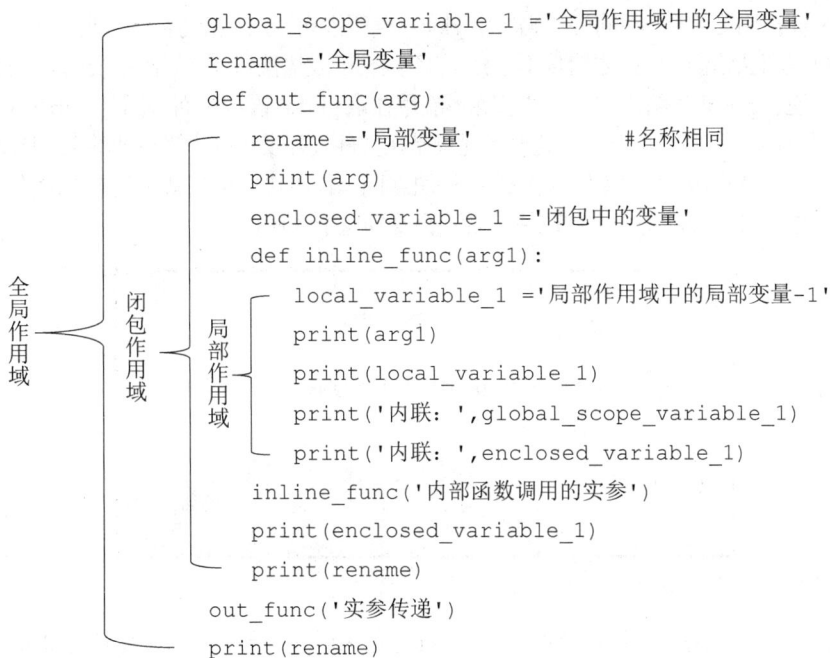

图 12-8　上例作用域示意

也就是说，被 global 声明的名称被解释为全局变量，作用域就是所在模块覆盖的范围。如果没有 global 声明，一个变量的作用域范围就不能改变，原本非全局的变量不能引用到一个全局变量。但是自由变量的情况比较特殊，即没有使用 global 声明也可引用到全局变量。使用自由变量时需要注意的是不能使用绑定操作，否则就会产生一个局部变量，而使用 global 声明的变量就不会受到这个操作类型的限制。global 语句一般出现在局部或闭包作用域中（出现在全局作用域中不会触发语法错误，但也没有任何附加作用），用来声明特定变量存于全局作用域中，且此名称在全局或局部作用域中都可被重新绑定。如果一个名称（标识符）被声明为全局变量，则所有引用和赋值将直接指向包含该模块的全局名称的中间作用域（此时可能是全局作用域调用的模块的全局作用域）。具体示例代码如下：

```
>>> def o_f():
    global i     <--------只能声明，不能赋值，此时 i 还不存在
    i_i = 'o_f_i_i'
    def i_f():
        global i_i
        print(i)
        print(i_i)
    i_f()
    i = 5        <-------赋值后 i 存在于全局命名空间中
    print(i)

>>> i = 9
>>> i_i = 'i_i'
>>> o_f()
9
i_i
5
```

对于 global 声明的名称，在同一代码块中 global 声明语句之前，相同名称不能进行绑定操作（其他操作也会触发语法错误，但具体信息不一样），否则会触发语法错误，具体错误提示信息如图 12-9 所示。也就是说，global 声明语句列出的名称不能用在该 global 语句前面的同一代码块中（上例中，i_i 在不同的代码块中，因此可以）。这种情况只是在文件式开发环境中进行的约束，因为在文件式开发环境中，一个作用域内的代码就是一个代码块，同一代码块的情况就受到上面的约束；而在交互式开发环境中，每一句就是一个代码块，就不会受到这个约束。

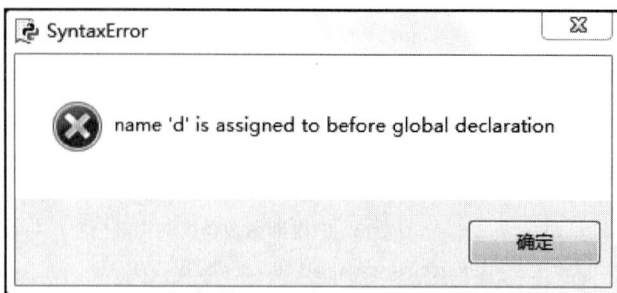

图 12-9　global 声明的名称在声明之前进行了绑定操作提示的错误信息

global 语句与同一代码块中名称绑定具有相同的作用域。如果一个自由变量的最近闭包作用域中有一条 global 声明语句，则该自由变量会被当作全局变量。相关示例代码如下：

```
>>> def o_f_g():
    global g_i
    g_i = 5
    def in_f():
        print('自由变量：',g_i)      #自由变量g_i也是全局变量
    in_f()

>>> o_f_g()
自由变量： 5
>>> print('自由变量g_i也被当作全局变量： ',g_i)
自由变量g_i也被当作全局变量： 5
```

被 global 声明的各个名称不能被定义为形参、for 循环的控制目标、类、函数、导入表达式或者是变量注释。CPython 目前还没有强制对此进行约束，但是建议程序不要滥用这个"自由"，因为 CPython 可能会在某一天把这个限制实施了，程序的含义就可能被默默地修改了。

基于 global 的全局性，在任意函数体中都可使用，这样多个函数同时对一个名称进行声明就可能导致这个名称最后绑定值的不确定性和易混淆性。所以需要谨慎使用变量的共享，特别是在多线程调用中变量的共享是不安全的。

（2）nonlocal

如果一个变量既不是局部变量也不是全局变量，但在最内层的局部作用域中绑定，则此时要用到 nonlocal 语句，其具体语法如下：

```
nonlocal_stmt ::= "nonlocal" identifier ("," identifier)*
```

nonlocal 声明为非局部变量，此声明一般出现在具有闭包作用域的局部作用域之中。nonlocal 声明语句表明特定变量生存于外层作用域中，并且在闭包作用域和局部作用域中都可被重新绑定。nonlocal 语句使列出的标识符引用最近的封闭范围（不包括全局变量）中以前绑定的相同标识符。这一点强调，绑定的默认行为是首先搜索局部命名空间。该声明语句允许封装的代码将名称重新绑定到全局（模块）和局部范围之外的作用域范围中的对象上。

如果没有使用 nonlocal 声明为非局部变量，这些闭包作用域中的变量在局部作用域中将是只读的——这样的变量也被称为自由变量（尝试写入这样的变量只会在最内层作用域中创建一个新的局部变量，而同名的外部变量保持不变）。这个特性表现出的作用和 global 声明的语句的作用一样，只是改变的作用域的范围不一样。具体示例代码如下：

```
>>> def o_f1():
    nonlocal_v_1 = '闭包变量'
    def i_f1():
        nonlocal nonlocal_v_1
        nonlocal_v_1 = '局部赋值'
        print('in:', nonlocal_v_1)
    i_f1()
    print('out:', nonlocal_v_1)


>>> o_f1()
in: 局部赋值
out: 局部赋值
```

注意：与 global 语句中列出的名称不同，nonlocal 语句中列出的名称必须引用闭包作用域（也就是不能是全局作用域）中预先存在的绑定。如果完全是一个新绑定，则被创建的作用域将是不明确的，特别是在多级嵌套的情况下，更容易出现混淆。因此，闭包作用域中必须有预先绑定，才能使用 nonlocal 声明语句。nonlocal 语句中列出的名称不得与局部作用域中预先存在的绑定冲突，即强调先绑定的名称不能使用 nonlocal 声明语句。相关示例代码如下：

```
>>> def o_f4():
    nonlocal_v_2 = '闭包变量'        #没有此定义，就不知道是哪个闭包作用域了
    def i_f2():
        def i_i_f2():
            nonlocal nonlocal_v_2 #局部作用域内此语句前此名称不能有绑定操作
            print('i_i_f2: ', nonlocal_v_2)
            nonlocal_v_2 = 'iif2 的非局部赋值'
        i_i_f2()
        print('i_f2: ', nonlocal_v_2)
    i_f2()
    print('o_f2: ', nonlocal_v_2)


>>> o_f4()
i_i_f2: 闭包变量
i_f2: iif2 的非局部赋值
o_f2: iif2 的非局部赋值
```

nonlocal 语句指明了名称的作用域与语句 "nonlocal_v_2 = '闭包变量'" 的作用域一样，所以中间层级的函数 i_f2() 才可调用变量 nonlocal_v_2。本例只是为了演示，一般不嵌套这么多层，能改成函数调用的就改写成函数调用的方式书写代码。

nonlocal 语句会使声明的所有名称指向之前在最近的函数闭包作用域中绑定的变量。如果指定名称不存在于任何函数闭包作用域中，则将在编译时触发 SyntaxError，所以不能修饰全局作用域的变量。

nonlocal 声明语句的作用可使用函数参数传递的方式来替换，即把外层函数的变量作为内层函数形参的默认值，传递给内层变量或操作。这里函数参数默认值有一个细节，就是 Python 的作用域是词法作用域。

（3）函数的定义范围

函数可以定义在任何作用域的文本中，但需要注意循环中断关键字 break 和 continue 在语法上只

会出现于 for 或 while 循环所嵌套的代码中，而不会出现于该循环内部的函数或类定义所嵌套的代码中。同时，for 或 while 循环不会生成独立的作用域，其嵌套代码中定义的变量就可以在循环外使用。具体示例代码如下：

```
>>> #示例代码一
>>> f_list = [lambda x:i * x for i in range(4)]
>>> for f in f_list:
    #输出函数的自由变量、自由变量的值及函数调用的值
    print(f.__code__.co_freevars,f.__closure__[0].cell_contents)
    print(f(2))

('i',) 3
6
('i',) 3
6
('i',) 3
6
('i',) 3
6
```

下面从自由变量、作用域几个方面分析示例代码一中出现的情况。首先，把上面交互式开发环境中的代码放到文件式开发环境中去执行，然后调成 Debugger 模式对上述的解释过程进行分析；当执行到列表推导式时，Python 会在局部命名空间中生成一个 range 迭代器对象，然后会重复 4 次，每次 i 的值都会变化，最后返回 None，列表推导式执行结束；接着执行循环语句头，获取列表中的一个函数对象；进入循环体输出函数的自由变量和自由变量的值，分别为('i',)和 3；表现的是一条输出语句，但是 Python 会先操作 print()的参数，然后输出，因此会先执行调用函数操作 f(2)，从 Debug Control 的跟踪可以看到程序执行到此后，又会调用列表推导式行的语句中的匿名函数，在局部作用域中显示变量 x 为 2、i 为 3，执行后输出 6；其他循环以此类推，直到循环结束。从上述的过程可以看出，以推导式的方式创建列表会按函数的方式进行列表创建；此情况下 i 是一个自由变量，而生成的匿名函数的函数体一样具有一个局部作用域，但局部作用域中只有函数被调用时才会执行 i * x 的计算，此时 i 早已被迭代成 3，因此输出就为 3 * x 的值。

```
>>> #示例代码二
f_list_0 = []
>>> for i in range(4):
    f_list_0.append(lambda x : i * x)

>>> for f1 in f_list_0:
    #输出函数的自由变量及函数调用的值
    print(f1.__code__.co_freevars, f1(2))

() 6
() 6
() 6
() 6
```

示例代码二不是使用推导式的方式创建函数列表，但也存在示例代码一中的情况。列表中生成的匿名函数的存储也只是存储函数对象的引用，此时还没有进行具体的计算。但是当循环结束后，i 的值就被固定了，所有对名称 i 的引用都会指向其最后一个值 3，因此调用函数时，i 的值都是 3，x 都是 2，所有的结果都是 6，此时匿名函数并没有自由变量。我们可通过示例代码三的方式解决上面的问题，具体代码如下：

```
>>> #示例代码三
#匿名函数的一个形参具有默认值
f_list_1 = [lambda x,j = i: j * x for i in range(4)]
>>> for f2 in f_list_1:
    #此时不存在自由变量了
    print(f2.__code__.co_freevars,f2(2))


() 0
() 2
() 4
() 6
```

4. 名称的解析

每个在程序文本中出现的名称是指由本部分名称解析规则所建立的对该名称的绑定。出现一个名称后，Python 会按变量的搜索规则对变量进行解析。

（1）变量的搜索规则

变量的搜索规则：首先，搜索的是最里层的局部作用域，包含局部作用域中的变量；其次，从最近的闭包作用域开始搜索任何函数的闭包作用域，包含非局部变量和非全局变量；再次，搜索全局作用域，包含当前模块的全局变量；最后，搜索最外层的内置作用域，包含内置名称的命名空间中的各种内置变量。对于内置作用域，主要通过 Python 自行进行搜索，也可通过导入模块 builtins 进行查看。

需要注意的是，作用域是按静态文本来确定的，即在一个模块内定义的函数的全局作用域就是该模块的命名空间，无论该函数从什么地方或以什么别名被调用。实际的名称搜索是在运行时动态完成的。Python 正在朝着"编译时静态名称解析"的方向发展，不要过于依赖动态名称解析。事实上，局部变量已经被静态确定了。

（2）代码块

如果代码块中定义了一个局部变量，则其作用域包含该代码块。如果定义发生于函数代码块中，则其作用域会扩展到该函数所包含的任何代码块，除非有某个被包含的代码块引入了对该名称的不同绑定。具体的示例代码如下：

```
>>> def o_f_解析():
    if x:
        x = '局部变量'
    print(x)


>>> x = '全局值'
>>> o_f_解析()
Traceback (most recent call last):
  File "<pyshell#81>", line 1, in <module>
    o_f_解析()
  File "<pyshell#79>", line 2, in o_f_解析
    if x:
UnboundLocalError: local variable 'x' referenced before assignment
```

上面的示例中出现的错误与函数的局部作用域相关。在此示例中，Python 会把函数体的代码块整体进行处理，发现变量 x 在代码块中有绑定操作（第三行语句），那么就把 x 认为是一个局部变量，即使还没有执行到这个具体的绑定操作。这就是"先对函数块整体解析，然后执行"的思路，并且名称在没有绑定之前就按变量去使用，会触发上述的错误。

具体说明如下：当一个名称完全找不到时，将会触发 NameError 异常。如果当前作用域为函数作用域，且该名称指向一个局部变量，而此变量在该名称被使用的时候尚未绑定到特定值，将会触发 UnboundLocalError 异常。UnboundLocalError 为 NameError 的一个子类。如果上例按照自由变量

理解，那么就必须在函数内对变量 x 进行 global 声明。但对于函数声明和调用，就需要注意以下示例代码的使用情况。

```
>>> v_1 = '全局变量的值'
>>> def f1_def():
    v_1 = 'f1 中的 v_1 变量的值'
    f2_def()
    print('f1 中的 v_1 变量的值: ',v_1)

>>> def f2_def():
    print('f2 中的 v_1 变量的值: ',v_1)

>>> f1_def()   <------------此时才开始对函数体进行解析
f2 中的 v_1 变量的值: 全局变量的值
f1 中的 v_1 变量的值: f1 中的 v_1 变量的值
>>> print('模块中 v_1 变量的值: ',v_1)
模块中 v_1 变量的值: 全局变量的值
```

可见，定义函数不会对函数体中的变量进行解析，实际解析是在函数调用时，这样上例就不会发生错误（f2_def()函数定义发生在 f1_def()函数调用之后）。同时，模块中的 f1_def()函数调用要在 f2_def()函数的定义后，这样就不会报错，否则触发 NameError。

代码块作为 Python 程序的一个整体，是 Python 解释执行的基本单位。在交互式开发环境中，我们还需注意下面的示例代码。

```
>>> block_v_1,block_v_2 = 20000,20000     <--------①此部分等同于分别赋值
>>> block_v_1 == block_v_2
True
>>> block_v_1 is block_v_2
False
>>> block_v_3 = 20000;block_v_4 = 20000  <--------②部分等同于一个代码块
>>> block_v_3 is block_v_4
True
```

上述代码中①、②部分以及箭头都不是代码内容。①部分相当于 block_v_1 = 20000 和 block_v_2 = 20000，在交互式开发环境中相当于两个代码块；②部分是一个代码块。

block_v_1 和 block_v_2 指向了两个地址不同的 20000 数值对象，这是因为 Python 是按两条赋值语句执行的。block_v_1 = 20000 执行后，Python 就忘记了 20000 这个对象，在执行第二个语句 block_v_2 = 20000 时又创建了一个新的 20000 对象。因此，两个名称指向的地址不同，被认为不是一个成员。而②部分的代码是作为一个整体的代码块被加载，经 Python 分析存在相同的值 20000，故创建了一个对象，这样两个名称都指向这个对象。下面示例的代码是同一个道理。

```
>>> if True: block_v_5 = 20000;block_v_6 = 20000  <--------③部分

>>> block_v_5 is block_v_6
True
>>> if True:   <--------④部分
block_v_7 = 20000
block_v_8 = 20000

>>> block_v_7 is block_v_8
True
>>> block_v_9 = 20000   <--------⑤部分，每句话是独立的一个代码块
>>> block_v_10 = 20000
>>> print("block_v_9 is block_v_10: ",block_v_9 is block_v_10)
```

```
block_v_9 is block_v_10: False
>>> block_v_1 is block_v_9
False
```

在文件式开发环境中，除了①部分返回 False 外，其他 4 部分都是 True（都在同一代码块中被解析，同一代码块中的对象是被存储的）。

示例代码如下：

```
>>> block_v_11, block_v_12 = 256,256
>>> block_v_11 is block_v_12
True
```

上面情况是因为 Python 解释器启动时，已在内存中预存了常用的整数值（−5~256）对象，Python 认为这些小的整数值对象是比较频繁使用的（有些 Python 自己已经用了，如 True 和 False——0 和 1 等）。所以这个范围的整数值对象都是直接引用的，而不是新创建的对象，即执行 is 测试都会返回 True。甚至这些小的整数值对象可以跨作用域，如以下的示例代码所示。

```
>>> min_num = 5
>>> def out_func_min():
    x = 5
    print("min_num is x: ",min_num is x)

>>> out_func_min()
min_num is x: True
```

总之，一个名称绑定操作无论发生在代码块内的哪个位置，代码块内对该名称的所有使用都会被认为是对当前代码块的引用。当一个名称在其被绑定前就在代码块内被使用时，则会触发错误。Python 缺少声明语法，并允许名称绑定操作发生于代码块内的任何位置。一个代码块的局部变量可通过在整个代码块文本中扫描名称绑定操作来确定。所以是否使用自由变量、局部变量还是全局变量，都需要提前确定好，否则在局部作用域中名称进行绑定操作后就变为局部变量了。

（3）环境

当一个名称在代码块中被使用时，会由包含它的最近的作用域来解析。一个代码块可见的所有这种作用域的集合，称为该代码块的环境。可见，环境是由代码块中所使用的名称决定的。

当前局部作用域一般引用当前函数的局部名称。而函数以外，局部作用域将引用与全局作用域相一致的命名空间——模块（全局）命名空间。

Python 的规定：如果不存在有效的 global 或 nonlocal 声明语句，则对名称的赋值总是会进入最内层作用域。赋值不会复制数据，它们只是将名称绑定到对象，实现对对象的引用。删除的原理也是如此，语句 delx 会从局部作用域所引用的命名空间中移除对 x 的绑定。事实上，所有引入新名称的操作都使用局部作用域；特别地，import 语句和函数定义会在局部作用域中绑定模块或函数名称。

如果 global 语句出现在一个代码块中，则所有对该语句所指定名称的使用都是在最高层级命名空间内对该名称绑定的引用。名称在最高层级命名空间内的解析，是通过全局命名空间（也就是包含该代码块的模块的命名空间）以及内置命名空间（即 builtins 模块的命名空间）来进行的。全局命名空间会先被搜索，如果未在其中找到指定名称，再搜索内置命名空间。在 global 语句所在代码块内，global 语句必须位于所有对其所指定名称的使用之前。

模块的全局作用域会在模块第一次被导入时自动创建。一个脚本的主模块总是被命名为 __main__，它也是顶层代码执行时的作用域的名称。模块的 __name__ 属性在通过标准输入、脚本文件或是交互式命令读入时会等于 __main__。

5．与动态特性的交互

与动态特性的交互是指自由变量在编译时并不会对名称进行解析，只有运行时才会对名称进行解析。例如（运行结果输出最后一次赋值的值）：

```
>>> dynamic_f_str = '第一次名称绑定'        #变量的定义
>>> def func_dynamic():
    print(dynamic_f_str)                #自由变量的使用

>>> dynamic_f_str = '重新进行名称绑定'      #名称的重新赋值
>>> func_dynamic()
重新进行名称绑定
```

需要注意的是，自由变量的解析是在全局命名空间或局部命名空间中，而不是在最接近的闭包命名空间中。例如：

```
>>> def func_dynamic():
    def inline_enclose():
        dynamic_f_str = ''              #自由变量不会查找最近闭包中的值

    def inline_func():
        print(dynamic_f_str)            #自由变量的使用
    inline_enclose()
    print(dynamic_f_str)
    inline_func()

>>> dynamic_f_str = '自由变量的解析是在全局命名空间中'
>>> func_dynamic()
自由变量的解析是在全局命名空间中
自由变量的解析是在全局命名空间中
```

eval()和exec()两个函数没有权限去访问整个环境，只能在局部命名空间和全局命名空间中对名称进行解析。两个函数的形式分别是 eval(expression[, globals[, locals]])和 exec(object[, globals[, locals]])。exec()和eval()都有可选位置参数用来重载全局命名空间和局部命名空间。如果只指定一个 globals 命名空间，它必须是字典类型，否则它会同时作用于全局变量和局部变量。

6．命名空间和作用域案例

下面示例代码演示命名空间和作用域之间的简单关系，以及关键字 global 和 nonlocal 声明语句对名称的作用。

```
>>> def 作用域_测试():
    def do_局部():
        标识符 = "局部 标识符"

    def do_非局部():
        nonlocal 标识符
        标识符 = "非局部 标识符"

    def do_全局():
        global 标识符
        标识符 = "全局 标识符"

    标识符 = "测试 名称"
    do_局部()
    print("在局部赋值语句后: ", 标识符)
    do_非局部()
    print("在非局部赋值语句后: ", 标识符)
    do_全局()
```

```
    print("在全局赋值语句后：", 标识符)
```

>>> 作用域_测试()
在局部赋值语句后：测试 名称
在非局部赋值语句后：非局部 标识符
在全局赋值语句后：非局部 标识符
>>> print("在全局作用域中：", 标识符)
在全局作用域中：全局 标识符

在局部作用域中，赋值（这是默认状态）不会改变函数"作用域_测试"对"标识符"的绑定。nonlocal 赋值会改变函数"作用域_测试"对"标识符"的绑定，而 global 赋值会改变模块层级的绑定。在 global 声明赋值之前，可以不进行全局化"标识符"的绑定。

12.7 函数的特殊属性

函数具有一定特殊属性，用于指定函数对象的一些通用含义，具体如表 12-4 所示。

表 12-4　函数的特殊属性

属性名称	含义	支持状态
__doc__	该函数的文档字符串。没有则为 None；不会被子类继承	可写
__name__	该函数的名称	可写
__qualname__	该函数的 qualified name。Python 3.3 版本新增功能	可写
__module__	该函数所属模块的名称。没有则为 None	可写
__defaults__	由具有默认值的参数的默认参数的值组成的元组，如无任何参数具有默认值则为 None	可写
__code__	表示编译后的函数体的代码对象	可写
__globals__	对存放该函数中全局变量的字典的引用——函数所属模块的全局命名空间	只读
__dict__	命名空间支持的函数属性	可写
__closure__	None 或包含该函数可用变量的绑定的单元的元组（cell_contents）。有关 cell_contents 属性的详情见下文	只读
__annotations__	包含参数标注的字典。字典的键是参数名，如存在返回标注则键为"return"	可写
__kwdefaults__	仅包含关键字参数默认值的字典	可写

大部分标有"可写"的属性均会检查赋值的类型。

函数对象也支持获取和设置任意属性，这一点可以被用来给函数附加元数据，使用正规的属性点号标注获取和设置此类属性。注意当前实现仅支持用户定义函数属性，未来可能会增加支持内置函数属性。

单元对象具有 cell_contents 属性，这一点可被用来获取和设置单元的值。

有关函数定义的额外信息，可以从其代码对象中提取。

12.8 习题

1．基础题

（1）简述函数的主要作用和使用方法。

（2）简述代码块的主要作用和执行逻辑。

函数小结

（3）自定义函数都包含哪几个部分以及各自的含义是什么？

（4）简述函数名的规则。

（5）简述形参的几种形式及其含义。

（6）简述文档字符串的作用。

（7）简述返回标注的作用。

（8）简述函数的调用方法和参数传递。

（9）举例说明函数的特殊属性的含义和用法。

（10）名称（标识符）用于代表一个对象，它是通过名称的"绑定"操作同时实现定义和引入的，Python 提供了哪些"绑定"操作？

（11）简述命名空间及其分类。

（12）简述作用域及其分类。

（13）下面语句的输出是什么？

语句一：

```
>>> def starargs_show(p1, p2 = 3, *args, kw1=5, kw2, **kwargs,):
    print('p1:',p1,', p2: ',p2)
    print('args:',args)
    print('kw1:',kw1,',kw2:',kw2)
    print('kwargs: ',kwargs)

>>> starargs_show(2,3,kw1=5,kw2=4)
```

语句二：

```
>>> def return_annotation()->"返回标注演示":
    print(return_annotation.__annotations__)

>>> return_annotation()
```

语句三：

```
>>> dynamic_f_str = '第一次名称绑定'          #变量的定义
>>> def func_dynamic():
    print(dynamic_f_str)                      #自由变量的使用

>>> dynamic_f_str = '重新进行名称绑定'         #名称的重新赋值
>>> func_dynamic()
```

利用递归函数的形式实现阶乘函数。

2．综合题

（1）定义一个计算长方形周长和面积的函数。

（2）for 循环的语句头是否会实现变量名称的绑定？请举例说明。

（3）函数定义如下：

```
@f1(arg)
@f2
def func(): pass
```

上面装饰器函数大致等价于什么？

（4）下面语句的输出是什么？

语句一：

```
>>> def func_a():
    def func_inline():
```

```
        print("内嵌函数")
    print('外层函数开始')
    func_inline()
    print('外层函数结束')

>>> func_a()
```
语句二:
```
>>> tuple_lambda = (1.2,3,4,5,6,7)
>>> list(filter(lambda x : x >5,tuple_lambda))
```
语句三:
```
>>> x_com_5 = lambda x : x >5              #匿名函数也可以赋值给其他名称
>>> list(filter(x_com_5,tuple_lambda))     #过滤效果同上个式子一样
```
语句四:
```
>>> def 作用域_测试():
    def do_局部():
        标识符 = "局部 标识符"

    def do_非局部():
        nonlocal 标识符
        标识符 = "非局部 标识符"

    def do_全局():
        global 标识符
        标识符 = "全局 标识符"

    标识符 = "测试 名称"
    do_局部()
    print("在局部赋值语句后: ", 标识符)
    do_非局部()
    print("在非局部赋值语句后: ", 标识符)
    do_全局()
    print("在全局赋值语句后: ", 标识符)

>>> 作用域_测试()
```
语句五:
```
>>> block_v_1,block_v_2 = 20000,20000     <--------此部分等同于分别赋值
>>> block_v_1 is block_v_2
```
语句六:
```
>>> min_num = 5
>>> def out_func_min():
    x = 5
    print("min_num is x: ",min_num is x)

>>> out_func_min()
```
3. 扩展题

Python 函数的返回语句后面是否可以有其他可执行语句？这些可执行语句是否可以被执行？请举例说明。

第**13**章 集合及其操作

集合类型是 Python 常用的内置数据类型之一，它是一种元素之间没有顺序且包含的元素不能重复的序列类型（无序不重复序列类型），主要是基于但不同于数学中的集合进行设计和实现的。集合类型主要用于成员检测、从序列中去除重复项以及数学中的集合（如交集、并集、差集与对称差集等）计算等。

本章主要讲解 Python 提供的两种内置集合类型——set（可变集合类型）和 frozenset（不可变集合类型），具体讲解集合的创建方法、集合相关的操作和运算，还介绍集合的相等关系比较，集合与内置函数 len(s)、zip()、map()、filter()、enumerate()，集合使用的相关案例等。本章词云图如图 13-1所示。

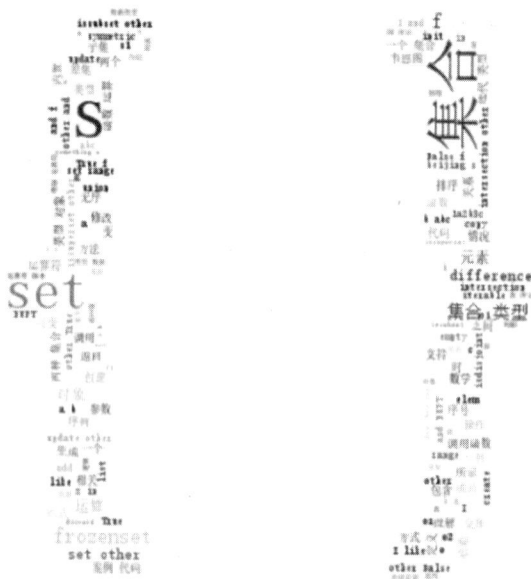

图 13-1　本章词云图

13.1 集合类型

Python 集合对象是由具有唯一性的对象组成的无序多项集。其中唯一性主要是指集合类型中的元素对象必须是可散列的，一般不可变类型的对象（包括 str、int、float 等类型）具备这一特性。一个对象的散列值如果在其生命周期内

集合及其操作（1）

绝不改变（即对象的不可变性），则称该对象是可散列的。Python 大部分不可变类型的对象都是可散列的，而元组类型也是不可变的序列数据类型，但其实例对象是否可散列则由元组中的元素类型决定，只有元组中的元素对象都是可散列的，它才是可散列的。

1．两种集合类型概述

（1）set 集合类型

内置集合类型之一 set，用大括号{}作为定位符，元素之间用逗号分隔。也就是说，用大括号{}括起来的且用逗号分隔的数据会被 Python 认为是集合类型数据，该类型是一种可变、无序、元素不重复的序列数据类型。{}定位符除了应用于集合类型，还应用于其他类型——字典（详见第 14 章）。

set 集合类型的可变性决定了它没有散列值，且不能作为另一个 set 对象的元素。

set 集合类型数据的基本形式：set()、{'a', }、{True, 'b',3.14}、{'a',1,(True, 'b',3.14)}等都是合法的 set 集合类型数据。{['c']}是不合法的，因为列表类型是可变的，不可散列，这样定义会触发 TypeError。Python 的集合类型基于数学中的集合运算，但也不完全等同于数学中的集合概念。这里的集合不但包含数字类型元素，还可把字符串、元组等可散列的数据类型作为集合的元素。

（2）frozenset 集合类型

内置集合类型之二 frozenset，它是对 set 集合类型的封装，用以限制可变性。

frozenset 集合类型是不可变、无序、不重复的序列类型。它被创建后不能被更改，是可散列的，且所构建的数据对象可作为其他 frozenset 集合类型或 set 集合类型的元素。

frozenset 集合类型数据的基本形式：frozenset(set())、frozenset({'a', })、frozenset({True, 'b',3.14})、frozenset({'a',1,(True, 'b',3.14)})等都是合法的 frozenset 集合类型数据。frozenset({['c']})是不合法的，因为列表类型是可变的，不可散列，这样定义会触发 TypeError。

由于集合本身是无序的，不会记录元素之间的相对位置关系，即不记录元素插入的顺序，因此无论哪种集合类型，都不支持索引、切片或其他序列的操作。

2．创建集合类型对象

Python 提供了多种方式创建集合，创建后的集合类型对象可以赋值给变量或直接使用。

（1）set 集合类型的创建

使用大括号进行集合类型数据的创建，如{ 'a',1, 'c' }、{True, 'b',3.14 }、{ 'a', }等，其中数据元素以逗号分隔的方式创建。这种以逗号分隔的元素列表被包含在大括号之内的创建方式不能创建空 set 集合对象。具体的多个元素之间必须用逗号分隔，但是元素和定位分隔符之间有没有逗号都可以。创建方式如下。

① 使用集合推导式的方式创建集合数据，如{x for x in ['a','c']}。

② 使用内置构造函数 set()创建空 set 集合。

③ 使用内置构造函数 set(iterable)形式创建 set 集合类型。iterable 强调的是可迭代的数据类型，返回一个新的 set 对象，即这个构造函数会创建一个包含来自 iterable 的元素的 set 集合对象。其中，iterable 可以是序列（字符串、只含有可散列元素的元组等），但其中产生的元素对象必须是可散列的；没有指定 iterable 时，返回空。iterable 本身不能是 set 集合类型，因为 set 集合类型是不可散列的。

具体创建 set 集合类型数据的示例代码如下：

```
>>> set_create_01 = {0,2,5,1,5}
>>> set_create_02 = {0,2,5,1}
>>> set_create_03 = {0,2,5, set_create_01 == set_create_02}
>>> set_create_04 = {'I like Python! ', 'Me too! ', 5, 3.14, ("t","uple")}
>>> set_create_05 = {b'0', b'bytes', 'bytes', bytes('课程', encoding = 'UTF-8')}
```

```
>>> set_create_06 = {1+2j, 0J}
>>> set_create_01
{0, 1, 2, 5}
>>> set_create_02
{0, 1, 2, 5}
>>> set_create_03
{0, True, 2, 5}
>>> set_create_04
{3.14, 5, 'Me too! ', 'I like Python! ', ('t', 'uple')}
>>> set_create_05
{b'0', b'bytes', 'bytes', b'\xe8\xaf\xbe\xe7\xa8\x8b'}
>>> set_create_06
{0j, (1+2j)}
>>> set_create_07 = set([1, 'abc',1+2j, 0J])
>>> set_create_08 = set({1+2j, 0J})          #这种情况属于需要确认序列中元素是否可散列

>>> set_create_09 = {0,2,set_create_02,1} #这种方式是错误的，set 不可散列
Traceback (most recent call last):
  File "<pyshell#44>", line 1, in <module>
    set_create_09 = {0,2,set_create_02,1} #这种方式是错误的，set 不可散列
TypeError: unhashable type: 'set'
>>> set_create_10 = set(set_create_02)     #这种同上，判断的是序列中元素是否可散列
>>> set_create_07
{0j, 1, 'abc', (1+2j)}
>>> set_create_08
{0j, (1+2j)}
>>> set_create_10
{0, 1, 2, 5}
>>> set_create_11 = set(range(5))
>>> set_create_12 = {x for x in ['a', 'c']}
>>> set_create_13 = {x for x in 'I like Python! ' if x not in ' ! ' }
>>> set_create_11
{0, 1, 2, 3, 4}
>>> set_create_12
{'c', 'a'}
>>> set_create_13
{'e', 'P', 'l', 'I', 'n', 'o', 'y', 't', 'i', 'k', 'h'}
```

（2）frozenset 集合类型的创建

创建方式如下。

① 使用内置构造函数 frozenset()创建空 frozenset 集合。

② 使用内置构造函数 frozenset(iterable)形式创建 frozenset 集合类型。iterable 强调的是可迭代的数据类型，返回一个新的 frozenset 集合对象，其中 iterable 返回的元素必须是可散列的；没有指定 iterable 时，返回空。

具体创建 frozenset 集合类型数据的示例代码如下：

```
>>> frozenset_c_1 = frozenset()
>>> frozenset_c_2 = frozenset('字符串类型')
>>> frozenset_c_3 = frozenset(b'hello world! ')
>>> frozenset_c_4 = frozenset (['I like Python!', 'Me too!', 5, 3.14, ("t","uple')])
>>> frozenset_c_5 = frozenset ((0,2,5, set_create_01 == set_create_02))
>>> frozenset_c_6 = frozenset(set_create_03)   #只要其中的元素是可散列的就不会报错
```

```
>>> frozenset_c_1
frozenset()
>>> frozenset_c_2
frozenset({'字', '串', '类', '型', '符'})
>>> frozenset_c_3
frozenset({32, 33, 100, 101, 104, 108, 111, 114, 119})
>>> frozenset_c_4
frozenset({3.14, 'I like Python! ', 5, ('t', 'uple'), 'Me too! '})
>>> frozenset_c_5
frozenset({0, True, 2, 5})
>>> frozenset_c_6
frozenset({0, True, 2, 5})
```

可以看出，如果要表示由集合对象作为元素构成的一个集合，所有的作为元素的集合必须为 frozenset 集合对象。具体创建的示例代码如下：

```
>>> set_s_1 = {frozenset_c_1, frozenset_c_2, frozenset_c_3}
>>> set_s_1
{frozenset(), frozenset({'字', '串', '类', '型', '符'}), frozenset({32, 33, 100, 101, 104,
108, 111, 114, 119})}
```

下文没有特殊强调的运算或者操作都是支持两种集合类型的。有些操作只是适合其中一种集合类型，因为 set 是可变集合类型，frozenset 是不可变集合类型。总之，涉及对集合类型对象自身改变的操作或运算是不支持 frozenset 集合类型的。

13.2 集合运算及操作

集合类型除了具有倾向于计算机中各种函数功能的操作，还具有数学中集合运算的特性。本节将就这两方面集合中的函数进行讲解，而基于运算符的集合运算将在 13.3 节中介绍。

1. 集合的操作

（1）集合类型操作

基本操作函数：copy()。

实现功能：返回原集合的浅复制。

调用方式：s.copy()，也就是返回集合对象 s 的浅复制副本。

使用方式：copy_set_or_frozenset = s.copy()。

具体示例代码如下：

```
>>> copy_set_or_frozenset_1 = set_create_07.copy()
>>> copy_set_or_frozenset_2 = frozenset_c_5.copy()
>>> copy_set_or_frozenset_1
{0j, 1, 'abc', (1+2j)}
>>> copy_set_or_frozenset_2
frozenset({0, True, 2, 5})
>>> copy_set_or_frozenset_3 = frozenset_c_6.copy()
>>> copy_set_or_frozenset_3
frozenset({0, True, 2, 5})
>>> copy_set_or_frozenset_4 = set_s_1.copy()
>>> copy_set_or_frozenset_4
{frozenset(), frozenset({'字', '串', '类', '型', '符'}), frozenset({32, 33, 100, 101, 104,
108, 111, 114, 119})}
>>> type(copy_set_or_frozenset_2)
<class 'frozenset'>
```

```
>>> type(copy_set_or_frozenset_4)
<class 'set'>
```

（2）只适合 set 集合类型的操作

有些集合的操作只能用于可变集合类型 set，而不能用于不可变集合类型 frozenset。表 13-1 中的这些操作也是 set 集合类型为可变序列类型的一些特征体现。

表 13-1　set 集合类型的函数操作（可变性的体现）

序号	函数名称及基本形式	功能描述	调用或使用方式	返回值	修改对象
1	add(elem)	将元素 elem 添加到调用此函数的集合中	s.add(elem)	无	s 自身
2	remove(elem)	从调用此函数的集合中移除元素 elem。如果 elem 不存在于调用的集合中，则会触发 KeyError	s.remove(elem)		
3	discard(elem)	如果元素 elem 存在于调用此函数的集合 s 中，则将其从 s 中移除	s.discard(elem)		
4	pop()	从调用此函数的集合中移除并返回任意一个元素。如果集合为空，则会触发 KeyError	s.pop()	被移除的元素	
5	clear()	从调用此函数的集合中移除所有元素	s.clear()	无	

表 13-1 中，s 为 set 类型集合变量，elem 一般为可散列的对象。大多数情况下，当对象 elem 参数不是可散列对象时，会引发 TypeError。该表中的 5 种函数都是对象 s 自身的修改——类似的函数可以被称为自修改函数，因此，s 只能为可变集合类型 set。

上述操作"增"相关函数 add()（从数学上理解就是+元素）的示例代码如下：

```
>>> s_init_1 = set()
>>> s_init_1.add('Python')
>>> s_init_1.add('BUPT')
>>> s_init_1
{'Python', 'BUPT'}
>>> s_init_1.add('Python')  #元素已经存在，set 对象不会有任何变化，也不会报错
>>> s_init_1
{'Python', 'BUPT'}
```

上述操作"删"相关函数（从数学上理解就是-元素）的示例代码（<--及其后面的文字为代码注释，非代码内容）如下：

```
>>> elem = 'Python'
>>> if elem in s_init_1:
    s_init_1.remove(elem)
    print('元素删除成功')
else:
    print('元素', elem, '本身就不在集合中，无须删除。', sep = '')


元素删除成功
>>> s_init_1
{'BUPT'}
>>> s_init_1.add(('I', 'like' , 'Python', 'and', 'BUPT', '. '))
>>> s_init_1
{('I', 'like', 'Python', 'and', 'BUPT', '. '), 'BUPT'}
>>> s_init_1.discard('删除集合中没有的元素')  #操作不会触发任何错误
>>> s_init_1
{('I', 'like', 'Python', 'and', 'BUPT', '. '), 'BUPT'}
```

```
>>> s_init_1.discard('BUPT')
>>> s_init_1
{('I', 'like', 'Python', 'and', 'BUPT', '. ')}
>>> s_init_1.add('bupt')
>>> s_init_1.add('beijing')
>>> s_init_1
{('I', 'like', 'Python', 'and', 'BUPT', '. '), 'bupt', 'beijing'}
>>> s_init_1.pop()
('I', 'like', 'Python', 'and', 'BUPT', '. ')   <--移除和返回值
>>> s_init_1
{'bupt', 'beijing'}
>>> s_init_1.clear()
>>> s_init_1
set()
```

需要注意的是，__contains__()、remove()和 discard()的位置参数 elem 可以是一个 set 集合类型对象，即参数 elem 不是可散列类型数据时，使用上述方法进行操作会把 set 类型的 elem 转换成 frozenset 类型。具体示例代码如下：

```
>>> s_init_1.add(frozenset('beijing'))
>>> s_init_1
{frozenset({'b', 'e', 'j', 'i', 'g', 'n'}), 'bupt', 'beijing'}
>>> s_init_1.add(frozenset({'beijing'}))
>>> s_init_1
{frozenset({'b', 'e', 'j', 'i', 'g', 'n'}), frozenset({'beijing'}), 'bupt', 'beijing'}
>>> s_init_1.remove(set('beijing'))
>>> s_init_1
{frozenset({'beijing'}), 'bupt', 'beijing'}
>>> s_init_1.discard({'beijing'})
>>> s_init_1
{'bupt', 'beijing'}
```

2. 集合的运算

把可转换为各种运算符（具体对应的运算符在后面介绍）的函数归为两大类：支持两种集合类型运算的函数、只支持 set 集合类型运算的函数。

（1）支持两种集合类型运算的函数

Python 中对两种集合类型都支持的函数（主要功能可用运算符来实现）如表 13-2 所示。

表 13-2　主要功能可转换为运算符的函数（两种内置集合类型都支持）

序号	函数名称及基本形式	功能描述	返回值	数学集合含义描述（有无对应运算符）
1	isdisjoint(other)	如果调用函数的集合内没有与 other 共有的元素，则返回 True。当且仅当两个集合的交集为空集合时，二者为不相交集合	真或假	是否相交（无）
2	issubset(other)	判断是否调用函数的集合中的每个元素都在 other 之中。检测调用函数的集合是否包含于 other 或 other 产生的集合	真或假	判断包含（子集）关系（有）
3	issuperset(other)	判断是否 other 中的每个元素都在调用函数的集合之中。检测调用函数的集合是否包含 other 或 other 产生的集合	真或假	判断包含（子集）关系（有）
4	union(*others)	包含来自原集合以及由 others 生成的所有集合中的元素	新集合	求多个集合的并集（有）
5	intersection(*others)	包含原集合以及由 others 生成的所有集合中共有的元素		求多个集合的交集（有）

続表

序号	函数名称及基本形式	功能描述	返回值	数学集合含义描述（有无对应运算符）
6	difference(*others)	包含原集合中且由 others 生成的其他集合中不存在的元素	新集合	求差集（有）
7	symmetric_difference (other)	其中的元素或属于原集合，或属于 other 指定的其他集合，但不能同时属于二者		求两个集合的对称差集（有）

在这里，所有函数的基本调用或使用方式如下：f_s.isdisjoint(other)。f_s 为集合类型变量，负责调用函数；other 为另外一个集合类型对象（一般可利用 set 构造函数生成集合类型的任何可迭代类型对象，因此描述中使用了用 other 生成的集合。如果本身是集合类型就不会变化，如果是迭代类型就会生成集合类型对象），并且 f_s 和 other 可以是任意两个集合类型的对象；*others，不定长参数，表示是由 others 生成的多个集合。这些函数运算不会对调用的集合 f_s、参数集合或其他可迭代类型 other 进行修改。需要注意的是，只有 other 参数的情况必须传入参数；而不定长参数*others 调用函数时，此类参数可不传入值，此时直接返回调用的集合对象本身。这说明返回的新集合的类型和调用函数的集合对象的类型是一致的。基于上面的运算并参考集合在数学中的含义，我们把上面的 7 个函数简单归为与交集、子集、差集几个概念直接相关的分类。

交集的基本原理用韦恩图表示如图 13-2 所示。

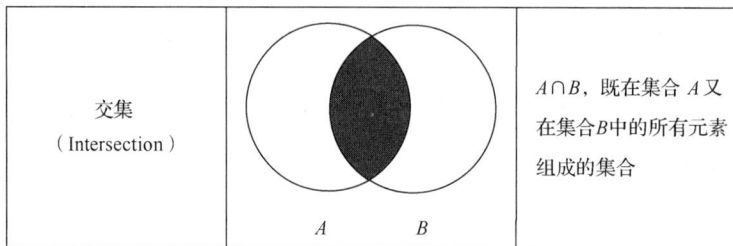

图 13-2　用韦恩图表示交集的基本原理

与交集直接相关的集合运算的具体示例代码如下：

```
>>> f_s_1 = {'I', 'like' , 'Python', 'and', 'BUPT', '. '}
>>> f_s_2 = {'I', 'like' , 'Python', '. '}
>>> other_1 = {'a'}
>>> other_2 = {'b'}
>>> set_empty_1 = set()
>>> frozenset_empty_1 = frozenset()
>>> f_s_1.isdisjoint(other_1)
True
>>> f_s_1.isdisjoint(set_empty_1)
True
>>> f_s_1.isdisjoint(frozenset_empty_1)
True
>>> f_s_1.isdisjoint(f_s_2)
False
>>> f_s_1.isdisjoint(f_s_1)
False
>>> f_s_1.isdisjoint('I like ? ')
False
```

```
>>> f_s_1.intersection(set_empty_1)
set()
>>> f_s_1.intersection(frozenset_empty_1)
set()
>>> f_s_1.intersection(f_s_1)
{'like', 'Python', 'I', 'and', 'BUPT', '. '}
>>> f_s_1.intersection(other_1)
set()
>>> f_s_1.intersection(f_s_2,other_1,other_2)
set()
>>> f_s_1.intersection(f_s_2, 'I like singing. ')
{'I', '. '}
>>> f_s_1.intersection(f_s_2,list('I like singing. '))
{'I', '. '}
>>> frozenset_empty_1.intersection(frozenset_empty_1)
frozenset()
>>> frozenset(range(3)).intersection(set(range(2)))
frozenset({0, 1})
```

扩展：f_s_1 集合 1 和 f_s_2 集合 2 的交集韦恩图如图 13-3 所示（有关画韦恩图的 Python 代码，请见相关章节的源程序脚本文件）。

f_s_1集合1：{ 'I', 'BUPT', '. ', 'and', 'Python', 'like' }
f_s_2集合2：{ 'i','.', ' ', 'I', 's','g', 'e', 'n', 'I', 'k' }

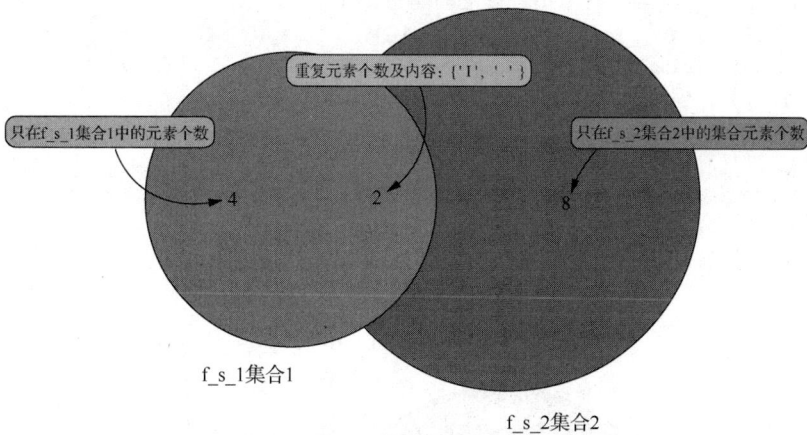

图 13-3　f_s_1 集合 1 和 f_s_2 集合 2 的交集韦恩图

与子集直接相关的集合运算的具体示例代码如下：

```
>>> f_s_1.issubset(f_s_2)
False
>>> f_s_1.issubset(set_empty_1)
False
>>> f_s_2.issubset(f_s_1)
True
>>> f_s_2.issubset(frozenset_empty_1)
False
>>> set_empty_1.issubset(f_s_1)
True
>>> f_s_1.issuperset(f_s_2)
```

```
True
>>> f_s_2.issuperset(f_s_1)
False
>>> f_s_1.issuperset(set_empty_1)
True
>>> f_s_1.issuperset(frozenset_empty_1)
True
>>> f_s_1.issuperset(('Python','love'))
False
>>> f_s_1.issuperset(range(1))
False
```

并集的基本原理用韦恩图表示如图 13-4 所示。

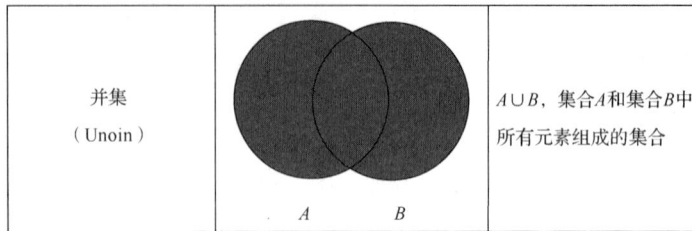

图 13-4　用韦恩图表示并集的基本原理

与并集直接相关的集合运算的具体示例代码如下：

```
>>> f_s_1.union(set_empty_1, frozenset_empty_1)
{'BUPT', 'I', 'and', 'Python', '. ', 'like'}
>>> f_s_1.union(range(1,9,2))
{1, 3, 5, 7, '. ', 'I', 'and', 'BUPT', 'Python', 'like'}
>>> f_s_1.union(f_s_2, other_1, other_2)
{'a', 'b', 'I', 'and', '. ', 'BUPT', 'Python', 'like'}
>>> frozenset(range(3)).union(set(range(2)))
frozenset({0, 1, 2})
```

扩展：f_s_1 集合 1 和 f_s_2 集合 2 的并集韦恩图如图 13-5 所示。

f_s_1集合1：{'. ', 'Python', 'BUPT', 'and', '|', 'like'}
f_s_2集合2：{range(1, 9, 2), 'BUPT'}

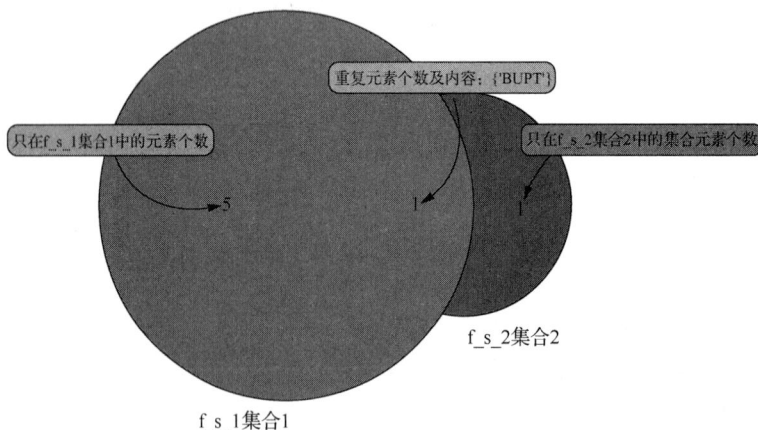

图 13-5　f_s_1 集合 1 和 f_s_2 集合 2 的并集韦恩图

差集的基本原理用韦恩图表示如图 13-6 所示。

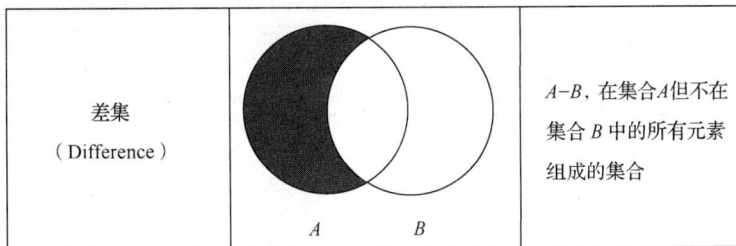

图 13-6　用韦恩图表示差集的基本原理

与差集直接相关的集合运算的具体示例代码如下：

```
>>> f_s_1.difference(f_s_1)
set()
>>> f_s_1.difference(f_s_2)
{'and', 'BUPT'}
>>> f_s_1.difference(frozenset_empty_1)
{'BUPT', 'I', 'and', 'Python', '. ', 'like'}
>>> f_s_1.difference(other_1)
{'I', 'and', '. ', 'BUPT', 'Python', 'like'}
>>> f_s_1.difference('I Like PY! ')
{'BUPT', 'and', 'Python', '. ', 'like'}
>>> frozenset(range(3)).difference(set(range(2)))
frozenset({2})
```

对称差集的基本原理用韦恩图表示如图 13-7 所示。

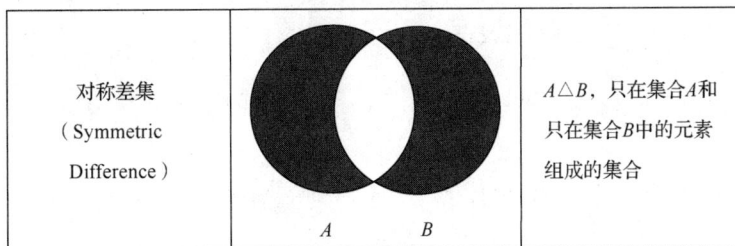

图 13-7　用韦恩图表示对称差集的基本原理

与对称差集直接相关的集合运算的具体示例代码如下：

```
>>> f_s_1.symmetric_difference(f_s_1)
set()
>>> f_s_1.symmetric_difference(f_s_2)
{'and', 'BUPT'}
>>> f_s_1.symmetric_difference(frozenset_empty_1)
{'I', 'and', '.', 'BUPT', 'Python', 'like'}
>>> f_s_1.symmetric_difference(other_1)
{'a', 'I', 'and', '. ', 'BUPT', 'Python', 'like'}
>>> f_s_1.symmetric_difference('I Like PY!')
{'! ', 'i', 'and', '. ', 'k', ' ', 'Y', 'BUPT', 'P', 'Python', 'like', 'e', 'L'}
>>> frozenset(range(3)).symmetric_difference(set(range(2)))
frozenset({2})
>>> frozenset(range(3)).symmetric_difference(range(2))
frozenset({2})
```

（2）只支持 set 集合类型运算的函数

有些集合的运算只能用于可变集合类型 set，而不能用于不可变集合类型 frozenset。表 13-3 中的这些函数是只支持 set 集合类型的函数。

表 13-3　只支持 set 集合类型的函数

序号	函数名称及基本形式	功能描述	修改对象
1	update(*others)	更新集合，相当于添加来自 others 且不在调用集合中的所有元素	s 自身
2	intersection_update(*others)	更新集合，相当于只保留调用集合和所有 others 中都存在的元素	
3	difference_update(*others)	更新集合，相当于把调用集合中既存在于调用集合，又存在于 others 中的元素都移除	
4	symmetric_difference_update(other)	更新集合，相当于保留只存在于调用集合和只存在于 other 生成集合中的元素	

上述 4 个函数（见表 13-3）都无返回值，都是对调用函数的 set 集合类型对象自身 s 的修改；other 为另外一个集合类型对象。

一般可利用 set 或 frozenset 构造函数生成集合类型的任何可迭代类型对象，因此描述中使用了 other 生成的集合。如果本身就是集合则不会变化，如果是可迭代类型就会生成集合类型对象。

other 可以是任意两种集合类型的对象；*others，不定长参数，表示是由 others 生成的多个集合。具体使用方式：s.update(*others)。上述的 4 个函数都存在对应的运算符运算方式，而且都是增强型运算符（具体对应关系在增强型运算符中进行介绍）。

set 集合类型运算的具体示例代码如下：

```
>>> s_1 = {'I', 'like', 'Python', 'and', 'BUPT', '. '}
>>> s_1.update(other_1,other_2,frozenset(range(3)))
>>> s_1
{0, 1, 'Python', 2, '. ', 'BUPT', 'I', 'a', 'b', 'and', 'like'}
>>> s_1.update()
>>> s_1
{0, 1, 'Python', 2, '. ', 'BUPT', 'I', 'a', 'b', 'and', 'like'}
>>> s_1.update(frozenset())
>>> s_1
{0, 1, 'Python', 2, '. ', 'BUPT', 'I', 'a', 'b', 'and', 'like'}
>>> s_1.intersection_update(other_1,other_2,frozenset(range(3)))
>>> s_1
set()
>>> s_1 = {'I', 'like', 'Python', 'and', 'BUPT', '. '}
>>> s_1.intersection_update('I like something. ')
>>> s_1
{'I', '. '}
>>> s_1.intersection_update(frozenset())
>>> s_1
set()
>>> s_1 = {'I', 'like', 'Python', 'and', 'BUPT', '. '}
>>> s_1.difference_update(other_1,other_2,frozenset(range(3)))
>>> s_1
{'Python', '. ', 'BUPT', 'I', 'and', 'like'}
>>> s_1.difference_update(tuple('I like something. '))
```

```
>>> s_1
{'Python', 'BUPT', 'and', 'like'}
>>> s_1.difference_update('BUPT')
>>> s_1
{'Python', 'BUPT', 'and', 'like'}
>>> s_1.difference_update(('BUPT',))
>>> s_1
{'Python', 'and', 'like'}
>>> s_1.symmetric_difference_update(other_1)
>>> s_1
{'Python', 'a', 'and', 'like'}
>>> s_1.symmetric_difference_update(tuple('I like something. '))
>>> s_1
{'Python', 'h', ' ', 't', 'and', 'g', 'i', 'I', 'm', 'o', 'k', 'l', '. ', 'e', 'a', 's',
'n', 'like'}
>>> s_1.symmetric_difference_update('BUPT')
>>> s_1
{'Python', 'h', 'T', ' ', 'U', 't', 'and', 'B', 'g', 'i', 'P', 'I', 'm', 'o', 'k', 'l',
'. ', 'e', 'a', 's', 'n', 'like'}
>>> s_1.symmetric_difference_update(('BUPT',))
>>> s_1
{'Python', 'h', 'T', ' ', 'U', 'BUPT', 't', 'and', 'B', 'g', 'i', 'P', 'I', 'm', 'o',
'k', 'l', '. ', 'e', 'a', 's', 'n', 'like'}
```

上述的 4 个自修改函数与前面讲的几个通用集合函数运算有一定的对应关系，具体如表 13-4 所示。

表 13-4　4 个自修改函数与通用集合函数运算的对应关系

序号	函数名称及基本形式	等效的集合函数运算
1	s.update(*others)	s = s.union(*others)
2	s.intersection_update(*others)	s = s.intersection(*others)
3	s.difference_update(*others)	s = s.difference(*others)
4	s.symmetric_difference_update(other)	s = s.symmetric_difference(other)

set 集合类型运算的等效运算的具体示例代码如下：

```
>>> s_1.intersection(tuple('I like something. '))          <---交集相关运算
{'i', 'k', 'l', ' ', '. ', 'e', 'I', 'm', 't', 'o', 's', 'n', 'h', 'g'}
>>> s_1.intersection_update(tuple('I like something. '))
>>> s_1
{'i', 'k', 'l', ' ', '. ', 'e', 'I', 'm', 't', 'o', 's', 'n', 'h', 'g'}
>>> s_2 = s_1.intersection(tuple('I like something. '))
>>> s_2 == s_1                    <---值相等
True
>>> s_2 is s_1                    <---是两个对象，内存地址不一样
False
>>> s_3 = s_1.copy()             <---差集相关运算
>>> s_3 == s_1
True
>>> s_3 is s_1
False
>>> s_4 = s_1.difference(tuple('something'))
>>> s_4
```

　　　集合及其操作　**第 13 章**

```
{' ', 'l', '. ', 'I', 'k'}
>>> s_1
{' ', 's', 'l', 'h', 't', 'm', 'n', 'o', '. ', 'i', 'e', 'I', 'g', 'k'}
>>> s_4 = s_1.difference(tuple('something'))
>>> s_4
{' ', 'l', '. ', 'I', 'k'}
>>> s_1.difference_update(tuple('something'))
>>> s_1
{' ', 'l', '. ', 'I', 'k'}
>>> s_1 == s_4
True
>>> s_1 is s_4
False
>>> s_5 = s_3.difference(list('I like'))
>>> s_5
{'s', 'h', 't', 'm', 'n', 'o', '. ', 'g'}
>>> s_3.difference_update(list('I like'))
>>> s_3
{'s', 'h', 't', 'm', 'n', 'o', '. ', 'g'}
>>> s_3 == s_5
True
>>> s_3 is s_5
False
>>> s_1.symmetric_difference_update(s_3)          <---对称差
>>> s_1 == s_4.symmetric_difference(s_3)
True
>>> s_3.update(s_4)                               <---并集
>>> s_3 == s_5.union(s_4)
True
```

同时，类似 s.symmetric_difference_update(other)对称差集的运算也是可以通过集合的其他运算获得相同结果的。s.symmetric_difference_update(other)等同于：

```
s = s.difference(other).union(set(other).difference(s))
```

具体示例代码如下：

```
>>> s = s_2.difference(s_3).union(set(s_3).difference(s_2))
>>> s
{'e', 'i'}
>>> s_2.symmetric_difference_update(s_3)
>>> s == s_2
True
```

13.3 集合与运算符

集合类型本身借鉴了数学中集合的概念，Python 也继承了相关的内涵，并可利用运算符进行相关的运算。混合了 set 与 frozenset 两种集合类型的运算符运算，一般将返回与第一个操作数相同的类型；同时，在集合运算中不同的运算符也是有优先顺序的。

1. 算术运算符

Python 只支持集合类型对象之间的 "-" 运算，即求一个集合对象与其他集合对象之间的差集，具体对应关系如表 13-5 所示。

表 13-5　集合的 "-" 运算

运算的基本形式	等效的函数运算	参数
f_s − set(other) − ⋯	f_s.difference(*others)	利用 set()等转换后，other 类型可以保持一致

表 13-5 中，f_s 为任意一种内置的集合类型；other 为任意可利用两种集合类型的构造函数生成集合类型的可迭代类型对象，即只是在运算符操作时，运算符两侧的对象必须是集合类型；返回调用集合减去多个集合的差集的一个新集合；新集合的类型和 f_s 的类型一致。本节的表中定义都是一致的。

具体示例代码如下：

```
>>> s1 = set('set 集合与算术运算符')
>>> f1 = frozenset('frozenset 集合与算术运算符')
>>> s1 - f1
set()
>>> f1 - s1
frozenset({'f', 'r', 'z', 'n', 'o'})
>>> s1 - f1 == s1.difference(f1)
True
>>> f1 - s1 == f1.difference(s1)
True
```

当 other 为非集合类型时，相关示例代码如下：

```
>>> o1 = 'frozenset 集合与算术运算符'
>>> o2 = '集合与运算符'
>>> s1 - o1      #这样是错误的
Traceback (most recent call last):
  File "<pyshell#296>", line 1, in <module>
    s1 - o1      #这样是错误的
TypeError: unsupported operand type(s) for -: 'set' and 'str'
>>> s1 - set(o2)
{'术', 'e', 's', 't'}
>>> s1 - set(o2) == s1.difference(o2)
True
```

非运算符版本的函数运算中，difference()可以接收任何一种可迭代对象作为参数。但参与与之对应的运算符版本运算的对象要求必须是集合类型对象。这样定义避免了容易出错的形式，如 set('abc') − 'cbs'；实际需要使用的是 set('abc').difference('cbs')，实际使用的方式可读性比较强。

2．逻辑运算符

内置的两种集合类型有对应的逻辑 "值"，除了 frozenset()和 set()两个空值是逻辑假外，其他的集合的值都是逻辑真。具体示例代码如下：

```
>>> frozenset('123') and set(('456',))
{'456'}
>>> set('abc') and frozenset(('789',))
frozenset({'789'})
>>> frozenset('123') and set()
set()
>>> frozenset() and set('123')
frozenset()
>>> frozenset('123') or set(('456',))
frozenset({'2', '1', '3'})
>>> frozenset('abc') or frozenset(('789',))
frozenset({'b', 'c', 'a'})
```

```
>>> not frozenset('123')
False
>>> not set('abc')
False
>>> not frozenset()
True
>>> not set()
True
```

3．比较运算符

下面从成员运算符和关系运算符两方面，对集合类型的比较运算进行阐述。

（1）成员运算符

与其他多项集一样，集合类型也支持 x in set 和 for x in set。具体成员运算符的形式如下：

x in s——测试 x 是否是 s 中的成员，是则返回 True，不是则返回 False。

x not in s——测试 x 是否不是 s 中的成员，不是则返回 True，是则返回 False。

具体示例代码如下：

```
>>> s = set(range(6))
>>> 5 in s
>>> True
>>> s = frozenset(range(5))
>>> 4 in s
True
>>> for x in s:
print(x)


0
1
2
3
4
```

（2）关系运算符

内置的两种集合类型 set 和 frozenset 均支持集合之间的关系（包括类型内部的关系和二者之间跨类型的关系）比较。

集合对象之间的相等关系比较是基于集合内元素的"值"的。如果两个集合中包含的元素对象都一样，则它们相等（用集合的概念理解就是各为对方的子集）。也就是说，set 的对象与 frozenset 的对象之间也是基于它们包含的成员对象进行比较。例如，set('1a2b3c') == frozenset('1a2b3c')的结果为 True，set('1a2b3c') in set([frozenset('1a2b3c')])也一样返回 True。具体示例代码如下：

```
>>> set('1a2b3c') in set((frozenset('1a2b3c'),))
True
```

集合对象之间的"大小"关系比较是基于集合的子集的关系进行定义的。当一个集合是另一个集合的子集时，这个集合就小于等于（<=）另一个集合（真子集对应符号<）。反之，当一个集合是另外一个集合的超集时，这个集合就大于等于（>=）另一个集合（真超集对应符号>）。集合"大小"关系比较运算的基本形式和等效的函数运算如表 13-6 所示。

表13-6　集合"大小"关系比较运算

序号	运算的基本形式	等效的函数运算	集合关系
1	f_s <= set(other)	f_s.issubset(other)	子集
		f_s == f_s.intersection(other)	

序号	运算的基本形式	等效的函数运算	集合关系
2	f_s < set(other)	f_s.issubset(other) and f_s != set(other)	真子集
		f_s <= set(other) and f_s != set(other)	
3	f_s >= set(other)	f_s.issuperset(other)	超集
		set(other) == f_s.intersection(other)	
4	f_s > set(other)	f_s.issuperset(other) and f_s != set(other)	真超集
		f_s >= set(other) and f_s != set(other)	

<=及<检测第一个集合中的每个元素是否都在 set(other)之中（只是相等情况的区别）。具体示例代码如下：

```
>>> f_s_2 = set(range(2))
>>> f_s_3 = set(range(3))
>>> f_s_4 = set(range(4))
>>> other = range(3)
>>> f_s_2 <= set(other)
True
>>> f_s_2.issubset(other)
True
>>> f_s_2 == f_s_2.intersection(other)
True
>>> f_s_3 <= set(other)
True
>>> f_s_3.issubset(other)
True
>>> f_s_3 == f_s_3.intersection(other)
True
>>> f_s_4 <= set(other)
False
>>> f_s_4.issubset(other)
False
>>> f_s_4 == f_s_4.intersection(other)
False
>>> f_s_2 < set(other)
True
>>> f_s_2.issubset(other) and f_s_2 != set(other)
True
>>> f_s_2 <= set(other) and f_s_2 != set(other)
True
>>> f_s_3 < set(other)
False
>>> f_s_3.issubset(other) and f_s_3 != set(other)
False
>>> f_s_3 <= set(other) and f_s_3 != set(other)
False
```

>=及>检测 set(other)中的每个元素是否都在第一个集合之中。具体示例代码如下：

```
>>> f_s_2 >= set(other)
False
>>> f_s_2.issuperset(other)
```

```
False
>>> set(other) == f_s_2.intersection(other)
False
>>> f_s_3 >= set(other)
True
>>> f_s_3.issuperset(other)
True
>>> set(other) == f_s_3.intersection(other)
True
>>> f_s_4 >= set(other)
True
>>> f_s_4.issuperset(other)
True
>>> set(other) == f_s_4.intersection(other)
True
>>> f_s_3 > set(other)
False
>>> f_s_3.issuperset(other) and f_s_3 != set(other)
False
>>> f_s_3 >= set(other) and f_s_3 != set(other)
False
>>> f_s_4 > set(other)
True
>>> f_s_4.issuperset(other) and f_s_4 != set(other)
True
>>> f_s_4 >= set(other) and f_s_4 != set(other)
True
```

非运算符版本的函数运算中，issubset()和 issuperset()可以接收任何一种可迭代对象作为参数。但参与与函数对应的运算符版本运算的对象必须是集合类型对象。

集合的相等关系与子集有一个特殊的情况，即基于子集关系进行的关系（大小与相等）比较，并不是做完全排序函数运算（或者说两个集合可能不存在"大小与相等"关系）。相关运算的示例代码如下：

```
>>> f_s_5 = set(range(5,6))
>>> f_s_6 = set(range(7,9))      <------与上面的集合不相交、不相等
>>> f_s_5 > f_s_6                 <------所有比较均为 False
False
>>> f_s_5 < f_s_6
False
>>> f_s_5 == f_s_6
False
>>> f_s_7 = set(range(8))   <------与上面的集合相交、不相等、互不为对方的子集
>>> f_s_7 > f_s_6                 <------所有比较均为 False
False
>>> f_s_7 < f_s_6
False
>>> f_s_7 == f_s_6
False
```

可见，集合之间的关系比较运算符被定义为子集和超集的判断。而这类关系是没有定义完全排序的。

4．按位运算符

集合类型实现了按位运算中的|、&、^3 个运算符的运用，具体的含义如表 13-7 所示。

表13-7　集合的按位运算

序号	运算的基本形式	等效的函数运算	集合含义
1	f_s | set(other) | …	f_s.union(*others)	并集
2	f_s & set(other) & …	f_s.intersection(*others)	交集
3	f_s ^ set(other)	f_s.symmetric_difference(other)	对称差

非运算符版本的函数运算中，union()、intersection()、symmetric_difference()可以接收任何一种可迭代对象作为参数。但参与与之对应的运算符版本运算的对象必须是集合类型对象。

相关运算的示例代码如下：

```
>>> f_s_b = set(range(3))
>>> f_s_o1 = set(range(3,7))
>>> f_s_o2 = set(range(2,5))
>>> f_s_b | f_s_o1 | f_s_o2
{0, 1, 2, 3, 4, 5, 6}
>>> f_s_b.union(f_s_o1,f_s_o2)          <------与上式等效
{0, 1, 2, 3, 4, 5, 6}
>>> f_s_b & f_s_o2
{2}
>>> f_s_b.intersection(f_s_o2)          <------与上式等效
{2}
>>> f_s_b | f_s_o1 & f_s_o2
{0, 1, 2, 3, 4}                         <------运算符是有优先顺序的
>>> f_s_b ^ f_s_o2
{0, 1, 3, 4}
>>> f_s_b.symmetric_difference(f_s_o2)  <------与上式等效
{0, 1, 3, 4}
>>> f_s_b ^ f_s_o2 | f_s_b & f_s_o1
{0, 1, 3, 4}
>>> frozenset('abc') | set('bcc')       <------返回值是第一个操作数的类型
frozenset({'c', 'b', 'a'})
>>> set('bcc') & frozenset('abc')       <------返回值是第一个操作数的类型
{'c', 'b'}
```

5．增强型运算符

增强型运算符是对使用的对象自身的修改，因此，增强型运算符相关的运算被赋值集合类型只适合于 set 集合类型，而不能是 frozenset 集合类型的对象。other 没有这个限制，即可以是 frozenset 集合类型的对象。集合类型的增强型运算符运算如表 13-8 所示。

表13-8　集合类型的增强型运算符运算

序号	运算的基本形式	等效的函数运算	集合含义
1	s |= set(other) | …	s.update(*others)	并集
2	s &= set(other) & …	s.intersection_update(*others)	交集
3	s -= set(other) | …	s.difference_update(*others)	差集
4	s ^= set(other)	s.symmetric_difference_update(other)	对称差集

表 13-8 中 s 表示 set 类型集合对象。

相关运算的示例代码如下：

```
>>> s_a_1 = set(range(3))
>>> s_a_2 = s_a_1.copy()
>>> s_o1 = set(range(3,7))
>>> s_o2 = set(range(2,5))
>>> s_a_1 |= s_o1 | s_o2
>>> s_a_2.update(s_o1 ,s_o2)
>>> s_a_1 == s_a_2
True
>>> s_a_1 &= s_o1 & s_o2
>>> s_a_2.intersection_update(s_o1 ,s_o2)
>>> s_a_1 == s_a_2
True
>>> s_a_1 -= s_o1 | s_o2
>>> s_a_2.difference_update(s_o1 ,s_o2)
>>> s_a_1 == s_a_2
True
>>> s_a_1 ^= s_o1
>>> s_a_2.symmetric_difference_update(s_o1)
>>> s_a_1 == s_a_2
True
```

非运算符版本的函数运算中，update()、intersection_update()、difference_update()、symmetric_difference_update()可以接收任意可迭代对象作为参数。但参与与之对应的运算符版本运算的对象必须是集合类型对象。

13.4 集合类型与内置函数

集合类型是一种无序的类型，支持迭代，但由于其具备无序的特性，有些内置函数的支持是无定义的。

集合及其操作（2）

1. 内置函数 len(s)

内置函数 len(s)返回集合 s 中的元素数量。例如，len({'a',1,3})返回 3。

2. 与关系比较相关的注意事项

由于集合类型仅定义了部分排序（子集、超集关系比较）函数，因此由集合类型对象构成的列表类型对象使用 list.sort()的输出并无定义，具体示例代码如下：

```
>>> list_sets_1 = [{'a'}, {1}, {2,3}]
>>> list_sets_1.sort()                  <------排序没有定义，但不会报错
>>> list_sets_1
[{'a'}, {1}, {2, 3}]
>>> list_sets_1.sort(reverse=True)      <------排序没有定义，但不会报错
>>> list_sets_1
[{'a'}, {1}, {2, 3}]
```

集合的比较强制规定其元素对象的自反射性。集合的比较运算符是基于子集和超集进行定义的。这类定义不支持完全排序，集合对象不适宜作为依赖于完全排序的函数的参数。具体示例代码如下：

```
>>> max(list_sets_1)
{'a'}
>>> min(list_sets_1)
{'a'}
```

```
>>> sorted(list_sets_1)
[{'a'}, {1}, {2, 3}]
>>> sorted(list_sets_1,reverse = True)
[{'a'}, {1}, {2, 3}]
>>> max({'a', 'b', 'abc',1},{2, 'a', 'b'})
{1, 'b', 'a', 'abc'}
>>> min({'a', 'b', 'abc',1},{2, 'a', 'b'})
{1, 'b', 'a', 'abc'}
```

3. 其他内置函数的使用

相关示例代码如下：

```
>>> list(zip({'a', 'b', 'abc'},{'a', 'b', 'abc',1}))
[('b', 1), ('a', 'b'), ('abc', 'a')]
>>> list(filter(str,{ 'a', 'b', 'abc',1, ''}))
[1, 'a', 'abc', 'b']
>>> list(map(max,{ 'a', 'b', 'abc',1},{'a', 'b', 'abc',1}))
[1, 'b', 'a', 'abc']
>>> list(enumerate({'a', 'b', 'abc',1}))
[(0, 1), (1, 'b'), (2, 'a'), (3, 'abc')]
```

13.5 习题

1. 基础题

（1）简述集合类型不支持索引、切片或者其他序列操作的原因。

（2）简述作为集合元素的基本要求，并说明 frozenset 集合类型数据可以作为集合元素的原因。

（3）将列表[1,2, 'BUPT',('I', 'like', 'Python')]创建为两个集合，要求一个可变，另一个不可变。

（4）找出下列错误的集合类型。

```
{'a', }
{True, 'b',3.14}
{['c']}
set([1,2,3])
frozenset({'a', })
frozenset({True, 'b',3.14})
frozenset({frozenset({True, 'b',3.14}),1})
frozenset({set({True, 'b',3.14}),1})
```

（5）列出 3 种只适合 set 集合类型但不适合 frozenset 集合类型操作的函数。

（6）简述集合运算类型的函数及其功能。

（7）已知下列集合，求集合的运算。

```
f1 = {'I', 'like', 'Python', 'and', 'BUPT', '. '}
f2 = {'I', 'like', 'Python', '. '}
print(f1.intersection(f2))
print(f1.difference(f2))
print(f1.issuperset(f2))
```

（8）简述集合的运算符类型操作。

（9）已知两个集合 $f1$ 和 $f2$，求解 $f1-f2$ 和 $f2-f1$。

```
f1 =set('set 集合运算符')
f2 = frozenset('frozenset 集合与算术运算符')
```

（10）已知 $f1,f2,f3$，求下列代码的输出结果。

```
f1 = set(range(5))
f2 = set(range(7))
f3 = set(range(3,8))
print(f1<=f2)
print(f2<=f3)
print(f1|f2)
print(f1&f3)
```

2. 综合题

（1）已知集合 $A=\{1,2,3\}$，$B=\{2,4\}$，$C=\{1\}$，定义新的运算规则 $A*B*C=\{x|x\in A, x\notin B \text{ 且 } x\in C\}$，请通过函数实现新的规则并进行计算。

（2）请写出下列语句的结果。

语句一：

```
print(frozenset('123') and set('456) or {})
```

语句二：

```
set1 = {1,5,6,8,9}
set1 |= set(range(3))
set1 &= set(range(2,6)) & set(range(3,9))
print(set1)
```

语句三：

```
set = {x for x in 'I like Python! '}
print(set)
```

（3）请用集合的数学语言和 Python 的运算符对表 13-9 中的函数进行说明。

表 13-9　用集合的数学语言和 Python 的运算符对函数进行说明

序号	函数名称及基本形式	数学表达	Python 运算符表达
1	A.isdisjoint(B)		
2	A.issubset(B)		
3	A.issuperset(B)		
4	A.union(B)		
5	A.difference(B)		

（4）请用 random 模块随机生成一个 1～1000 整数范围内且长度为 100 的列表，再将列表中重复的元素去掉。

3. 扩展题

已知两个列表，定义一个可找出两个列表中重复元素以及元素重复次数的函数。

第14章 字典及其操作

字典类型是 Python 内置类型之一，它是一种可变的容器类型（其他的容器类型有 list、tuple、set 等内置类型），也是 Python 中唯一的一种标准映射类型。映射类型就是利用映射（mapping）对象把可散列值映射到任意对象。

本章重点讲解字典类型数据结构，以及利用"{}"和构造函数进行数据创建的方法，具体介绍字典类型数据及相关操作、与视图相关的概念和操作、字典类型数据与运算符的相关操作、字典类型与内置函数等，并重点从相关操作、比较运算符及集合相关运算 3 个方面介绍字典的视图对象。本章词云图如图 14-1 所示。

图 14-1 本章词云图

14.1 字典类型

认识字典类型需要从字典类型数据的结构、创建入手。

1. 字典的基本结构

字典类型的名称为 dict，用大括号"{}"作为定位符，其中包含的数据元素以"键:值"对的形式体现，元素之间用逗号进行分隔。

字典类型的数据形式：{}、{1:1, 2:3, 3:3}、{bool: '3', 'bool': '1', (bool,): '4', frozenset({bool}):3.14} 等都是合法的字典类型数据。字典可以存储不同类型的数据，如与其他多项集一样，它可同时包含整数、实数、字符串等类型的数据，但它的数据元素必须以"键:值"对的形式出现，如 1:1、'bool':'1'。其中，":"前面的是键，后面的是值。

字典类型数据元素的"键"可以使用大部分类型的数据，但"键"的值必须是可散列的，这个特性和集合的元素约束一样。因此，整数类型、布尔类型、字符串类型、frozenset 不可变类型等都可作为字典的键；set 可变数据类型没有散列值，不能用作字典的键；不可变容器（如元组和 frozenset）

字典及其操作（1）

当且仅当它们的元素均可散列时，才可作为字典的键。字典元素的值没有对类型进行限制，任何类型的值都可以。

2．字典的创建

Python 提供了多种字典类型数据创建的方法。

（1）利用大括号直接创建

字典类型的数据可直接通过以逗号分隔的"键:值"对的列表包含于大括号之内进行创建，如{1:1, 2:3, 3:3}、{bool:'3', 'bool':'1', (bool,):'4', frozenset({bool}):3.14}，利用"{}"直接创建空字典类型数据。

（2）利用 dict 构造函数创建

构造函数的 3 种形式：dict(**kwarg)；dict(mapping, **kwarg)；dict(iterable, **kwarg)。利用 dict() 直接创建空字典类型数据，相当于{}，也就是没有给出位置参数。

传入不定长可变关键字参数也可构建字典类型数据，例如，利用 dict(a = 3, b = True, t = ('c',))创建的字典数据为{'a': 3, 'b': True, 't': ('c',)}。利用映射关系、可迭代类型、字典类型等也可创建字典，例如，dict(zip(("a", "b"),(3, True)), t = ('c',))、dict((("a", 3), ('b', True)), t = ('c',))、dict({'b': True, 'a': 3, 't': ('c',)})，创建的字典类型数据同上。这几种方式创建的字典的"值"都是相等的，但创建的字典会记录数据插入的顺序。

当位置参数传入可迭代对象时，该迭代对象中的元素必须是另一个含有两个元素的可迭代对象。每一个元素中的第一个对象将成为字典的一个键，第二个成为其对应的值。如后面出现了相同的键，则会覆盖前面的值，即一个键值出现多次，最后一次对应的值将为字典中该键对应的值。这说明创建后的字典不会出现重复的键值，这一点与集合类型的功能有些类似。

像 dict(a = 3, b = True, t = ('c',))这种以提供关键字参数的方式创建字典，关键字只能是有效的 Python 标识符，否则无法创建出字典类型数据；其他方式则没有这个要求。

14.2 字典相关操作

字典作为一种独立的数据类型，除了支持一些内置函数和运算的操作，还有一些根据自身特性设计和实现的操作。

1．基于符号"[]"的相关操作

基于符号"[]"和字典键值的相关操作如表 14-1 所示。

表 14-1　基于符号"[]"和字典键值的相关操作

序号	函数名称及基本形式	含义	功能详细描述	是否变化
1	d[key]	查询 d[key]值	返回 d 中以 key 为键的项	不变
2	d[key] = value	修改 d[key]值	将 d[key]的项的值设置为 value	变化
3	del d[key]	删除 key 的元素	将 d[key]的项从 d 中移除	变化

表 14-1 中 d 是字典类型变量，并且已被赋值。函数 1 和函数 3 被调用时，如果字典 d 中不存在 key，则会触发 KeyError。函数 2 被调用时，如果字典 d 中不存在 key，则会直接在字典 d 中增加一个新元素{key:value}。

几个操作的简单示例代码如下：

```
>>> dict( (("a", 3), ('b', True)), t = ('c',))
{'a': 3, 'b': True, 't': ('c',)}
>>> d = dict( (("a", 3), ('b', True)), t = ('c',))
>>> d['a']
```

```
3
>>> d['a'] = 'change'
>>> d['a']
'change'
>>> del d['a']
>>> d['a']
Traceback (most recent call last):
  File "<pyshell#42>", line 1, in <module>
    d['a']
KeyError: 'a'
>>> d['a'] = 'change2'
>>> d['a']
'change2'
```

像字典这种用"键"的方式进行检索、数据维护，速度非常快，因为内部会维护一个散列表。当"键"的值是数字类型时，1和1.0是一样的；计算机保存的浮点数是有精度的，我们应尽量避免使用数字类型的键。

2．字典创建相关的方法

除了前述创建方法，字典还支持 copy()和 fromkeys()两种方法创建字典。

（1）复制函数

函数名为 copy()，无参数，实现的功能是返回原字典的浅复制（和其他类型的 copy()函数的机理一样）。

（2）fromkeys()方法

fromkeys()属于类方法，具体形式为 fromkeys(iterable[, value])，实现的功能是调用这个方法后会创建一个新字典，这个新字典的"键"来源于可迭代类型 iterable，"值"被赋值为 value，value 的值默认是 None。

两种方法的示例代码如下：

```
>>> d.copy()
{'b': True, 't': ('c',)}
>>> d.fromkeys('I like')
{'I': None, ' ': None, 'l': None, 'i': None, 'k': None, 'e': None}
>>> d2 = dict.fromkeys(('Python',), 'Good')
>>> d2
{'Python': 'Good'}
```

3．查找相关操作

字典除了利用符号"[]"方式获取"键"对应的值，还可利用 get()函数进行查找。get()函数的形式为 get(key[, default])，即根据 key 获取字典中对应的值，如果 key 不存在，则返回 default；如果 default 没有传入参数，则返回默认值 None。因此，这个方法不会触发 KeyError。简单的示例代码如下：

```
>>> d.get('b')
True
>>> print(d.get('d'))
None
>>> d.get('d', 'func')
'func'
```

4．更新相关操作

字典除了利用符号"[]"的方式更新"键"对应的值，还可利用函数实现更新。利用函数还可实现对字典值的更新。字典中与更新相关的操作如表 14-2 所示。

表 14-2　字典中与更新相关的操作

序号	函数名称及形式	功能详细描述	返回值
1	setdefault(key[, default])	返回字典中键 key 对应的值。如 key 不存在，插入 key/default 对，并返回 default	键 key 对应的值或 default
2	update([other])	使用来自 other 的键/值对更新字典，存在则覆盖原有的键，否则增加新元素	返回 None

表 14-2 的相关说明如下。

（1）setdefault()函数中 default 默认为 None。

（2）update()函数中的参数 other 可以是一个字典对象或一个包含键/值对（以长度为 2 的元组或其他可迭代对象表示）的可迭代对象，也可以是多个关键字参数，这时会以其所指定的键/值对更新字典。

字典会保留插入时的顺序，对字典键对应的值的更新不会影响元素顺序。

简单的示例代码如下：

```
>>> d.setdefault(' new1 ')
>>> d
{'b': True, 't': ('c',), 'new1': None}
>>> d.setdefault('new2',['new2 '])
['new2']
>>> d
{'b': True, 't': ('c',), 'new1': None, 'new2': ['new2']}
>>> d.setdefault(' new2 ')
['new2']
>>> d.update()
>>> d
{'b': True, 't': ('c',), 'new1': None, 'new2': ['new2']}
>>> d.update([[1,2],[3,4]])
>>> d
{'b': True, 't': (' c ',), 'new1': None, 'new2': ['new2'], 1: 2, 3: 4}
>>> d.update(kwarg1 = 5, kwarg2 = 6,)
>>> d
{'b': True, 't': ('c',), 'new1': None, 'new2': ['new2'], 1: 2, 3: 4, 'kwarg1': 5, 'kwarg2': 6}
```

5．删除相关操作

字典除了利用 del+ "[]" 的方式进行键/值对的删除，还可利用函数实现删除，字典与删除相关的操作如表 14-3 所示。

表 14-3　字典与删除相关的操作

序号	函数名称及基本形式	功能详细描述
1	clear()	移除字典中的所有元素，调用的字典对象变为空字典
2	pop(key[,default])	返回并移除字典中键 key 对应的值，不存在则返回 default
3	popitem()	从字典中返回并移除一个 "(键,值)"

表 14-3 的相关说明如下。

（1）调用 pop()函数时，如果键 key 不存在于字典中且 default 未给出，会触发 KeyError。

（2）函数 popitem()中 "(键,值)" 会按 LIFO（后进先出）的原则被返回和移除。可见，该函数适用于对字典进行消耗型的迭代操作，常用于集合算法。返回的键/值对组成元组类型，如果空字典调用它则会触发 KeyError。

Python 3.7 版本的特性：字典创建时记录了元素插入的顺序，因此确保了 popitem()采用后进先出原则。在之前的版本中，popitem()会随机返回一个键/值对。

（3）字典的元素被删除并再次添加的键将被插入字典的末尾。

简单的示例代码如下：

```
>>> d2 = d.copy()
>>> d2
{'b': True, 't': ('c',), 'new1': None, 'new2': ['new2'], 1: 2, 3: 4, 'kwarg1': 5, 'kwarg2': 6}
>>> d2.clear()
>>> d2
{}
>>> d.pop('kwarg1')
5
>>> d.pop('kwarg2')
6
>>> d.pop('kwarg2','无')
'无'
>>> d.popitem()
(3, 4)
```

6. 与视图对象相关的操作

字典中有些操作与视图对象相关，具体如表 14-4 所示。

表14-4　字典中与视图对象相关的操作

序号	函数基本形式	功能详细描述	返回值
1	iter(d)	返回以字典的键为元素的迭代器	迭代器
2	items()	返回由字典项"(键,值)"组成的一个新视图	视图对象
3	keys()	返回由字典键组成的一个新视图	
4	values()	返回由字典中元素的值部分组成的一个新视图	

表 14-4 的相关说明如下。

（1）iter(d)函数是视图对象中 iter(d.keys())函数的快捷方式。

（2）迭代器（iterator）用来表示一连串数据流的对象。迭代器具有__next__()方法（或将其传给内置函数 next()），重复调用此方法将逐个返回数据流中的项。当没有数据可用时，将触发 StopIteration 异常。具体讲解详见 16.7 节。

（3）字典视图，具体讲解详见 14.5 节。

简单的示例代码如下：

```
>>> iter_d = iter(d)
>>> iter_d.__next__()
'b'
>>> next(iter_d)
't'
>>> d.items()
dict_items([('b', True), ('t', ('c',)), ('new1', None), ('new2', ['new2']), (1, 2)])
>>> d.keys()
dict_keys(['b', 't', 'new1', 'new2', 1])
>>> d.values()
dict_values([True, ('c',), None, ['new2'], 2])
```

14.3 字典与运算符

字典类型支持常用的逻辑运算符和比较运算符，不支持算术运算符。

1. 逻辑运算符

字典类型与其他内置类型一样，有对应的逻辑"值"。除了 dict() 和 {} 两种形式上的空值是逻辑假外，其他字典类型的值都是逻辑真。具体示例代码如下：

```
>>> dict(key = 3) and {'a': 'a', 'b' : 'b'}
{'a': 'a', 'b': 'b'}
>>> dict(key = 3) or {'a': 'a', 'b' : 'b'}
{'key': 3}
>>> not {}
True
>>> not dict()
True
>>> not dict(key = 3)
False
```

2. 比较运算符

（1）关系运算符

两个字典类型的对象实例支持相等关系的比较，只有当其"(键,值)"都一样时，两个字典类型的对象才相等（相等关系测试时不考虑顺序）。其中，键和值的一致性比较强制规定自反射性。字典类型不支持顺序关系（<、>、<=和>=）比较，强制比较会触发 TypeError。

（2）成员运算符

字典类型也支持成员运算符，具体形式如下：

① key in d。如果字典 d 中存在键 key，则返回 True，否则返回 False。

② key not in d。其正好与 in 运算的逻辑相反，等价于 not key in d。

简单的示例代码如下：

```
>>> d == d2
False
>>> d == d.copy()
True
>>> d < d.copy()
Traceback (most recent call last):
  File "<pyshell#137>", line 1, in <module>
    d < d.copy()
TypeError: '<' not supported between instances of 'dict' and 'dict'
>>> 'b' in d
True
>>> 'b' not in d
False
>>> not 'b' in d
False
```

14.4 字典类型与内置函数

内置函数 len() 和其他内置构造函数操作字典类型数据的方法如表 14-5 所示。

字典及其操作（2）

表 14-5　常用内置函数对字典类型数据的操作

序号	函数基本形式	功能详细描述	返回值
1	len(d)	返回字典 d 中的元素的个数	元素个数
2	list(d)	返回字典 d 中使用的所有键的列表	"键" 元素列表
3	tuple(d)	返回字典 d 中使用的所有键的元组	"键" 元素元组
4	set(d)	返回字典 d 中使用的所有键的集合	"键" 元素集合
5	str(d)	返回字典 d 整体构成的字符串	字典字符串

简单的示例代码如下：

```
>>> len(d)
5
>>> list(d)
['b', 't', 'new1', 'new2', 1]
>>> tuple(d)
('b', 't', 'new1', 'new2', 1)
>>> set(d)
{1, 'new1', 'b', 'new2', 't'}
>>> str(d)
"{'b': True, 't': ('c',), 'new1': None, 'new2': ['new2'], 1: 2}"
```

14.5 字典视图对象

Python 相关文档对视图对象的定义为 "由 dict.keys()、dict.values() 和 dict.items() 所返回的对象是视图对象"。视图对象提供字典相应项目的一个动态视图，即当字典的元素变化后，视图对象也会相应改变。这意味着视图对象是随字典的变化而变化的，自身并没有设计相关的变化函数。另外，字典视图可以被迭代，以产生与其对应的数据，所以任何需要迭代的地方都可使用字典视图作为参数。

1. 相关操作

通过内置函数 len() 操作字典视图，返回字典中的元素个数。具体函数形式：len(dictview)。

迭代器函数 iter(dictview) 会根据不同的 dictview 返回字典中相应的键、值或元素（用以 "(键,值)" 为项的元组表示）的迭代器。

Python 会保存字典元素创建的先后顺序。使用迭代器函数时，键和值都会按插入时的顺序进行迭代。这样允许使用 zip() 来创建 "(值,键)"：pairs = list(zip(d.values(), d.keys()))。另一个创建相同列表的方式是 pairs = [(value, key) for (key, value) in d.items()]。

字典视图是字典的动态视图。在添加或删除字典中的元素期间，我们对视图进行迭代可能触发 RuntimeErro，或者无法完全迭代所有条目。

简单的示例代码如下：

```
>>> len(d.values())
5
>>> pairs = [(value, key) for (key, value) in d.items()]
>>> pairs
[(True, 'b'), (('c',), 't'), (None, 'new1'), (['new2'], 'new2'), (2, 1)]
```

2. 关系运算符

任何对象都支持相等关系比较，但两个 dict.values() 视图对象之间的相等性比较总是返回 False。

这一点在 dict.values() 与其自身比较时也同样适用。这是因为 dict.values() 视图对象没有散列值，被认为都不相等。示例代码如下：

```
>>> d.values() == d.values()
False

>>> d.keys() == d.keys()
True
```

3．成员运算符

字典视图可以被迭代以产生与其对应的数据，如上文的列表推导式；并支持成员运算符的运算 x in dictview，此时的判断逻辑如表 14-6 所示。

表 14-6　x in dictview 的判断逻辑

dictview	x 值的形式	判断范围	返回值
d.keys()	与键一致	字典 d 中的键	bool 型值
d.values()	与值一致	字典 d 中的元素的值部分	bool 型值
d.items()	与"(键,值)"一致	字典 d 中的键与值组成的元组，即"(键,值)"	bool 型值

简单字典视图的成员运算符的运算示例代码如下：

```
>>> 'b' in d.keys()
True
>>> True in d.values()
True
>>> ('t', ('c',),) in d.items()
True
```

4．集合相关操作

字典视图中的键视图和项视图——基于"(键,值)"都是不重复的。键视图是基于键值可散列的，类似于集合；如果字典中元素中的值部分都是可散列的，那么"(键,值)"也是不重复且是可散列的，这时项视图类似于集合。而字典中的项的值部分通常可重复，因此，值视图是不类似于集合的。

对于类似于集合的字典视图，抽象基类 collections.abc.Set 中所定义的全部操作都是有效的（如 == 、<或^）。

字典视图示例代码如下：

```
>>> dishes = {'eggs': 2, 'sausage': 1, 'bacon': 1, 'spam': 500}
>>> keys = dishes.keys()
>>> values = dishes.values()

>>> # iteration
>>> n = 0
>>> for val in values:        <--支持迭代操作，也可以直接调用 sum() 求和
        …
        n += val
>>> print(n)
504

>>> list(keys)
['eggs', 'sausage', 'bacon', 'spam']
>>> list(values)              <--除了支持列表，也支持元组等其他构造函数的调用
```

```
[2, 1, 1, 500]

>>> del dishes['eggs']
>>> del dishes['sausage']
>>> list(keys)                    <--除了支持列表，也支持元组等其他构造函数的调用
['bacon', 'spam']

>>> # set operations             <--集合相关的操作
>>> keys & {'eggs', 'bacon', 'salad'}
{'bacon'}
>>> keys ^ {'sausage', 'juice'}
{'juice', 'sausage', 'bacon', 'spam'}
>>> sum(values)                  <--生成的迭代类型数据直接可以求和
501
```

14.6 程序案例

异序词检测是程序算法分析的一个典型案例，主要解决的问题是检测两个单词中所包含的字母相同，但字母的排序不同。常用的算法有清点法、排序法、暴力法、计数法等。计数法的主要实现思想是为两个待比较的单词字符串分别设计一个计数器，计数器分别记录两个字符串中所包含的 26 个字母中的每个字母出现的次数，最后比较两个计数器，如果两个计数器的结果一样，说明两个词为异序词。这里的计数器有两种实现思路。思路一：把 26 个字母无论出现与否都设计成计数器，计数器建议使用的数据类型为列表类型，此时利用位置信息作为字母对应的信息，这里需要把字母转换成列表的索引（可使用 ord()函数）。思路二：只记录字母出现的顺序，计数器可使用字典类型，字典的主键可直接使用字母字符串。实现的算法基于以下假设：两个字符串的长度相同，两个字符串中只有 26 个字母且只考虑小写的情况。两种算法实现思路的示例代码如下：

```
def anagramsolution_bylist(s1,s2):
    """
    思路一:利用列表类型构建 26 字母出现次数的计数器,索引号为字母的 Unicode 编码与小写字母 a 的 Unicode
编码差值。
    :param s1: 待比较字符串单词一。
    :param s2: 待比较字符串单词二。
    :return: 两个字符串是异序词返回 True, 否则返回 False。
    """

    #初始化字符串的计数器, 默认都出现 0 次
    counter1 = [0] * 26
    counter2 = [0] * 26

    #统计字符串 1 (s1) 中各字母出现的次数
    for i in range(len(s1)):
        #利用字母的 Unicode 编码与小写字母 a 的 Unicode 编码差值作为索引号
        index = ord(s1[i]) - ord('a')

        #相应索引号位置的计数器加 1, 使用增强型运算符实现
        counter1[index] += 1

    #统计字符串 2 (s2) 中各字母出现的次数
    for i in range(len(s2)):
```

```
        #利用字母的 Unicode 编码与小写字母 a 的 Unicode 编码差值作为索引号
        index = ord(s2[i]) - ord('a')
        #相应索引号位置的计数器加 1，使用增强型运算符实现
        counter2[index] += 1
    #两个计数器进行比较
    if counter1 == counter2:
        compOK = True
    else:
        compOK = False
    #返回比较结果
    return compOK


def anagramsolution_bydict(s1,s2):
    """
    思路二：利用字典类型构建字母出现次数的计数器，关键字为出现的字母。
    :param s1: 待比较字符串单词一。
    :param s2: 待比较字符串单词二。
    :return: 两个字符串是异序词返回 True，否则返回 False。
    """

    #初始化字符串的计数器，默认为空字典
    dic1,dic2 = {},{}
    #统计字符串 1 (s1) 中出现的字母的次数
    for i in range(len(s1)):
        #如果字母没有出现在计数器字典的 key 中，这个字母就没有出现过
        if s1[i] in dic1.keys():

            #出现的字母计数器自加 1，使用增强型运算符实现
            dic1[s1[i]] += 1
        else:
            #第一次出现的字母，计数器记录为 1
            dic1[s1[i]] = 1

    #统计字符串 2 (s2) 中出现的字母的次数
    for j in range(len(s2)):
        #如果字母没有出现在计数器字典的 key 中，这个字母就没有出现过
        if s2[j] in dic2.keys():
            #出现的字母计数器自加 1，使用增强型运算符实现
            dic2[s2[j]] += 1
        else:
            #第一次出现的字母，计数器记录为 1
            dic2[s2[j]] = 1

#判断两个字典类型计数器是否值相等，相等为异序词，返回 True
#反之，为非异序词，返回 False
    if dic1 == dic2:
        compOK = True
    else:
        compOK = False
    return compOK
```

```
if __name__ == '__main__':

    #验证思路一函数
    print(anagramsolution_bylist("Python","typhon")) #True
    print(anagramsolution_bylist("alger","large"))  #True
    print(anagramsolution_bylist("lange","large"))  #False

    #验证思路二函数
    print(anagramsolution_bydict("Python","typhon"))#True
    print(anagramsolution_bydict("alger","large"))  #True
    print(anagramsolution_bylist("lange","large"))  #False
```

14.7 习题

1. 基础题

（1）简述字典的基本结构及其基本要求。

（2）简述字典创建的基本方式，并对每种方式进行举例说明。

（3）简述当字典中新添加键值的键在字典中已经存在时产生的结果。

（4）已知字典操作如下所示，请写出程序执行的结果。

代码一：

```
d = dict((('a',3),('b',True)),t = ('c',))
print(d['b'])
d['t']=1
print(d)
deld['a']
print(d)
```

代码二：

```
d1 = dict.fromkeys('i like Python')
d2 = dict.fromkeys(('Python',),'good')
print(d1,d2)
```

代码三：

```
d = dict((('a',3),('b',True)),t = ('c',))
print(d.get('b'),d.get('d','func'))
```

代码四：

```
d = dict((('a',3),('b',True)),t = ('c',))
print(d.setdefault('new1'))
print(d.setdefault('new2',['new2']))
print(d.update([[1,2],[3,4]]))
```

代码五：

```
d = dict((('a',3),('b',True)), t = ('c',))
iter_d = iter(d)
print(iter_d.__next__())
print(next(iter_d))
print(d.items)
```

（5）简述字典可以使用的运算符，并举例进行说明。

（6）对表 14-7 的内容进行补充。

表 14-7　常用内置函数对字典的操作

序号	函数基本形式	功能的描述	返回值
1	len(d)		
2	list(d)		
3	tuple(d)		
4	set(d)		
5	str(d)		

（7）简述视图对象。

2．综合题

（1）请通过字典生成式生成一个字典，要求键值是列表['I', 'like', 'Python']中的元素，其对应的值是键的长度。

（2）定义一个函数，使函数可以实现提取字典中键值最大的键和值。

（3）已知一个列表[(a,1),(b,2),(a,3)]，其元素是由元组构成的，请将其元素转换为字典，并且将其全部的内容都进行保存。

3．扩展题

已知一个字符串"asdgtxsfdajss"，请编写一个函数，使其可找出字符串中没有重复字符的最长子字符串的长度。

第15章 基于字符串的文本处理

文本处理中比较常见的操作包括字符串和正则表达式相关的各种操作、文本填充、Unicode 数据编码等。其中，很多与字符串相关的操作都是对字符串数据的处理，包括字符串的格式化、编码、解码、输出等。Python 中允许使用三引号对的字符串（其他的高级程序设计语言很少使用这样的定位符），其优点是可让程序员从单引号和双引号的各种转义之中解放出来，且支持跨多行。

本章以字符串为例介绍文本处理，具体包括字符串字面值、字符串的格式化输出、多个字符串的高效拼接创建方法、其他内置对象及其操作、字符串的方法、字符串常量模块等内容。本章词云图如图 15-1 所示。

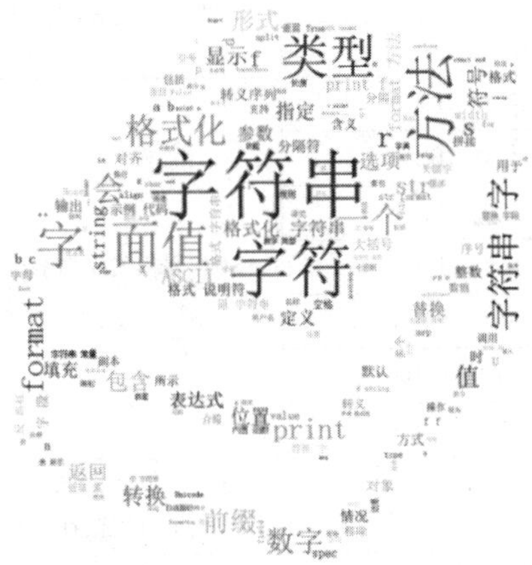

图 15-1　本章词云图

15.1 字符串字面值

字符串字面值是指用于表示 Python 内置字符串类型的常量。

1. 字符串字面值的定义

字符串是利用引号进行界定的，但其自身也有一定的约束和规则。字符串字面值由以下词法定义（词法就是具体规定一个"单词"构成的方法）进行描述。

基于字符串的文本
处理（1）

```
Stringliteral ::= [stringprefix](shortstring | longstring)
Stringprefix ::= "r" | "u" | "R" | "U" | "f" | "F" | "fr" | "Fr" | "fR" | "FR" | "rf" |
"rF" | "Rf" | "RF"
shortstring ::= "'" shortstringitem* "'" | '"' shortstringitem* '"'
longstring ::= "'''" longstringitem* "'''" | '"""' longstringitem* '"""'
```

```
shortstringitem ::= shortstringchar | stringescapeseq
longstringitem ::= longstringchar | stringescapeseq
shortstringchar ::= <any source character except "\" or newline or the quote>
longstringchar ::= <any source character except "\">
stringescapeseq ::= "\" <any source character>
```

由上可见，字符串由字符串的前缀（stringprefix，可选）与短字符串或长字符串两部分构成的。字符串的前缀与短字符串或长字符串之间不能有任何空白符。短字符串与长字符串的主要区别在于是否允许换行和相同引号（长字符串也就是被认为是多行的字符串），二者都不允许有"\"符号，但都可通过转义字符进行转义后使用，转义符号为反斜杠"\"。示例代码如下：

```
>>> print(u'字符串的字面值，可以使用前缀，可以使用\'转义序列\'。')
字符串的字面值，可以使用前缀，可以使用'转义序列'。
```

2. 字符串中的转义序列

与其他程序设计语言一样，Python 字符串字面值中也可存在转义字符。字符串字面值中的转义序列会基于类似标准 C 中的转义规则来解读。Python 的转义序列（可以同时在字符串和字节串字面值中使用）如表 15-1 所示。

表 15-1　Python 的转义序列

序号	转义序列	含义描述	注释
1	\\	反斜杠（\）	3 个特殊符号需要单独转义才能在字符串中使用。增加三引号对后，可以减少此类转义的使用
2	\'	单引号（'）	
3	\"	双引号（"）	
4	\a	ASCII 响铃（BEL）	ASCII 码相关控制字符
5	\b	ASCII 退格（BS）	
6	\f	ASCII 进纸（FF）	
7	\n	ASCII 换行（LF）	
8	\r	ASCII 回车（CR）	
9	\t	ASCII 水平制表（Tab）	
10	\v	ASCII 垂直制表（VT）	
11	\ooo	八进制数 ooo 码位的字符	（1,3）（指具体的码位，即 1 码位、2 码位、3 码位）超出范围的会原样保留在字符串中
12	\xhh	十六进制数 hh 码位的字符	（2,3）必须为 4 位，否则会触发语法错误

仅适合字符串字面值中的转义序列如表 15-2 所示。

表 15-2　仅适合字符串字面值中的转义序列

序号	转义序列	含义描述	注释
1	\N{name}	Unicode 数据库中名称为 name 的字符	（4）
2	\uxxxx	16 位十六进制数 xxxx 码位的字符	（5）
3	\Uxxxxxxxx	32 位十六进制数 xxxxxxxx 码位的字符	（6）

因为 Python 主要是基于 C 语言开发的，所以其很多方面是参照 C 语言定义的。有关 Python 中转义序列的相关说明如下：

（1）与标准 C 一致，最多接收 3 个八进制数码。

（2）与标准 C 不同，要求必须为两个十六进制数码。

（3）在字节串字面值中，十六进制数和八进制数转义码以相应数值代表每个字节。在字符串字面值中，这些转义码以相应数值代表每个 Unicode 字符。

（4）在 Python 3.3 版本中进行了更改：加入了对别名的支持。

（5）要求必须为 4 个十六进制数码，表示部分 Unicode 字符。

（6）此方式可用来表示任意 Unicode 字符。要求必须为 8 个十六进制数码。

与标准 C 不同的是，所有无法识别的转义序列将原样保留在字符串中，即反斜杠会在结果中保留（Python 这种方式在调试时很实用，如果输错了一个转义序列，更容易在输出结果中识别错误）。另外，专用于字符串字面值中的转义序列如果在字节串字面值中出现，会被归类为无法识别的转义序列。

Python 3.6 版本的新规则：Python 无法识别的转义序列会触发 DeprecationWarning 警告。Python 的规划是从未来某个 Python 版本开始，这样将会触发 SyntaxError。简单的示例代码如下：

```
>>> print('字符串字面值中的转义序列单引号：\'，无效的直接显示"\无效"')
字符串字面值中的转义序列单引号：'，无效的直接显示"\无效"
```

3. 字符串字面值的前缀

字符串字面值的词法中，作为可选的前缀有特殊的含义。不改变字符串含义并可使用的前缀如表 15-3 所示。

表 15-3　字符串字面值的前缀

序号	字符	形式描述	说明	功能	备注
1	R/r	单字母前缀	前缀不区分字母大小写或者说前缀字母大小写实现的功能一样	原始字符串字面值的格式化	详见 15.2 节
2	F/f				
3	R/r + F/f	序号 1、序号 2 前缀的排列			
4	F/f + R/r				
5	U/u	单字母前缀		字面值不变	序号 5 与序号 2 的字符可以兼容使用

通过排列组合，字符串的前缀共有 14 种情况，最多是两种前缀字符的组合。虽然字面上的顺序不一致，但含义是一样的。

"r"或"R"前缀可出现在字符串字面值前，这种字符串被称为"原始字符串"。如果出现上文中的转义序列，就会被当作其本身的字面符来处理。因此，在"原始字符串"字面值中，"\U"和"\u"等转义序列形式不会被特殊对待。

字符串字面值前缀中的字符一旦带有"r"或"R"前缀，字符串字面值中的转义序列会基于类似标准 C 中的转义规则来解读，字符串中的字符的特殊用途将会失效，所有的字符串都会按照原有字面意思来使用，没有转义特殊的或不能输出的字符。也就是说，即使在原始字符串字面值中，引号也可以加上反斜杠转义符，但反斜杠会保留在输出结果中。例如，r'\"是一个有效的字符串字面值，其包含两个字符——一个反斜杠和一个单引号；而 r'\'不是一个有效的字符串字面值（即使在原始字符串字面值中，也不能以奇数个反斜杠结束）。一个原始字符串字面值不能以单个反斜杠结束（因为此反斜杠会转义其后的引号字符）。一个反斜杠加一个换行符在字面值中会被解释为两个字符，而不是一个连续行。相关示例代码如下：

```
>>> r'\''
"\\'"
>>> print(r'\'')
\'
>>> r'\'
SyntaxError: EOL while scanning string literal
>>> print(r'\')
```

```
SyntaxError: EOL while scanning string literal
>>> '\\n'
'\\n'
>>> print('\\n')
\n
>>> '\\\n'
'\\\n'
>>> print('\\\n')
\

>>>
```

包含"f"或"F"前缀的字符串字面值称为"格式化字符串字面值"（详见 15.2 节）。"f"或"F"前缀可与"r"或"R"前缀连用，但不能与"u"连用，因此存在"原始格式化字符串"。

在三引号字面值中，允许存在未经转义的换行符和引号（并原样保留），未经转义的连续三引号标志着字面值的结束。"引号"是用来表示字面值的字符，即单引号或双引号。

只包含 ASCII 字符的字符串字面值（字节对应数值在 128 及 128 以上以转义形式表示的字符串字面值）前面还可带有前缀"b"或"B"，这样的前缀会把字符串转换为字节串。因此，Python 把这种情况归为字节串的前缀。同时字节串可以有前缀"r"。基于这两种的不同排列，字节串可以有的前缀包括"b""B""br""Br""bR""BR""rb""rB""Rb""RB"等。Python 3.3 版本进行修改：新加入表示原始字节串的"rb"前缀，其与"br"的含义相同；并且存在原始格式化字符串，但不存在格式化字节串字面值。相关示例代码如下：

```
>>> print(br'I like Python!')
b'I like Python!'

>>> print(br'Python\'s Book')
b"Python\\'s Book"
```

4. 字符串字面值拼接

字符串字面值的拼接不依赖于具体的符号和函数，这是 Python 句法上的一种规定。其主要功能是多个相邻（相邻指的是中间只有空白符进行分割）的字符串字面值可以被视为是所有的字符串拼接为一体，其间所用的引号可以不同（甚至可以是单引号的字符串、双引号的字符串和三引号的字符串混合使用）。此特性主要是为了减少"反斜杠"的使用，例如，我们可以不使用反斜杠符号将很长的字符串进行分割，而是将其分割成多个 Python 的"物理行"，我们也可以单独对每一部分的字符串进行注释。示例代码如下：

```
>>> print( "字符串字面值的拼接, "
    '不限制用哪个定位符, '              #注释一
"""字符串字面值的拼接是句法的定义,
可以换行。"""                          #每个"物理行"可以单独注释
)
字符串字面值的拼接, 不限制用哪个定位符, 字符串字面值的拼接是句法的定义,
可以换行。
```

虽然是在句法层面定义，但是却在编译时实现。其他操作就不能使用这个方式进行字符串拼接了（如赋值操作就得用+等方式进行字符串拼接，否则触发语法错误）。格式化的字符串字面值也可以实现与其他没有被格式化的字符串进行拼接。示例如下：

```
>>> language = 'Python'
>>> print(f'输入的喜欢的编程语言是{language}, '
```

"可以用于开发 Web 等多种应用。")
输入的喜欢的编程语言是 Python，可以用于开发 Web 等多种应用。

15.2 字符串的格式化输出

在实际编程中，字符串的各种拼接形式和按实际值输出使用的情况很多，Python 设计了多种对字符串输出值的格式化手段，如格式化字符串字面值、字符串的 format()方法、手动格式化字符串等。这些方法使输出不会只是用空格分隔不同的值，即 Python 提供了更多控制输出格式的方法。其中，字符串常量模块 string 包含一个 Template 类，它提供了另一种将变量值替换为字符串的方法（详见15.6 节）；字符串常量模块 string 还包含一个 Formatter 类，它允许用户使用类似 str.format()方法去实现构造自己的字符串格式化行为（详见 15.6 节）。

1. 字符串的 format()方法

字符串的 format()方法执行字符串格式化操作，使字符串的输出更规则且美观。此方法需要使用字符串进行调用，调用此方法的字符串叫格式字符串，它可以包含字符串字面值或者以大括号 "{}" 括起来的替换字段。不在大括号之内的字符串内容被视为字面文本，会被不加修改地复制到输出中。但是，格式字符串字面文本中要输出含有左大括号 "{" 或右大括号 "}" 的情况比较特殊，其中字面文本中的 "{{" 表示一个左大括号，"}}" 表示一个右大括号（这也是一种转义，但是不是用反斜杠实现的）。返回的字符串是调用字符串的副本，这个副本中每个替换字段都会被替换为对应参数的字符串值。

（1）替换字段的语法

格式字符串包含以大括号 "{}" 括起来的 "替换字段"。格式字符串中的替换字段可以是空、数字索引或者关键字参数，但如果都是空（全部省略是可以的），默认索引号就是从 0 开始的，按依次递增的顺序插入（不能使用负索引号；替换方式有两种，不能混用）；如果每个替换字段都用数字索引，此时可以不按位置的顺序进行插入；如果存在关键字参数，就会按关键字参数对应的值去替换。其中，格式字符串的具体语法约束如下：

```
replacement_field ::= "{" [field_name] ["!" conversion] [":" format_spec] "}"
field_name ::= arg_name ("." attribute_name | "[" element_index "]")*
arg_name ::= [identifier | digit+]
attribute_name ::= identifier
element_index ::= digit+ | index_string
index_string ::= <any source character except "]"> +
conversion ::= "r" | "s" | "a"
format_spec ::= <described in the next section>
```

上述语法除了已描述的约束外，替换字段中的开头可用 field_name（可用参数名、属性名、索引数字、标识序列类型的元素等）指定对字符串字面值进行格式化，并由对应的值取代替换字段，且被插入输出结果的对象中。field_name 是由 arg_name 直接或为前缀构成，而且 arg_name 不使用引号分隔，因此无法在格式字符串中指定任意的字典键（如字符串 "9" 或 ":-]"，数学类型字典键也会有问题，因为这样会与位置索引号有冲突）。arg_name 之后可以带上任意数量的索引或者属性表达式（如嵌套的列表就可以用多重索引，复数的实部和虚部就是复数的属性）。其中，".attribute_name" 属性形式的表达式会使用 getattr()选择命名属性，而 "[index]" 索引形式的表达式会使用__getitem__()执行索引查找。

字段名称或索引号 field_name 后有可选的转换符，转换符以 "!" 标示，有 s、r、a 3 种转换符。"!s" 表示对替换字段的值调用字符串构造函数 str()，"!r" 表示对替换字段的值调用内置函数 repr()，

"!a"表示对替换字段的值调用内置函数 ascii()，同时强调 3 种转换符每次只能使用一种。使用转换符字段会在格式化之前，把替换字段的值进行类型转换。在一般情况下，格式化值的工作是由值本身的__format__()方法来完成的。在某些情况下，最好强制将类型转换为一个字符串，覆盖值本身的格式化定义。通过在调用__format__()之前将值转换为字符串，可以绕过正常的格式化逻辑。

转换符之后还可能带有一个以"："标示的格式说明符 format_spec，用于指明替换值的非默认格式，具体包含替换值应如何呈现的格式说明描述，如字段宽度、对齐方式、填充形式、小数精度等。格式说明符会被传入替换字段值或转换结果的__format__()方法，默认情况下传入空。format_spec 字段的格式说明可以在每种值类型中进行定义，定义为值类型自身的"格式说明符迷你语言"或对 format_spec 的解读方式。大多数内置类型都支持同样的格式说明符迷你语言，详见本节后文。

format_spec 字段的格式说明符还可在其内部包含嵌套的替换字段。这些嵌套的替换字段可能包括完整的替换结构——字段名称、转换符和格式说明符，但不允许更深层的嵌套，即最多存在两层大括号。format_spec 内部的替换字段会在解读 format_spec 字符串之前先被解读，这样将允许动态地指定特定值的格式。

（2）字符串 format()方法的基本用法形式

str.format()方法的基本用法形式：'{}'.format('基本形式')。大括号和其中的字符（称为替换字段）将替换为传递给 str.format()方法的对象。替换的方法有位置法和关键字法及其组合。其中，大括号中的数字可用来表示传递给 str.format()方法的对象的位置；大括号中的关键字表示传递给此方法对应的关键字，这样使用关键字名称就可以引用到传给方法对应的值；同时，位置和关键字可以任意组合。我们可以通过使用"*"符号将序列类型或容器类型作为位置参数传递（集合类型是没有顺序的），也可以使用"**"符号将字典变量作为关键字参数传递。

相关示例代码如下：

```
>>> #str.format()方法的基本用法
str_format_0 = '这是{{{{}}}}。'

>>> print(str_format_0.format('字符串 format()方法的基本用法'))
这是{字符串 format()方法的基本用法}。
>>> #大括号{}及括起来的为"替换字段"
>>> str_format_1 = "大括号中的{0}可用来表示传递给 str.format()方法的{1}。"
>>> str_format_2 = "大括号中的{1}可用来表示传递给 str.format()方法的{0}。"
>>> str_format_3 = "大括号中的{0}可用来表示传递给 str.format()方法的对象的位置{0}。"
>>> print(str_format_1.format('数字','对象的位置'))
大括号中的数字可用来表示传递给 str.format()方法的对象的位置。
>>> print(str_format_2.format('对象的位置','数字'))
大括号中的数字可用来表示传递给 str.format()方法的对象的位置。
>>> print(str_format_3.format('数字'))
大括号中的数字可用来表示传递给 str.format()方法的对象的位置数字。
>>> str_format_4 = "如果在 str.format()方法中{key}，则使用参数的{desc}。"
>>> print(str_format_4.format(desc = '名称引用它们的值',key = '使用关键字参数'))
如果在 str.format()方法中使用关键字参数，则使用参数的名称引用它们的值。
>>> str_format_5 = '{}和{key_q}参数可以{}'
>>> print(str_format_5.format("位置","任意组合",key_q = "关键字"))
位置和关键字参数可以任意组合
>>> str_format_6 = '非常长的格式字符串，不想{0[n1]}，最好{0[n2]}引用参数{0[n3]}。'
>>> dict_q = {"n1":"把它拆开","n2":"使用关键字形式","n3":"进行格式化"}
>>> print(str_format_6.format(dict_q))
非常长的格式字符串，不想把它拆开，最好使用关键字形式引用参数进行格式化。
```

```
>>> s_f_7 = '非常长的格式字符串，不想{keya[n1]}，最好{keya[n2]}引用参数{keya[n3]}。'
>>> print(s_f_7.format(keya = dict_q))
非常长的格式字符串，不想把它拆开，最好使用关键字形式引用参数进行格式化。
>>> s_f_8 = '非常长的格式字符串，不想{n1}，最好{n2}引用参数{n3}。'
>>> print(s_f_8.format(**dict_q))#等价于使用关键字参数
非常长的格式字符串，不想把它拆开，最好使用关键字形式引用参数进行格式化。
>>> s_f_9 = '{}将{}或容器类型中的元素作为{}传递'
>>> t_1 = ('*','序列','位置参数')
>>> print(s_f_9.format(*t_1))
*将序列或容器类型中的元素作为位置参数传递
>>> print(s_f_9.format(*dict_q))  #字典类型只取关键字
n1 将 n2 或容器类型中的元素作为 n3 传递
>>> #乘法口诀局部修改
for i in range(1,10):
print('9*{0}={1:2d}'.format(i,i*9),end =' ') if i<9 else print('9*{0}={1:2d}'.format
(i,i*9))

    9*1= 9 9*2=18 9*3=27 9*4=36 9*5=45 9*6=54 9*7=63 9*8=72 9*9=81
```

其中，按顺序表示的位置参数标识符可以省略，这个特性是在 Python 3.1 版本中新增的更改，也就是格式字符串 "'{} {}'.format(x, y)" 等价于 "'{0}{1}'.format(x, y)"。

注意：以关键字方式传参时，关键字名称不能重复（通过**的方式解包后也不能重复），否则会触发 TypeError。例如：

```
>>> d_1 = {"name": 'name', "age": 'age', "sex": "sex"}
>>> name = "Python"; age = 21; sex = '男'
>>> print("姓名: {name} 年龄: {age} 性别: {sex}".
    format(**d_1,name = 'name1',age = 'age1',sex = 'sex1'))
Traceback (most recent call last):
  File "<pyshell#484>", line 2, in <module>
    format(**d_1,name = 'name1',age = 'age1',sex = 'sex1'))
TypeError: format() got multiple values for keyword argument 'name'
```

上面错误说明**d_1解包后存在关键字 "name" 与后面按关键字传入实参（name = 'name1'）中的 name 重名。

2. 内置函数 format()

内置函数 format()的完整形式是 format(value[, format_spec])，其功能是实现对 value 的格式化。其中 format_spec 是控制格式化表示的，它由 value 实参的类型决定；类型可以自身定义格式说明符迷你语言，但是大部分内置类型都使用标准的格式说明符迷你语言（详见本节后文）。在默认情况下，format_spec 是可选参数，默认值是一个空字符串，这时调用 format(value)与调用 str(value)的结果相同。format(value, format_spec) 这 种 调 用 方 式 会 被 转 换 成 type(value).__format__(value, format_spec)，所以字典实例中的__format__()方法将不会被调用。如果对象 object 有这个方法，同时 format_spec 不为空，format_spec 或返回值不是字符串，就会触发 TypeError。这个特性是在 Python 3.4 版本中更改的，也就是说，object().__format__(format_spec)会触发 TypeError。相关示例代码如下：

```
>>> print(format(3,'10d'),'|')
        3 |
>>> print(type(3).__format__(3, '10d'),'|')
        3 |
>>> print(format('Python','>10'),'|')
    Python |
```

3. 格式化字符串字面值

格式化字符串字面值的方法是利用字符串的前缀 f 或 F 字符实现的，又称 f-string。此功能是 Python 3.6 版本中新增的功能。这种格式化的主要思想是，字符串可包含由"{}"表示的被替换字段，在运行时并把"{}"表示的表达式用表达式的值替换。而其他情况的字符串字面值总是一个常量。

如果字符串字面值没有被前缀"r/R"修饰，那么在格式化字符串字面值之前，字符串中的转义序列也会被先解码（这个情况与其他字符串字面值处理一样）。解码之后，字符串内容所使用的语法如下：

```
f_string ::= (literal_char | "{{" | "}}" | replacement_field)*
replacement_field ::= "{" f_expression ["!" conversion] [":" format_spec] "}"
f_expression ::= (conditional_expression | "*" or_expr) ("," conditional_expression | ","
"*" or_expr)* [","] | yield_expression
conversion ::= "s" | "r" | "a"
format_spec ::= (literal_char | NULL | replacement_field)*
literal_char ::= <any code point except "{", "}" or NULL>
```

（1）上述语法规则的基本含义

f 字符串中"{}"以外的非"{{"和"}}"字符按原来字面值去处理。其中，双重大括号会被替换为单个大括号（注意：f-string 这个规则不是用转义序列实现的），即"{{"表示一个左大括号，"}}"表示一个右大括号（这个特性与字符串 format()方法前的格式字符串中的使用方法一样）。相关示例代码如下：

```
>>> print(f'{{')
{
>>> print(f'}}')
}
>>> f'{{'
'{'
>>> f"}}"
'}'
```

f 字符串中"{}"中的内容是替换的内容，"{"是替换字段的起始标识，"}"是替换字段的终止标识。"{}"中的替换内容是 Python 的表达式，不能为空表达式。替换内容的表达式可以使用小括号中的表达式。但是，lambda 表达式必须显式地加上小括号才可以。在 Python 3.7 版本之前，await 表达式包含 async for 子句的推导式，不允许在格式化字符串字面值表达式中使用，这是因为具体实现存在一个问题。替换内容的表达式中可以包含换行（如在三引号字符串中），但包含注释（#）会提示语法错误。对于在格式化字符串字面值中包括多个表达式的情况，Python 会按照从左到右的方式，依次对表达式进行求值。相关示例代码如下：

```
>>> f'{}' <---------空表达式会报错
SyntaxError: f-string: empty expression not allowed
>>> f'{(lambda x:x+2)(2)}'
'4'
>>> f'{lambda x:x+2(2)}'<---------没有显示地加上小括号就会报错
SyntaxError: unexpected EOF while parsing
>>> print(f'{1+5}') <----------一般表达式
6
>>> str_newline = '''Python 的 f-string 表达式可以包含换行符,
但是不能包含注释。'''
>>> print(f'字符串字面值开头。{str_newline}字符串字面值结尾。')
字符串字面值开头。Python 的 f-string 表达式可以包含换行符,
```

但是不能包含注释。字符串字面值结尾。

```
>>> print(f'字符串字面值开头。{str_newline#注释}字符串字面值结尾。')
SyntaxError: f-string expression part cannot include '#'
>>> print(f'多个表达式，从左到右依次求值：{2**2,(lambda x:x+2)(2),language}')
多个表达式，从左到右依次求值：(4, 4, 'Python')
```

替换内容是以一个 Python 表达式开始，随后可能有一个以"!"标示的转换符，还可再有一个以":"标示的格式说明符。其中，有 s、r、a 3 种转换字符，"!s"表示对表达式的结果调用字符串构造函数 str()，"!r"表示对表达式的结果调用内置函数 repr()，"!a"表示对表达式的结果调用内置函数 ascii()。3 种转换符每次只能使用一种，表达式的结果被转换后，才执行字符串字面值的格式化。相关示例代码如下：

```
>>> f'{1+6!s}'
'7'
>>> f'{1+6!r}'
'7'
>>> f'{1+6!a}'
'7'
>>> f'{"a"!a}'
"'a'"
```

此后结果会使用内置函数 format()的协议进行格式化。":"标示的格式说明符会被传入表达式或转换结果的__format__()方法。格式说明符是一个可选项，默认会传入一个空字符串。最后，格式化结果会包含在整个字符串最终的值当中。

（2）一些示例代码

格式化字符串字面值的示例代码如下：

```
>>> username = 'Jack'
>>> print(F'登录的用户名是：{username}。')
登录的用户名是：Jack。
>>> print(F'登录的用户名是：{repr(username)}。')
登录的用户名是：'Jack'。
>>> print(F'登录的用户名是：{username!r}。')
登录的用户名是：'Jack'。
>>> print(F'登录的用户名是：{username!s}。')
登录的用户名是：Jack。
>>> print(F'登录的用户名是：{username!a}。')
登录的用户名是：'Jack'。
>>> dis_code = {'西城': 100088, '海淀区': 100083}
>>> for name, code in dis_code.items():
    print(f"{name:10} ==> {code:10d}")


西城        ==>      100088 <---------格式化汉字是不齐的
海淀区       ==>      100083
>>> dis_code_abc = {'xicheng': 100088, 'haidianqu': 100083}
>>> for name, code in dis_code_abc.items():
    print(f"{name:10} ==> {code:10d}")


xicheng    ==>      100088
haidianqu  ==>      100083
>>> width = 10
```

```
>>> precision = 4
>>> value = "12.34567"
>>> print(f"原始值: {value}, 格式化后的值: {value:{width}.{precision}}" ) # 嵌套
原始值: 12.34567, 格式化后的值:  12.3
>>> import decimal
>>> value1 = decimal.Decimal("12.34567")          # 双精度浮点数类型
>>> print(f"原始值: {value1}, 格式化后的值: {value1:{width}.{precision}}")
原始值: 12.34567, 格式化后的值:       12.35
>>> number = 1024
>>> print(f"{number:#0x}")                          # 使用整数格式说明符
0x400
>>> print(f"{number:#0x}" F'登录的用户名是: {username!a}。')
0x400 登录的用户名是: 'Jack'。
```

其中，格式化字符串字面值的嵌套最多嵌套一层，即最多有两层大括号。处于顶层的格式说明符可以包含嵌套的替换字段。这些嵌套字段也可以包含自己的转换符和格式说明符，但不可再包含更深层嵌套的替换字段。这里的格式说明符迷你语言与字符串的 format() 方法所使用的相同（详见本节后文）。

格式化字符串字面值可以拼接，但是一个替换字段不能拆分到多个字面值，即格式化字符串字面值的多个字符串拼接之前，仍然是独立的字符串，这样每个独立的字符串都会有独立的替换字段，不能把替换字段的每个部分拆分到前后相邻的两个拼接字符串中。其他使用规则：诸如，替换内容中的引号不能与被格式化的引号类型一样；格式化表达式中不允许有反斜杠（\），如果需要包括反斜杠转义的值，我们可创建一个临时变量；格式化字符串字面值不能用在函数的"文档字符串"上，即便其中没有包含表达式，强行使用虽不会触发错误，但会使函数文档字符串失效。相关的示例代码如下：

```
>>> print(f"{引号类型: int("1")}")        #这是错误的
SyntaxError: invalid syntax
>>> print(f"引号类型: {int('1')}")        #这是正确的
引号类型: 1
>>> print(f'反斜杠: {"\n"}')              #这是错误的
SyntaxError: f-string expression part cannot include a backslash
>>> newline = '\n'
>>> print(f'反斜杠: {newline}')           #这是正确的
反斜杠:

>>> #格式化字符串字面值不能用于函数的文档字符串，强制使用不会报错，但是会失去作用
def func_doc():
    f"函数文档"

>>> print(func_doc.__doc__)
None
```

注意：f-string 和 str.format() 一起用时，会先执行 f-string 的格式化，而此时 str.format() 方法就相当于没有起作用。例如：

```
>>> name = "Python"; age = 21; sex = '男'
>>> d_1 = {"name": 'name', "age": 'age', "sex": 'sex'}
>>> print(f"姓名: {name} 年龄: {age} 性别: {sex}".format(**d_1))
姓名: Python 年龄: 21 性别: 男
```

4．手动格式化字符串

手动格式化字符串是指在不使用 f-string、format() 方法的情况下，自行对字符串的格式进行定制。

当不需要易于人类读取的输出而只是想快速显示某些变量以进行调试时，可以使用函数 repr() 或 str() 将任何值转换为字符串，这是最常用的手动格式化字符串方式。其他情况可以使用字符串类型自带的方法进行手动格式化，具体方法如表 15-4 所示。

表 15-4　字符串与格式化相关的方法

序号	类型	方法名称和形式	返回值	功能描述
1	格式化	rjust(width[, fillchar])	返回长度为 width 的字符串，是原字符串副本的扩展（后续看描述）；如果 width 小于等于 len(s)，则返回原字符串的副本	原字符串在其中靠右对齐。使用指定的 fillchar 填充空位（默认使用 ASCII 空格符）
2		ljust(width[, fillchar])		原字符串在其中靠左对齐。使用指定的 fillchar 填充空位（默认使用 ASCII 空格符）
3		center(width, fillchar)		原字符串在其中居中对齐。使用指定的 fillchar 填充两边的空位（默认使用 ASCII 空格符）
4		zfill (width)		返回原字符串的副本，在左边填充 ASCII 数码 "0" 使其长度变为 width。正负值前缀（"+"/"−"）的处理方式是在正负符号之后填充而非在之前

字符串对象的 str.rjust() 方法通过在左侧填充空格来对给定宽度的字段中的字符串进行右对齐，类似的方法还有 str.ljust() 和 str.center()。方法本身不会写入任何东西，只是返回一个新字符串。当输入的字符串太长时，方法不会截断字符串，而是返回原字符串的副本形式的新字符串。这样会影响列布局，但不影响字符串"值"本身的输出。我们也可通过切片操作 x.ljust(n)[:n] 保留字符串的长度格式，但此时输出的值可能就不是字符串原有的值。方法 str.zfill() 会在数字字符串的左边填充 0，并能识别正负号。此法可以应用到乘法口诀的格式化中，具体请读者自行尝试。

手动格式化字符串的示例代码如下：

```
>>> for y in range(5, 11):
    print(repr(y).rjust(2), repr(pow(y,2)).rjust(3), end=' ')        #每列尾加空格
    print(repr(pow(y,3)).rjust(4))

 5  25  125
 6  36  216
 7  49  343
 8  64  512
 9  81  729
10 100 1000
>>> for s in "Python":
    print(s.rjust(2), (s*2).rjust(3), end=' ')
    print((s*3).rjust(4))

 P  PP  PPP
 y  yy  yyy
 t  tt  ttt
 h  hh  hhh
 o  oo  ooo
 n  nn  nnn
>>> for s in "Python":
    print(s.rjust(2), "".join((s,s)).rjust(3), end=' ')
    print("".join((s,s,s)).rjust(4))

 P  PP  PPP
```

```
y yy yyy
t tt ttt
h hh hhh
o oo ooo
n nn nnn
>>> '3.1415'.zfill(10)
'00003.1415'
>>> print('-3.1415'.zfill(10))
-0003.1415
>>> print('+3.1415'.zfill(10))
+0003.1415
```

5. 旧的字符串格式化方法

旧的字符串格式化方法主要是基于%运算符的字符串格式化，也是 printf 风格的字符串格式化。Python 相关文档明确指出，此方法用于显示元组、字典等类型数据，可能会导致很多常见的错误，建议使用前述的字符串格式化方法。但是由于一些老的代码使用了这种方法，因此下面也对其进行简单介绍。

旧的字符串格式化方法的基本形式是 format % values，其含义是 format 中的 %转换标记符将被替换为 0 个或多个 values 条目（字符串插值），format 是一个字符串。具体使用方法如下面的示例代码所示。

```
>>> print('%(language)s 拥有 %(number)03d 引号类型。' %
        {'language': "Python", "number": 2})
Python 拥有 002 引号类型。
>>> print('pi 的值大约是 %5.3f。' % 3.1415926536)
pi 的值大约是 3.142。
```

其中转换标记符包含两个或更多字符，它们依次为：%字符作为转换符的起始，由小括号括起来的字符序列组成映射键（可选），"#、''、-"等转换旗标（可选），以及最小字段宽度（可选）、精度（可选）、长度修饰符（可选）、"d、i"等转换类型。

6. 格式说明符迷你语言

格式说明符迷你语言对于格式字符串（字符串的 format()方法）、内置格式化函数 format()、格式化字符串字面值等，都具有重要作用。"格式说明符"在格式化字符串所包含的替换字段内部使用，用于定义单个值应如何呈现。每种可格式化的类型都可以自行定义如何对格式说明符进行解读。格式说明符的一般形式如下：

```
format_spec ::= [[fill]align][sign][#][0][width][grouping_option][.precision][type]
fill ::= <any character>
align ::= "<" | ">" | "=" | "^"
sign ::= "+" | "-" | " "
width ::= digit+
grouping_option ::= "_" | ","
precision ::= digit+
type ::= "b" | "c" | "d" | "e" | "E" | "f" | "F" | "g" | "G" | "n" | "o" | "s" | "x" |
"X" | "%"
```

格式说明符本身对于格式化字符串来说是可选项，它具有 8 大类 9 种格式化字符串的选项。大部分内置类型都支持相关的选项，但个别选项只被数字类型所支持。格式说明符各选项的符号和功能如图 15-2 所示。

基于字符串的文本处理（3）

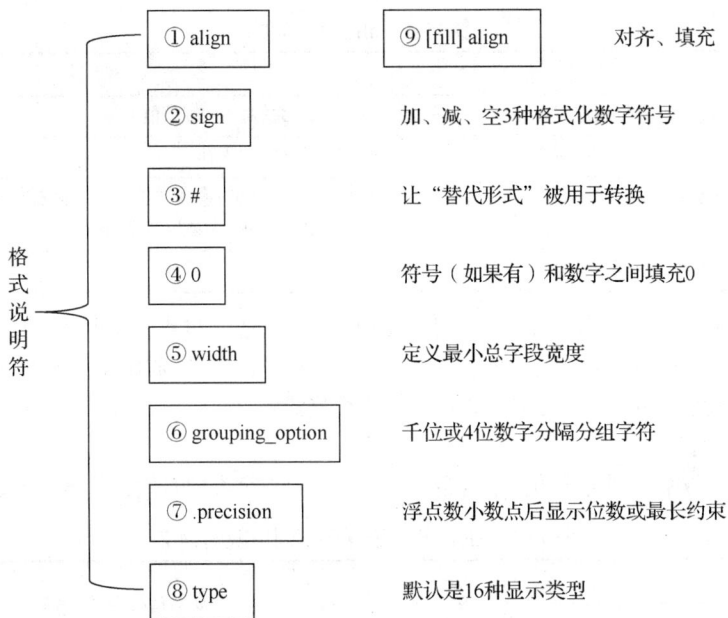

图 15-2 格式说明符各选项的符号和功能

格式说明符各个选项适用的类型如表 15-5 所示。

表 15-5 格式说明符各个选项适用的类型

选项	含义	取值范围	适用类型
①	按①格式对齐并填充⑨（取值无限制，有特殊情况）相应字符，默认填充空格	"<" ">" "=" "^"	无限制，部分数字
②	根据指定符号格式化数字类型值的符号	"+" "-" " "	数字类型
③	让"替代形式"被用于转换，与⑧配合使用	"#"	部分数字
④	未给出对齐方式时，符号（如果有）和数字之间直接用 0 填充，参考①的"="选项	"0"	数字类型
⑤	最小总字段宽度	十进制整数	无限制
⑥	千位或 4 位数字分隔分组字符	"_" ";"	数字类型
⑦	浮点数显示位数，非数字最大字段长度	十进制整数	有限制
⑧	针对字符串和各种数字类型规定显示类型，并按显示的规则进行显示输出	15 种字符，16 种显示类型	无限制

格式说明符各个选项的详细说明如下。

（1）align 和 fill——对齐和填充

对齐和填充是比较常用的格式化方式。填充的字符建立在有 align 值的基础上，即有效的 align 值才能指定填充的字符 fill（fill 可以是任意字符，默认是空格）。语法格式上是填充字符 fill 在前，align（对齐）符号在后。但在使用 f-string 和 str.format()方法时，fill 不能直接用"{"或"}"字符，需要用嵌套替换字段插入大括号的方式。例如，hua='{';huahua=0;f'{huahua:{hua}>20}' 或 "{:{}>20}".format('d','{')的方式。但对于内置函数 format()，就没有这个限制。align 的选项如表 15-6 所示。

表 15-6　align 的选项

选项	含义	说明
"<"	强制字段在可用空间内左对齐	这是大多数对象的默认值
">"	强制字段在可用空间内右对齐	这是数字的默认值
"="	强制将填充放置在符号（如果有）之后但在数字之前	当"0"紧接在字段宽度之前时，它成为默认值。"="选项仅对数字类型（复数除外）有效
"^"	强制字段在可用空间内居中	

对齐选项只有定义了最小字段宽度（且大于填充它的数据长度大小）时才有意义，否则对齐选项没有意义，这时字段宽度始终与填充它的数据相同。其中，"="选项用于以"+000000520"形式输出字段，但不能使用此选项对复数类型的数字进行格式化。

（2）sign——符号

sign 选项用于数字类型符号的显示与否的限制，只对数字类型有效，具体约束如表 15-7 所示。

表 15-7　sign 各个选项在不同情况的含义

选项	正数情况含义		负数情况含义	默认情况
	有符号"+"	无符号（默认为"+"）		
"+"	强制显示符号"+"		显示负数的符号"-"不变	否
"-"	强制取消符号"+"显示		显示负数的符号"-"不变	默认行为
" "	强制使用空格在符号"+"位显示		显示负数的符号"-"不变	否

（3）#

"#"选项主要作用是让"替换形式"被用于转换。替换形式可以根据⑧中的不同类型分别进行定义。此选项仅对整数类型（int）、浮点数类型（float）、复数类型（complex）和 Decimal 类型有效。"#"选项相关的转换说明如表 15-8 所示。

表 15-8　"#"选项相关的转换说明

转换说明	输出进制	操作行为
整数类型	二进制	添加"0b"前缀
	八进制	添加"0o"前缀
	十六进制	添加"0x"前缀
浮点数类型、复数类型和 Decimal 类型	无关	替代形式会使转换结果总是包含小数点符号，即使其不带小数
⑧中的"g"和"G"转换	无关	末尾的 0 不会从结果中被移除

通常只有在带有小数的情况下，此类转换的结果中才会出现小数点符号。

（4）0

关于"0"选项，详见表 15-6 中的"="选项或⑤。

（5）width——宽度

width 用于定义总字段的最小宽度，取值是十进制的整数。总字段是指包括任何前缀、分隔符和其他格式化的字符（填充字符、符号字符等）。如果没有指定或者定义的总字段最小宽度小于字段内容本身的长度，那么字段宽度就是由内容本身确定的。

当没有定义具体对齐方式时，在 width 字段前加一个 0（"0"，也就是形式④），选项将为数字类型启用感知正负号的 0 填充。其相当于"0=width"的形式，即填充字符 fill 被设置为"0"，align 对齐方式被设置为"="；此时如果填充字符 fill 被显式定义（如形式"e=0width"），则使用显式定义的字符去填充，而不是使用"0"（上面的形式就会使用字符 e 去填充）。

（6）grouping_option

grouping_option 选项用于指定对数字千位进行分隔的方式，它有"_"和","两种符号，需要与⑧type 的显示类型配合使用，具体含义如表 15-9 所示。

表 15-9　grouping_option 选项的符号及含义

符号	含义	更新版本
"_"	对整数表示类型"d"和浮点数表示类型使用下画线作为千位分隔符	Python 3.6 中添加
	对于整数表示类型"b""o""x"和"X"，将为每 4 个数位插入一个下画线	
	对其他表示类型指定此选项将导致错误	
","	使用逗号作为千位分隔符。对于本地区域设置的识别分隔符，请改用"n"整数表示类型，此情况强制使用","将导致错误	Python 3.1 中添加

（7）.precision——浮点数小数点后长度或最大字段长度

precision 本身是一个十进制的整数，使用时前面的点"."不能省略。其针对以下 4 种情况的处理方式会有所不同：⑧type 中显示类型指定的"f"或"F"，相当于对格式化的浮点数值在小数点后显示的位数；⑧type 中显示类型指定的"g"或"G"，相当于对格式化的浮点数值在小数点前后共显示的位数（只算数字所在位置作为位数，不算符号等位数）；对于非数字类型，该选项表示最大字段长度，即要使用的字段内容的长度，超过长度的字符会被截取掉；对于整数值，不允许使用 precision 选项，否则会触发 ValueError。

（8）type——确定数据显示类型

type 确定了数据呈现的表示类型，规定了字符串类型、整数类型及浮点数类型 3 大类的表示类型。下面介绍中的 None 都是指什么也不输入的情况，而不是指显性地写 None。

用于字符串类型的表示类型如表 15-10 所示。

表 15-10　用于字符串类型的表示类型

类型	含义	默认行为
"s"	字符串格式	这是字符串的默认类型，可以省略
None	与"s"一样	省略与使用"s"的效果一样

用于整数类型的表示类型如表 15-11 所示。

表 15-11　用于整数类型的表示类型

类型	基本含义	详细说明：（把原始值进行转换，默认会把前缀剔除）
"b"	二进制格式	输出以 2 为基数的数字
"c"	字符	在输出之前将整数转换为相应的 Unicode 字符
"d"	十进制整数	输出以 10 为基数的数字
"o"	八进制格式	输出以 8 为基数的数字
"x"	十六进制格式	输出以 16 为基数的数字，使用小写字母表示 9 以上的数码
"X"	十六进制格式	输出以 16 为基数的数字，使用大写字母表示 9 以上的数码
"n"	数字	与"d"相似，不同之处在于，它使用当前区域设置来插入适当的数字分隔字符，手动指定千位分隔符会触发 ValueError
None	与"d"相同	

在上述表 15-11 的表示类型之外，整数还可通过表 15-12 所示的浮点数表示类型来格式化（除了

"n"和None，因为这两种会直接使用自身的表示类型进行格式化）。当使用浮点数表示类型时，会在格式化之前使用float()将整数转换为浮点数。

表15-12　用于浮点数类型和小数值的表示类型

类型	基本含义	详细说明（把原始值进行转换，默认会把前缀剔除，默认精度为6）
"e"	指数表示	把数值转换为以使用字母"e"来表示的指数科学记数法形式
"E"		与"e"相似，不同之处在于，它使用大写字母"E"作为分隔字符
"f"	定点表示	将数字显示为一个定点数
"F"		与"f"相似，但会将nan转换为NAN，并将inf转换为INF
"g"	常规格式	对于给定的精度p ≥ 1的情况，它会将数值舍入到p位有效数字，再将结果以定点格式或科学记数法进行格式化，具体取决于其值的大小
"G"		类似于"g"，不同之处在于，当数值非常大时，会切换为"E"。无穷与NaN也会表示为大写形式：INF与NAN
"n"	数字	与"g"相似，不同之处在于，它会使用当前本地区域设置来插入适当的数字分隔字符。它也不允许手动指定分隔符
"%"	百分比	将数字乘以100并显示为定点"f"格式，后面带一个百分号
None	类似"g"	不同之处在于，当使用定点表示法时，小数点后将至少显示一位。默认精度与表示给定值所需的精度一样。整体效果为与其他格式修饰符所调整的str()输出保持一致

对于"g"类型，精度p就是⑦.precision指定的精度，具体的规则如下。

假设使用表示类型"e"和精度p-1进行格式化的结果具有指数值exp。如果-4 ≤ exp < p，该数字将使用表示类型"f"和精度p-1-exp进行格式化（表示类型"f"不会移除无意义的末尾的0）；否则，该数字将使用表示类型"e"和精度p-1进行格式化（表示类型"e"不会移除无意义的末尾的0）。两种情况都会从有效数字中移除无意义的末尾0，并且如果小数点之后没有数字，则小数点也会被移除，除非使用了"#"选项。

正负无穷、正负零和nan会分别被格式化为inf、-inf、0、-0和nan，无论精度如何设置。

精度p为0时，会被视为等同于精度1；精度p默认值为6。

格式化示例代码如下：

```
>>> print('{:<26}'.format('左侧对齐'))
左侧对齐
>>> print('{:>26}'.format('右侧对齐'))
                    右侧对齐
>>> print('{:^26}'.format('居中对齐'))
          居中对齐
>>> print('{:-^26}'.format('居中对齐'))        #使用"-"作为填充字符
-----------居中对齐-----------
>>> print('{:+f};{:+f}; {:+f}'.format(+3.14, 3.14, -3.14))
                              #都会显示符合默认精度6位
+3.140000;+3.140000; -3.140000
>>> print('{: f};{: f}; {: f}'.format(+3.14, 3.14, -3.14))   #正号位置被前导空格替换
 3.140000; 3.140000; -3.140000
>>> print('{:-f};{:-f}; {:-f}'.format(+3.14, 3.14, -3.14))    #不显示正号
3.140000;3.140000; -3.140000
>>> print("int: {0:d};  hex: {0:4_x};  oct: {0:5_o};  bin: {0:9_b}".format(41))
int: 41;  hex:   29;  oct:    51;  bin:   10_1001
>>> print("int: {0:d};  hex: {0:#4_x};  oct: {0:#5_o};  bin: {0:#_b}".format(41))
int: 41;  hex: 0x29;  oct: 0o51;  bin: 0b10_1001
```

```
>>> print('{0:,}、{0:_}、{0:_o}'.format(1234567890))
1,234,567,890、1_234_567_890、111_4540_1322
>>> stus = 22
>>> total_stu = 26
>>> print('作业正确率: {:.2%}。'.format(stus/total_stu))
作业正确率: 84.62%。
>>> import datetime
>>> d = datetime.datetime(2021, 5, 30, 7, 35, 58)
>>> print('本地默认: {0}\n格式化后: {0:%H:%M:%S %Y-%m-%d}'.format(d))
本地默认: 2021-05-30 07:35:58
格式化后: 07:35:58 2021-05-30
>>> for align, text in zip('<^>', ['左', '中', '右']):
    print('{0:{fill}{align}16}'.format(text, fill=align, align=align))


左<<<<<<<<<<<<<<<
^^^^^^^中^^^^^^^^
>>>>>>>>>>>>>>>右
>>> octets = [192, 168, 0, 1]
>>> '{:02X}{:02X}{:02X}{:02X}'.format(*octets)
'C0A80001'
>>> '{:02x}{:02x}{:02x}{:02x}'.format(*octets)
'c0a80001'
>>> int(_, 16)
3232235521
>>> width = 6
>>> if True:
    for base in 'dXob':
        print('{0:>{width}s}'.format(base, base=base, width=width), end='')
    print()
    for num in range(6,12):
        for base in 'dXob':
            print('{0:{width}{base}}'.format(num, base=base, width=width), end='')
        print()


    d     X     o     b
    6     6     6   110
    7     7     7   111
    8     8    10  1000
    9     9    11  1001
   10     A    12  1010
   11     B    13  1011
>>> if True:
    print(f'精度: p、p-1 123456.9012:.pg -4<=exp<p .(p-1-exp)f .(p-1)e 格式化')
    for p in range(11):
        exp = 5
        p1 = p-1 if p > 0 else p
        p1_exp = p1 - exp if p1 - exp>=0 else 0
        print(f'精度: {p:2}、{p1:2}: {123456.9012:<15.{p}g}{-4<=exp<p!r:6}{123456.9012:<14.{p1_exp}f}{123456.9012:<13.{p1}e}')


精度: p、p-1 123456.9012:.pg -4<=exp<p .(p-1-exp)f .(p-1)e 格式化
精度: 0、 0: 1e+05          False 123457       1e+05
```

```
精度: 1、0: 1e+05              False 123457        1e+05
精度: 2、1: 1.2e+05            False 123457        1.2e+05
精度: 3、2: 1.23e+05           False 123457        1.23e+05
精度: 4、3: 1.235e+05          False 123457        1.235e+05
精度: 5、4: 1.2346e+05         False 123457        1.2346e+05
精度: 6、5: 123457             True 123457         1.23457e+05
精度: 7、6: 123456.9           True 123456.9       1.234569e+05
精度: 8、7: 123456.9           True 123456.90      1.2345690e+05
精度: 9、8: 123456.901         True 123456.901     1.23456901e+05
精度: 10、9: 123456.9012       True 123456.9012    1.234569012e+05
```

15.3 字符串的高效创建

字符串的创建方法有很多，对于多个字符串的高效拼接创建，有 str.join()方法和 io.StringIO 类。高效创建字符串的方法如表 15-13 所示。

表 15-13　高效创建字符串的方法

名称及形式	返回	具体操作细节
str.join(iterable)	返回一个由 iterable 中的字符串拼接而成的字符串	● 如果 iterable 中存在任何非字符串值，包括 bytes 对象，则会引发 TypeError ● 调用该方法的字符串将作为元素之间的分隔
io.StringIO(initial_value='', newline='\n')	创建 StringIO 类，只操作字符串，调用内部方法返回字符串	● 可以通过 write()方法把字符串写入 StringIO 类实例 ● 可以调用类中的 getvalue()方法返回字符串

示例代码如下：

```
>>> print("|".join(['P','y','t','h','o','n']))
P|y|t|h|o|n
>>> print("".join(['P','y','t','h','o','n']))
Python
>>> import io
>>> iostr = io.StringIO("", newline ='')
>>> iostr.write("Python is a good language!")
26
>>> print(iostr.getvalue())
Python is a good language!
>>> iostr.close()
```

15.4 其他内置对象及其操作

字符串除了支持上述常用的+、*、in、notin 等运算符外，也支持 max()、min()、len()、sorted()等内置函数。它不仅支持作为 enumerate()、zip()、reversed()、map()、filter()等内置函数的参数，还支持作为构造函数 tuple()、list()、set()等的参数，并可作为字典类型的键。简单的示例代码如下：

```
>>> sorted('ddfdafddaf')
['a', 'a', 'd', 'd', 'd', 'd', 'd', 'f', 'f', 'f']
>>> list('dafd')
['d', 'a', 'f', 'd']
>>> set('dafd')
{'a', 'd', 'f'}
```

```
>>> list(enumerate('Python'))
[(0, 'P'), (1, 'y'), (2, 't'), (3, 'h'), (4, 'o'), (5, 'n')]
>>> list(zip("Python","Python"))
[('P', 'P'), ('y', 'y'), ('t', 't'), ('h', 'h'), ('o', 'o'), ('n', 'n')]
>>> list(reversed("Python"))
['n', 'o', 'h', 't', 'y', 'P']
>>> list(map(lambda x:chr(ord(x)-20),'Python'))
['<', 'e', '`', 'T', '[', 'Z']
>>> list(filter(lambda x:ord(x)>80,'Python'))
['y', 't', 'h', 'o', 'n']
```

15.5 字符串的方法

字符串作为一个独立的数据类型，本身也是一种类对象。除了上述介绍的格式化、高效创建等方法，还有一些字符串对象的方法。

1. 字符串对象的部分方法

字符串对象部分方法的具体名称、形式及描述如表 15-14 所示。

表 15-14　字符串对象部分方法简介

序号	分类	方法名称及形式	描述
1	查找 （可选参数 start 与 end 会被解读为切片表示方法）	count(sub[,start[,end]])	返回 sub 在[start,end]范围内非重叠出现的次数
2		find(sub[,start[,end]])	返回 sub 在 s[start:end]切片内找到的最小索引值，否则返回-1
3		rfind(sub[,start[,end]])	返回 sub 在 s[start:end]切片内被找到的最大（最右）索引，否则返回-1
4		index(sub[,start[,end]])	类似于 find()，在找不到 sub 时会触发 ValueError
5		rindex(sub[,start[,end]])	类似于 rfind()，但在找不到子字符串 sub 时会触发 ValueError
6		startswith(prefix [,start[,end]])	如以 prefix 开始则返回 True，否则返回 False。prefix 可以为由多个供查找的前缀构成的元组
7		endswith(suffix [,start[,end]])	如以 suffix 结束则返回 True，否则返回 False。suffix 可以为由多个供查找的后缀构成的元组
8	字符类型判断[包括空白字符、字母、数字、十进制字符、数值（具体字符分类详见下文)]	isspace()	如果字符串中只有空白字符且至少有一个字符，则返回 True，否则返回 False
9		isalpha()	如果字符串中的所有字符都是字母，并且至少有一个字符，返回 True，否则返回 False
10		isdigit()	如果字符串中的所有字符都是数字，并且至少有一个字符，返回 True，否则返回 False
11		isdecimal()	如果字符串中的所有字符都是十进制字符，并且至少有一个字符，则返回 True，否则返回 False
12		isnumeric()	如果字符串中至少有一个字符，且所有字符均为数值字符，则返回 True，否则返回 False
13		isalnum()	如果字符串中的所有字符都是字母或数值且至少有一个字符，则返回 True，否则返回 False。如果 c.isalpha()、c.isdecimal()、c.isdigit()或 c.isnumeric()之中有一个返回 True，则字符 "c" 是字母或数字
14		isascii()	如果字符串为空或字符串中的所有字符都是 ASCII，返回 True，否则返回 False。ASCII 字符码值范围是 U+0000～U+007F

序号	分类	方法名称及形式	描述	
15	字母大小写判断	islower()	如果字符串中至少有一个区分大小写的字母且此类字符均为小写，则返回 True，否则返回 False	
16		istitle()	如果字符串中至少有一个字符且为标题字符串，则返回 True，否则返回 False	
17		isupper()	如果字符串中至少有一个区分大小写的字母且此类字符均为大写，则返回 True，否则返回 False	
18	按给定字符串分隔	split(sep=None, maxsplit=-1)	从最左边开始分隔	返回一个由字符串内单词组成的列表，使用 sep 作为分隔字符串（连续的 sep 会被视为分隔空字符串）。
19		rsplit(sep=None, maxsplit=-1)	从最右边开始分隔，其他都类似于 split	如果给出了 maxsplit，则最多进行 maxsplit 次拆分（因此，列表最多会有 maxsplit+1 个元素）。如果 maxsplit 未指定或为-1，则不限制拆分次数（进行所有可能的拆分）。详见相应章节说明。 如果 sep 未指定或为 None，任何空白字符串（或连续的空格）都会被作为单个分隔符。而 sep 指定为空格时与此时是有区别的
20		partition(sep)	sep 首次出现字符串本身以及两个空字符串三元组	在 sep 出现的位置拆分字符串，返回一个三元组，其中包含分隔符之前的部分、分隔符本身以及分隔符之后的部分。如未找到分隔符，则返回各自顺序的三元组
21		rpartition(sep)	sep 最后一次出现两个空字符串以及字符串本身三元组	
22		splitlines([keepends])	返回由原字符串中各行组成的列表，在行边界的位置拆分。结果列表中不包含行边界，除非指定了为真值的 keepends。详见相应章节说明	
23	删空格等字符	lstrip([chars])	返回原字符串的副本，移除其中的前导字符	
24		rstrip([chars])	返回原字符串的副本，移除其中的末尾字符	
25		strip([chars])	返回原字符串的副本，移除其中前导和末尾字符	
26	字母大小写转换	capitalize()	返回原字符串的副本，其首个字符大写，其余为小写	
27		casefold()	返回原字符串消除大小写的副本。消除大小写的字符串可用于忽略字母大小写的匹配，比 lower()方法的功能更加彻底一些。Python 3.3 版本中的新功能	
28		swapcase()	返回原字符串的副本，其中大写字符转换为小写，反之亦然。请注意 s.swapcase().swapcase()==s 并不一定为真值	
29		title()	返回原字符串的标题副本，其中每个单词第一个字母为大写，其余字母为小写	
30		upper()	返回原字符串的副本，其中所有区分大小写的字符均转换为大写	
31		lower()	返回原字符串的副本，其中所有区分大小写的字符均转换为小写	
32	字符串的子字符串被替换	replace(old, new [, max])	返回字符串的副本，其中出现的所有子字符串 old 都将被替换为 new。如果给出了可选参数 max，则只替换前 max 次出现的	
33		expandtabs(tabsize=8)	返回字符串的副本，其中所有的制表符由一个或多个空格替换，具体取决于当前列位置和给定的制表符宽度	
34		translate(table)	返回原字符串的副本，其中每个字符按给定的转换表进行映射	
35		maketrans(x[,y[,z]])	此静态方法返回一个可供 translate()使用的转换对照表	

序号	分类	方法名称及形式	描述
36	格式化	rjust(width[,fillchar])	详细说明见 15.2 节 "手动格式化字符串"
37		ljust(width[,fillchar])	
38		center(width,fillchar)	
39		zfill(width)	
40	功能判断	isidentifier()	如果字符串是有效的标识符，返回 True
41		isprintable()	如果字符串中所有字符均为可打印字符或字符串为空，则返回 True，否则返回 False

2．部分方法补充说明

表 15-14 中所述方法的调用方式都是字符串实例加上点号进行的限定性调用，如 str.isspace()，再根据具体的形参约束和实际情况决定是否传入相应的参数。其中，默认起始位置 start=0，结束位置 end=len(str)。

序号 8 isspace()方法中的空白字符是指在 Unicode 字符数据库（参见 unicodedata）中主要类别为 Zs 或所属双向类为 WS、B 或 S 的字符。

序号 9 isalpha()方法中的字母字符是指在 Unicode 字符数据库中定义为 "Letter" 的字符，即那些具有 "Lm" "Lt" "Lu" "Ll" 或 "Lo" 之一的通用类别属性的字符。注意这与 Unicode 标准中定义的 "字母" 属性不同。

序号 10 isdigit()方法中的数字包括十进制字符和需要特殊处理的数字，如兼容性上标数字。这其中包括不能用来组成十进制数的数字，如 Kharosthi 数。严格地讲，数字是指属性值为 Numeric_Type=Digit 或 Numeric_Type=Decimal 的字符。

序号 11 isdecimal()方法中的十进制字符是指那些可以用来组成十进制数字的字符，如 U+0660，即阿拉伯字母数字 0。严格地讲，十进制字符是 Unicode 通用类别 "Nd" 中的一个字符。

序号 12 isnumeric()方法中的数值字符包括数字字符以及所有在 Unicode 中设置了数值特征属性的字符，如 U+2155、VULGAR FRACTION ONE FIFTH。正式的定义为：数值字符就是具有特征属性值 Numeric_Type=Digit、Numeric_Type=Decimal 或 Numeric_Type= Numeric 的字符。数字是数值的子集。

序号 23～序号 25 lstrip([chars])、rstrip([chars])和 strip([chars])方法中的 chars 参数指定了要移除字符的字符串。如果省略或为 None，则 chars 参数默认移除空白符。实际上 chars 参数并非指定单个前缀或后缀，而是会移除参数值的所有组合。其中，最外侧的前导和末尾 chars 参数值，将从字符串中移除。开头端的字符移除将在遇到一个未包含于 chars 所指定字符集的字符时停止；结尾端的字符移除将在遇到一个未包含于 chars 所指定字符集的字符时停止。

序号 30～序号 31 upper()和 lower()方法中，如果 s 包含不区分字母大小写的字符或结果字符的 Unicode 类别不是 "Lu"（大写字母）而是 "Lt"（标题字母），则 s.upper().isupper()有可能为 False。

序号 33 expandtabs(tabsize=8)方法中，每 tabsize 个字符都设置为一个制表位（默认值为 8 时设置的制表位在列 0、8、16，以此类推）。如果要展开字符串，当前列将被设置为 0，并逐一检查字符串中的每个字符。如果字符为制表符（\t），则会在结果中插入一个或多个空格符，直到当前列等于下一个制表位（制表符本身不会被复制）。如果字符为换行符（\n）或回车符（\r），则会被复制并将当前列重设为 0。任何其他字符会被不加修改地复制，并将当前列加 1，不论该字符在被输出时会如何显示。简单示例代码如下：

```
>>> if True:
    print('ab\tabc\tabcd\tabcde'.expandtabs())
```

```
    print("12345678876543211234567887654321")
```

```
ab    abc    abcd    abcde
12345678876543211234567887654321<------显示数字是为了对比格式处理的结果
>>> if True:
    print('ab\tabc\tabcd\tabcde'.expandtabs(tabsize = 4))
    print("1234432112344321112344321")
```

```
ab  abc abcd    abcde
1234432112344321112344321<------显示数字是为了对比格式处理的结果
>>> '01\n012\n0123\t01234'.expandtabs()
'01\n012\n0123    01234'
```

序号 34 translate(table)方法中转换表 table 必须是一个使用__getitem__()来实现索引操作的对象，通常为 mapping 或 sequence。当以 Unicode 码位序号（整数）为索引时，转换表对象可以做以下任何一种操作：返回 Unicode 序号或字符串，将字符映射为一个或多个字符；返回 None，将字符从结果字符串中删除；或触发 LookupError 异常，将字符映射为其自身。我们可以使用序号 35 的静态方法 str.maketrans()基于不同格式的字符到字符映射来创建一个转换映射表。另外，我们可以参阅 codecs 模块，以了解定制字符映射的更灵活方式。

序号 35 静态方法 maketrans(x[,y[,z]])，如果只有一个参数，则它必须是一个将 Unicode 码位序号（整数）或字符（长度为 1 的字符串）映射到 Unicode 码位序号、（任意长度的）字符串或 None 的字典。字符键将会被转换为码位序号。如果有两个参数，则它们必须是两个长度相等的字符串，并且在结果字典中，x 中每个字符将被映射到 y 中相同位置的字符。如果有第三个参数，它必须是一个字符串，其中的字符将在结果中被映射到 None。

序号 41 isprintable()方法中的不可打印字符是在 Unicode 字符数据库中被定义为"Other"或"Separator"的字符，例外情况是 ASCII 空格字符（0x20）被视作可打印字符。请注意，在此语境下可打印字符是指当对一个字符串发起调用 repr()时不必被转义的字符，它们与字符串写入 sys.stdout 或 sys.stderr 时所需的处理无关。

3．split()方法

split()方法的完整形式为 str.split(sep=None, maxsplit=-1)，其概要描述如表 15-14 中所述。但是，针对 sep 指定分隔符和默认分隔符情况的处理有些区别。

如果 sep 被指定了非 None 实参，则字符串中的连续的分隔符不会被组合在一起，而是被视为分隔空字符串；sep 参数也可以由多个字符组成。

示例代码如下：

```
>>> print('a,b,c'.split(','))                #split()基本使用方法
['a', 'b', 'c']
>>> print('a,b,c'.split(',',maxsplit='a,b,c'.count(',')))    #效果同上
['a', 'b', 'c']
>>> print('a,b,c'.split(',',maxsplit=1))  #具有最大分隔次数的 split()基本使用方法
['a', 'b,c']
>>> print('a,,b,c'.split(','))             #split()连续的分隔符会被认为是分隔空字符串
['a', '', 'b', 'c']
>>> print('a<>b<>c'.split('<>'))           #sep 参数可以由多个字符组成
['a', 'b', 'c']
>>> print(''.split('任意分隔符'))          #使用指定的分隔符拆分字符串将返回['']
['']
>>> print('a,b,c'.rsplit(',',maxsplit=1)) #具有最大分隔次数的 rsplit()基本使用方法
```

```
['a,b', 'c']
>>> print('a,b,c'.rsplit(','))          #rsplit()基本使用方法
['a', 'b', 'c']
```

如果 sep 未被指定或被指定为 None，则拆分的方法与上述不同：连续出现的多个空格会被视为单个分隔符，对于首位包含空格的字符串分隔的结果不会包含开头或末尾的空字符串。因此，使用 None 拆分空字符串或仅包含空格的字符串将返回"[]"。示例代码如下：

```
>>> print("a  b  c".split(None))
['a', 'b', 'c']
>>> print("a  b  c".split(None,maxsplit=1))
['a', 'b  c']
>>> print("   a  b  c  ".split())
['a', 'b', 'c']
>>> print("    ".split())
[]
>>> print("   ".split(' '))
['', '', '', '', '']
```

4．splitlines()方法

splitlines()方法的完整形式为 str.splitlines([keepends])，其概要描述如表 15-14 中所述。该方法中的部分行边界符（行边界是 universal newlines——通用换行符的一个超集）如表 15-15 所示。

基于字符串的文本处理（4）

表 15-15　行边界符

表示符	含义	备注
\n	换行符	
\r	回车符	
\r\n	回车符+换行符	
\v 或\x0b	行制表符	在 Python 3.2 版本中增加
\x1c	文件分隔符	

示例代码如下：

```
>>> print('line 1\n\nline 3\rline4\r\n'.splitlines())
['line 1', '', 'line 3', 'line4']
>>> print('line 1\n\nline 3\rline4\r\n'.splitlines(keepends=True))
['line 1\n', '\n', 'line 3\r', 'line4\r\n']
```

splitlines()与 split('\n')的实现思路不同，对于空字符串，splitlines()将返回一个空列表，而末尾的换行符不会令结果中增加额外的元素，例如：

```
>>> print("".splitlines())
[]
>>> print("Line 1\n".splitlines())
['Line 1']
```

作为比较，split('\n')的结果为：

```
>>> print("".split('\n'))
['']
>>> print("Line 1\n".split('\n'))
['Line 1', '']
```

5．strip()方法

strip()方法的完整形式为 str.strip([chars])，其概要描述如表 15-14 中所述。其中，chars 参数为指

定要移除字符的字符串，结果会把参数值的所有组合从字符串的前缀和后缀中移除。如果省略或指定为 None，则 chars 参数默认移除空白符。即 "str" 外侧的前缀和后缀 chars 参数值的所有组合将从字符串中移除。起始端字符的移除将在遇到一个未包含于 chars 所指定的字符集的字符时终止（同 lstrip()结束方式）。结尾端的终止条件一样（同 rstrip()结束方式）。示例代码如下：

```
>>> "    默认两端 空白符 的截取    \t    ".strip()
'默认两端 空白符 的截取'
>>> 'www.*******.com'.strip('cmowz.')
'example'
>>> comment_string = '#....... Section 3.2.1 Issue #32 .......'
>>> comment_string.strip('.#! ')
'Section 3.2.1 Issue #32'
>>> comment_string.lstrip('.#! ').rstrip('.#! ')
'Section 3.2.1 Issue #32'
>>> comment_string.lstrip('.#! ')
'Section 3.2.1 Issue #32 .......'
>>> comment_string.rstrip('.#! ')
'#....... Section 3.2.1 Issue #32'
```

6．title()方法

title()方法的完整形式为 str.title()，其概要描述如表 15-14 中所述。方法返回原字符串的标题版本，其中每个单词第一个字母为大写，其余字母为小写，即大写字符之后只能带非大写字符，而小写字符必须有大写字符开头。该方法本身与具体的语言无关，将连续的字母视为单词。但是，它会把撇号（""）作为单词的边界，可能产生不希望的结果。示例代码如下：

```
>>> 'Hello world Beijing huanying ni'.title()
'Hello World Beijing Huanying Ni'
>>> 'this"s a book!'.title()
'This"S A Book!'
```

Python 提供的解决思路是通过正则表达式来构建针对撇号（""）的特殊处理。示例代码如下：

```
>>> import re
>>> def titlecase(s):
    return re.sub(r"[A-Za-z]+('[A-Za-z]+)?",
            lambda mo: mo.group(0)[0].upper() +
                    mo.group(0)[1:].lower(),s)

>>> titlecase("they're jack's friends.")
"They're Jack's Friends."
```

15.6 字符串常量模块

字符串相关常量是由模块实现的，即字符串常量模块 string，而且此模块提供了字符串格式化的另一个方法——使用 Template 模板对字符串进行格式化，并支持用户使用 Formatter 类自定义字符串的格式化行为。

1．字符串常量

Python 提供了字符串常量模块 string，我们在使用具体常量之前，要先导入该模块。导入方法：import string。字符串常量包括英文字母的大小写形式、数字形式、各种符号等，模块中的相关字符串常量如下面代码所示。

```
>>> import string
```

```
>>> string.ascii_letters          #返回 ascii_lowercase 和 ascii_uppercase 常量的拼连
#该值与计算机设置的自然语言无关
'abcdefghijklmnopqrstuvwxyzABCDEFGHIJKLMNOPQRSTUVWXYZ'
>>> string.ascii_lowercase         #返回小写字母 "abcdefghijklmnopqrstuvwxyz"
#该值与计算机设置的自然语言无关, 不会发生改变。
'abcdefghijklmnopqrstuvwxyz'
>>> string.ascii_uppercase         #返回大写字母 "ABCDEFGHIJKLMNOPQRSTUVWXYZ"
#该值与计算机设置的自然语言无关, 不会发生改变
'ABCDEFGHIJKLMNOPQRSTUVWXYZ'
>>> string.digits                  #返回字符串 "0123456789"
'0123456789'
>>> string.hexdigits               #返回字符串 "0123456789abcdefABCDEF"
'0123456789abcdefABCDEF'
>>> string.octdigits               #返回字符串 "01234567"
'01234567'
>>> string.punctuation             #由在 C 语言区域中被视为标点符号的 ASCII 字符组成的字符串
'!"#$%&\'()*+,-./:;<=>?@[\\]^_`{|}~'
>>> string.printable               #由被视为可打印符号的 ASCII 字符组成的字符串
#这是 digits、ascii_letters、punctuation 和 whitespace 的总和
'0123456789abcdefghijklmnopqrstuvwxyzABCDEFGHIJKLMNOPQRSTUVWXYZ!"#$%&\'()*+,-./:;<=>?
@[\\]^_`{|}~ \t\n\r\x0b\x0c'
>>> string.whitespace              #由被视为空白符号的 ASCII 字符组成的字符串
#其中包括空格、制表符 (\t)、换行符 (\n)、回车符 (\r)、横向制表符 (\x0b) 和纵向制表符 (\x0c)
' \t\n\r\x0b\x0c'
```

2. 使用 Template 模板对字符串进行格式化

字符串常量模块 string 中的模板类 Template 使用类似$x 的占位符方式, 并用字典 (或关键字方式) 中的值替换, 但对格式的控制相对其他方法要少得多。模板字符串的一个主要用途, 就是文本国际化 (internationalization, i18n)。在此场景下, 更简单的语法和功能使文本翻译过程比使用 Python 的其他内置字符串格式化方法更为方便。

模板 Template 字符串支持基于$x 的占位符方式的替换, 使用它会涉及以下规则。

(1) $$为转义符号, 它会被替换为单个的$符号。

(2) $identifier 为替换占位符, 会匹配一个名为 "identifier" 的映射键。在默认情况下, "identifier" 限制为任意 ASCII 字母、数字 (包括下画线) 组成的字符串, 不区分字母大小写, 以下画线或 ASCII 字母开头。在$字符之后第一个非标识符字符, 表明占位符终结。

(3) ${identifier}等价于$identifier。当占位符之后紧跟有效的但又不是占位符一部分的标识符字符时, 需要使用大括号, 如 "${noun}ification"。

在字符串的其他位置出现$将引发 ValueError。简单的示例代码如下:

```
>>> from string import Template
>>> t = Template("姓名: ${name}, 年龄: ${age}, 性别: ${sex}。 ")
>>> d = {"name":"Python", "age":21, "sex":"男"}
>>> print(t.substitute(d))
姓名: Python, 年龄: 21, 性别: 男。
>>> t_1 = Template("姓名: $name, 年龄: $age, 性别: $sex。 ")
>>> print(t_1.substitute(d))
姓名: Python, 年龄: 21, 性别: 男。
>>> t_2 = Template("姓名: $name, 年龄: $age, 性别: $sex, 职业: $work。 ")
>>> print(t_2.safe_substitute(d))
姓名: Python, 年龄: 21, 性别: 男, 职业: $work。
```

3. 使用 Formatter 类自定义字符串格式化行为

string 模块中的 Formatter 类主要提供公有方法和被子字符串替换的方法，旨在使用户可以自己定义字符串格式化行为。例如，Python 默认的格式化行为会把中文等非 ASCII 字符和 ASCII 字符都按一个显示位置进行计算，而实际输出的时候就不一致了。示例代码如下：

```
>>> if True :
f"{'我喜欢 Python':>15}"
f"{'I like Python':>15}"

'       我喜欢 Python'
'  I like Python'
```

这时用户就可以自己定制格式化方案，对上述问题进行修正。

Formatter 类包含表 15-16 所列的公有方法。

表 15-16 Formatter 类的公有方法

名称和形式	说明	参数
format(format_string, *args, **kwargs)	它只是调用 vformat() 的包装器	它接收一个格式字符串及任意一组位置和关键字参数。Python 3.7 中更改 format_string 仅限位置参数
vformat(format_string, args, kwargs)	此函数执行实际的格式化操作，完成将格式字符串分解为字符数据和替换字段的工作	用于需要传入一个预定义字母作为参数，而不是使用*args 和**kwargs 语法将字典解包为多个单独参数并重打包的情况

Formatter 类包含表 15-17 所列的旨在被子类替换的方法，部分也可被 vformat() 方法所调用。

表 15-17 Formatter 类的旨在被子类替换的方法

名称和形式	说明	备注
parse(format_string)	循环遍历 format_string 并返回一个由可迭代对象组成的元组	格式字符串被分解为文本字面值或替换字段
get_field(field_name, args, kwargs)	给定 field_name 作为 parse() 的返回值，将其转换为要格式化的对象	返回一个元组(obj, used_key)
get_value(key, args, kwargs)	提取给定的字段值。key 参数将为整数或字符串	如果是整数，它表示 args 中位置参数的索引；如果是字符串，它表示 kwargs 中的关键字参数名
check_unused_args(used_args, args, kwargs)	在必要时实现对未使用参数进行检测	参数是格式字符串中实际引用的所有参数键的集合
format_field(value, format_spec)	会简单地调用内置全局函数 format()	提供该方法是为了让子类能够重载它
convert_field(value, conversion)	使用给定的转换类型（来自 parse()）来转换（get_field() 所返回的）值	默认支持"s"（str）、"r"（repr）和"a"（ascii）等转换类型

15.7 习题

1. 基础题

（1）简述字符串是如何构成的。

（2）简述短字符串与长字符串的区别。

（3）写出下列程序运行的结果。

程序一：

```
print(u'字符串的字面值，可以使用前缀，可以使用\"转义序列\"。')
```

程序二：

```
print('字符串字面值中的转义序列单引号：\'，无效的直接显示"\无效"。')
```

程序三：

```
language = 'Python'
print(f'输入的喜欢的编程语言是{language}，'"可以用于开发 Web 等多种应用。")
```

程序四：

```
str_format_1 = "大括号中的{0}可用来表示传递给 str.format()方法的{1}。"
str_format_2 = "大括号中的{1}可用来表示传递给 str.format()方法的{0}。"
str_format_3 = "大括号中的{0}可用来表示传递给 str.format()方法的对象的位置{0}。"
print(str_format_1.format('数字', '对象的位置'))
print(str_format_2.format('对象的位置', '数字'))
print(str_format_3.format('数字'))
```

程序五：

```
for i in range(1, 10):
    print('9*{0}={1:2d}'.format(i, i * 9), end=' ') if i < 9 else
    print('9*{0}={1:2d}'.format(i, i * 9))
```

程序六：

```
dis_code = {'西城': 100088, '海淀区': 100083}
for name, code in dis_code.items():
    print(f"{name:10} ==> {code:10d}")
```

程序七：

```
print("|".join(['P','y','t','h','o','n']))
```

程序八：

```
import io
iostr = io.StringIO("", newline ='')
iostr.write("Python is a good language!")
print(iostr.getvalue())
iostr.close()
```

程序九：

```
print('line 1\n\nline 3\rline4\r\n'.splitlines())
print('line 1\n\nline 3\rline4\r\n'.splitlines(keepends=True))
```

（4）简述字符串字面值的前缀及其功能。

（5）找出下面代码中错误的语句，并指出错误的原因。

```
print(f"{引号类型: int("1")}")
print(f"引号类型: {int('1')}")
print(f'反斜杠: {"\n"}')
newline = '\n'
print(f'反斜杠: {newline}')
```

（6）完善表 15-18。

表 15-18　字符串与格式化相关的方法

序号	类型	方法名称和形式	返回值	描述
1	格式化	rjust(width[,fillchar])		
2		ljust(width[,fillchar])		
3		center(width,fillchar)		
4		zfill(width)		

（7）简述格式说明符及其含义。

（8）写出下面内置函数的含义并写出输出结果。

```
list(enumerate('Python'))
list(zip("Python","Python"))
list(reversed("Python"))
list(map(lambda x:chr(ord(x)-20),'Python'))
list(filter(lambda x:ord(x)>80,'Python'))
```

（9）简述split()方法中形参 sep 是 None 和非 None 情况下的区别。

（10）已知字符串"........*……%通过 Python 可以完成一个网页的制作，，，：："，现要求通过 Python 的函数将字符串转换成"通过 Python 可以完成一个网页的制作！"。

（11）通过 Debug 模式添加断点，运行下列程序。

```
import re
def titlecase(s):
    return re.sub(r"[A-Za-z]+('[A-Za-z]+)?",lambda mo:mo.group(0)[0].upper() +mo.group(0)
[1:].lower(),s)
titlecase("they're jack's friends.")
```

2．综合题

（1）分别使用字符串的 format()方法、内置函数 format()、格式化字符串字面值等思路编写将字符串按一定长度在右侧填充"0"的函数。

（2）使用 format()方法完成九九乘法表的输出。

（3）已知字符串"Python is |one of the| best programming |languages,|with a much simpler|syntax than c"，要求去除中间的"|"隔断符号，并将其输出成一句话，要求特殊字符大写。

（4）编写一段代码，要求输出结果如下。

```
------执行开始------
  0 %[>..........]
 10 %[*>.........]
 20 %[**>........]
 30 %[***>.......]
 40 %[****>......]
 50 %[*****>.....]
 60 %[******>....]
 70 %[*******>...]
 80 %[********>..]
 90 %[*********>.]
100%[**********>]
------执行结束------
```

第16章 Python 的面向对象程序设计

Python 是支持面向对象的高级程序设计语言，但它与其他面向对象的高级程序语言又有区别。面向对象作为一种软件开发方法，随着使用范围的扩大，已经被各领域的人所认可，甚至超越了程序设计和软件开发的范畴，成为人类认识世界、抽象事物的一种思考方式。

本章从了解面向对象开始，带领大家重点认识类概念和面向对象的特征，如从如何定义 Python 的类、类对象、实例对象、方法对象、类和实例变量以及私有名称 6 个方面来全面认识"类"，从数据属性、方法和类中的名称的解析 3 个方面对类相关情况进行说明，从继承和多态两个方面来认识类的设计与实现，从基本定制和自定义属性访问两个方面来认识类中的特殊方法名称，并进一步介绍迭代器、生成器。本章词云图如图 16-1 所示。

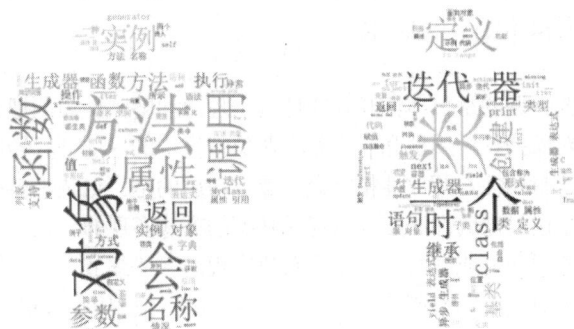

图 16-1　本章词云图

16.1　面向对象

Python 的面向对象
程序设计（1）

面向对象是一种软件开发的方法，是相对面向过程而言的。在分析设计阶段，我们会把需要实现的业务中涉及的各种事物主体抽象成各种对象。对象由主体的数据和功能行为组成。现实的对象又被抽象为程序的类，类中包括属性（代表对象的数据）和方法（方法实现主体的功能）。面向对象程序设计示意如图 16-2 所示。

1. 初始类概念

由于 Python 中一切都是对象，因此类也是对象。类是对客观事物的一种抽象的计算机识别的数据结构，但 Python 的类是一种通过执行 class 语句创建的特定的对象类型。类对象提供了一种组合数据和功能的结构方法。定义一个新类，意味着创建一个新的数据对象类型。类对象又被作为模板去创建该类型新的实例对象。0 实例对象是嵌入了数据（属性）和功能（方法）的数据类型，即每个类的实例可以拥有保存自己状态的属性；一个类的实例也可以有改变自己状态的（定义在类中的方法）方法。

与其他编程语言相比，Python用非常少的新语法和语义就能够将类加入编程语言中。它是C++和Modula-3编程语言中类机制的结合。

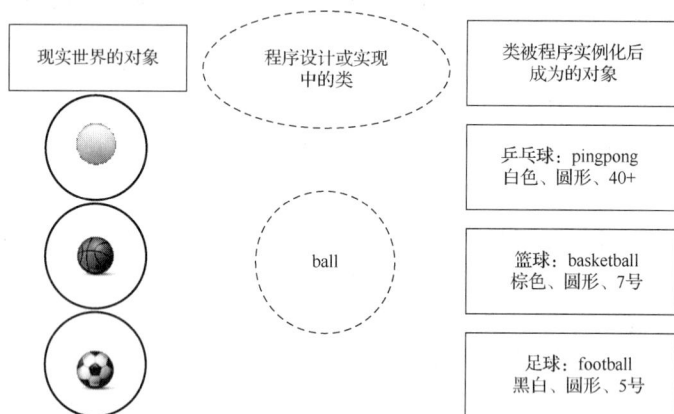

图16-2 面向对象程序设计示意

2. 面向对象的特征

面向对象程序设计中，除了抽象性（把具有一致数据结构的客观事物抽象成类）、类实例对象的唯一性等特征，面向对象还有以下基本特征。

（1）封装

面向对象的封装主要强调的是整体性和封闭性两个理念。整体性强调把客观的事物对象转换成程序语言的类，同时把对象的各种属性和行为看成对象整体中的一部分，转换成类的组件，最终成为一个密不可分的整体；封闭性与开放性相结合，重点强调的是，封装为整体的信息是可以被隐藏或开放的。其中的隐藏是通过把属性和方法设置成私有的方式实现的。在此，我们可实现对信息不同层面的隐藏：不允许外面知道或修改、只隐藏对象实现的一些细节（允许使用对象的功能）等。这样的优势在于，减少类对象内部的调整对外部使用的影响，使程序之间的关联尽量降低，也就是高内聚低耦合。

（2）继承

继承是面向对象程序设计方法中类与类之间的一种关系（被形象地称为父子关系），具体指子类继承（共享）父类中的属性和方法，即子类（也叫派生类）继承父类（也叫基类）后，自动拥有父类的属性和方法。从程序实现角度说，把已有的数据结构和方法拿为己用，就会减少代码量，增加子类的灵活性和程序的整体扩展性；通过继承也实现了类的层次性。继承性是面向对象程序设计语言区别于其他类型程序设计语言最重要的特征，是其他类型语言所没有的。根据父类的多少，继承又分为单重继承和多重继承（Multiple Inheritance），如图16-3所示。

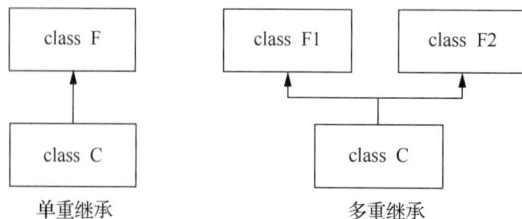

图16-3 继承分类

同时也存在多层次单重继承和多分支单重继承等形式，如图 16-4 所示。

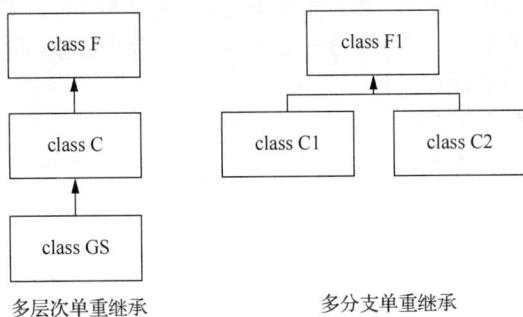

多层次单重继承　　　　　　　　多分支单重继承

图 16-4　单重继承的多种形式

（3）多态

多态性强调的是同一个行为具有多个不同表现形式或形态的能力。在这里，行为可以是类或类中的方法。多态性增强了软件实现的灵活性和重用性。Python 严格意义上是不支持多态性的，特别是不支持基于类的多态性(父类和子类对象之间的相互转换)，这是由 Python 的动态性决定的。Python 支持类型的动态解析，不需要静态指定类型。如果要说 Python 支持多态性，最直接的体现就是针对多分支单重继承中的方法，通过对父类方法的覆盖，实现相同方法的不同表现形式或能力。

总之，Python 的类提供了面向对象编程的所有标准特性，类继承机制允许多个基类的继承，派生类可以覆盖它基类的任何方法，一个方法可以调用基类中相同名称的方法。对象可以包含任意数量和类型的数据。类拥有 Python 天然的动态特性，它们在运行时创建，可以在创建后被修改（后续模块的动态特性与类的动态特性一样）。

16.2　Python 的类

Python 的类也是一种对象，被称为类对象。类的使用是通过类的实例化实现的，类似使用函数的一种表示法。被实例化的类产生实例化对象，类中方法也被看成方法对象。类定义与函数定义、if 语句等一样，在语法上也属于复合语句。

1．类的定义语法

类是可调用的，并同函数对象一样，也是一种代码块。类定义就是对类对象进行定义，具体的语法结构如下：

```
classdef ::= [decorators] "class" classname [inheritance] ":" suite
inheritance ::= "(" [argument_list] ")"
classname ::= identifier
```

类定义是由关键字"class"进行声明的。

类定义可以被一个或多个装饰器函数（decorators）所包装。装饰器函数使用"@"符号，在类定义前面使用。类装饰器函数与函数装饰器函数的语法结构及使用方法一致，多个装饰器函数会以嵌套方式被应用。

类名（classname）同函数名、变量名一样，也是 Python 的标识符，遵循标识符的规范。

继承（inheritance）部分主要标明此类是否继承其他类作为父类（基类）。如果有明确的继承关系，就需要在小括号内填入要继承的基类的类名。一个类可以同时继承多个基类。因此，继承列表通常是列出基类的列表，列表中的每一项都应当被求值为一个允许子类继承的类对象。没有继承列表的类，默认继承自基类 object。

类定义的头部和函数头部一样，都使用 ":" 结束。

最后需要完成的就是类的语句体，用以实现类的属性定义和方法定义，供类的实例对象使用。其中，第一条语句出现在类体中的字符串的字面值会被转换为类命名空间的__doc__条目，也就是该类的 docstring，这个性质与函数的异曲同工。

一种最简单的类定义的形式看起来就像下面这样：

```
class ClassName:
    <statement-1>
        ⋮
    <statement-N>
```

下面两种定义方式等价。

```
class Fruit:
    pass
```

等价于

```
class Fruit (object):
  pass
```

类定义（class 语句）与函数定义（def 语句）一样，必须被执行才起作用。但类定义本身就是一条可执行语句，随后的类语句体将在一个新的执行帧中被执行。类定义几乎可以定义在任何位置，例如，我们可以尝试将类定义放在 if 语句的一个分支或者是函数的内部。当执行并进入类定义时，将创建一个新的命名空间，这个新的命名空间成为该类的属性字典，并被用作局部作用域。因此，所有对局部变量的赋值都是在这个新命名空间之内。方法（函数）定义会绑定到新函数名称。

在项目开发实践中，虽然方法的定义会占据类定义内的大部分语句，但也允许有其他语句，而这些其他语句有时还会很有用（详见方法对象）。

在类语句体内定义的属性，其被顺序地保存在新类的__dict__中。请注意此顺序的可靠性只限于类刚被创建时，并且只适用于使用定义语法所定义的类。在类定义中定义的变量是类属性，它们将被类实例对象所共享。在类代码块中定义的名称作用域会被限制在类代码块中，其作用域不会扩展到此类的方法的代码块中——这也包括推导式和生成器表达式，因为它们都是使用函数作用域（会在函数的作用域范围内去查找相应的名称）实现的。具体错误的示例代码如下：

```
>>> class A:
    a = 42
    b = list(a + i for i in range(10))


Traceback (most recent call last):
  File "<pyshell#4>", line 1, in <module>
    class A:
  File "<pyshell#4>", line 3, in A
    b = list(a + i for i in range(10))
  File "<pyshell#4>", line 3, in <genexpr>
    b = list(a + i for i in range(10))
NameError: name 'a' is not defined
```

当类语句体正常结束执行时，也就意味着程序执行离开了类，此时类的执行帧将被丢弃，而基于类创建的局部命名空间会被保存，并将创建一个类对象。其基类使用给定的继承列表，属性字典使用保存的局部命名空间。类名称将在原有的全局命名空间中，绑定到该类对象。这基本上是一个包围在类定义所创建命名空间内容周围的包装器（详见 16.2 节 "类对象"）。

类也可以被装饰器函数装饰，装饰器表达式的求值规则与函数装饰器求值规则一样，装饰器表达式的结果会被绑定到类名称上。下面两种形式的表达几乎完全等价。

```
@f1(arg)
@f2
class Fruit: pass
```

大致等价于

```
class Fruit: pass
Fruit = f1(arg)(f2(Fruit))
```

需要注意的是，break 和 continue 不能出现于 for 或 while 循环内部的类定义（这点同函数）所嵌套的代码中。return 在语法上只会出现于函数定义所嵌套的代码中，不会出现于类定义所嵌套的代码中，即使这个类定义在函数中也不行。例如：

```
>>> for i in range(10):
    class c_break:
            break
    print(i)


  File "<stdin>", line 3
SyntaxError: 'break' outside loop
```

2. 类对象

当程序执行正常离开类定义时，将创建一个类对象。原有的（在进入类定义之前起作用的）局部作用域会重新生效，类对象将在这里被绑定到类定义头所给出的类名称。此种对象通常作为"工厂"来创建自身的实例，类也可以有重载 __new__() 的变体类型。调用的参数会传给 __new__()，而且通常也会传给 __init__() 来初始化新的实例。类对象支持属性引用和实例化两种操作。

Python 的面向对象
程序设计（2）

属性引用的语法形式：obj.name（这是 Python 的所有属性引用所使用的标准语法）。有效的属性名称是类对象被创建时，存在于类命名空间中的所有名称。类属性引用会被转换为在此字典中查找，例如，C.x 会被转换为 C.__dict__["x"]（不过也存在一些钩子对象以允许其他定位属性的方式）。当未在其中发现某个属性名称时，会继续在基类中查找。因此，如果类定义是以下这样的：

```
>>> class MyClass:
    """类对象展示——属性引用"""
    i = 12345
    def method(self):
        return '属性引用'
```

那么 MyClass.i 和 MyClass.method 就是有效的属性引用，它们将分别返回一个整数和一个函数对象。具体示例代码如下：

```
>>> MyClass.i
12345
>>> MyClass.method
<function MyClass.method at 0x0000000003772D38>
```

类属性可以被赋值，因此，我们可通过赋值来更改 MyClass.i 的值。类属性赋值会更新类的字典，但不会更新基类的字典。__doc__ 是一个有效的属性，将返回所属类的文档字符串"类对象展示——属性引用"。具体示例代码如下：

```
>>> MyClass.i = 54321
>>> MyClass.i
54321
```

```
>>> MyClass.__doc__
'类对象展示——属性引用'
```

当一个类属性引用（假设类的名称为 MyClass）会产生一个类方法对象时，它将转换成一个 __self__ 属性为 MyClass 的实例方法对象（function MyClass.method）。当其会产生一个静态方法对象时，它将转换为该静态方法对象所封装的对象。同时，它也可从类的属性字典 __dict__ 以外获取属性。

类对象被调用可产生一个类实例（详见类实例对象）。

类定义的一些特殊属性如表 16-1 所示。

表 16-1 类定义的一些特殊属性

序号	特殊属性名称	含义
1	__name__	类的名称
2	__module__	类所在模块的名称
3	__dict__	包含类命名空间的字典
4	__bases__	包含基类的元组，按其在基类列表中出现的顺序排列
5	__doc__	类的文档字符串，若没有则为 None
6	__annotations__（可选）	一个包含变量标注的字典且是在类语句体执行时获取的

3. 类实例对象

类的实例化使用函数表示法，可把类对象视为返回该类的一个新实例不带参数的函数。举例说明（假设使用上述的类）：

```
>>> c = MyClass()
```

创建类的新实例，并将此实例对象分配给局部变量 c。实例化操作（"调用"类对象）会创建一个空对象。一般使用类时会创建带有特定初始状态的自定义实例。因此，类定义可能包含一个名为 __init__() 的特殊方法，就像下面的示例。

```
def __init__(self):
    self.attr = '默认属性赋值'
```

当一个类定义了 __init__() 方法时，类的实例化操作会自动为新创建的类实例发起调用 __init__()。因此，在这个示例中，我们可通过以下语句获得一个经初始化的新实例。

```
>>> c = MyClass()
```

当然，__init__() 方法还可有额外参数以实现更高灵活性。在这种情况下，提供给类实例化运算符的参数将被传递给 __init__() 方法。例如下面的代码：

```
>>> class MyClass:
    def __init__(self, name, page):
        self.n = name
        self.p = page
>>> c = MyClass()
Traceback (most recent call last):
  File "<stdin>", line 1, in <module>
TypeError: __init__() missing 2 required positional arguments: 'name' and 'page'
>>> class Book:
    def __init__(self, name, page):
        self.n = name
        self.p = page
```

```
>>> b = Book("Python",299)
>>> print(b.n)
Python
>>> print(b.p)
299
```

注意：用户定义类的实例对象默认是可散列的。它们在比较时一定不相同（除非是与自己比较），散列值的生成基于它们的 id()。

任意类的实例对象通过在所属类中定义__call__()方法，即能成为可调用的对象。类实例就是通过调用类对象来创建的，类属性是被类的实例对象所共享的。常用的类实例对象的功能就是属性引用，它有两种有效的属性名称：数据属性和方法。

数据属性对应于 Smalltalk 语言中的"实例变量"，以及 C++中的"数据成员"。数据属性不需要声明，像局部变量一样，将在第一次被赋值时产生。实例对象的属性可通过 self.name=value，在方法中设定（如上面类的例子中，创建类的实例对象时初始化属性值）。类和实例对象属性均可通过"self.name"表示法来访问，但当通过此方式访问时，实例对象属性会隐藏同名的类属性。类属性可被用作实例对象属性的默认值，但在此场景下使用，可变值可能导致未预期的结果。我们可以使用"描述器"来创建具有不同实现细节的实例对象变量。例如，如果 c 是上面创建的 MyClass 的实例，则以下代码段将输出数值 16，且不保留任何追踪信息。

```
>>> c.counter = 1
>>> while c.counter < 10:
    c.counter = c.counter * 2

>>> print(c.counter)
16
>>> del c.counter
```

每个类实例对象都有通过一个字典对象实现的独立命名空间，属性引用会首先在此字典中查找。当未在其中发现某个属性，而实例对象对应的类中有该属性时，会继续在类属性中查找。如果找到的类属性是一个用户定义函数对象，则该对象会被转换为实例方法对象，其__self__属性即为该类实例。如果未找到类属性，而对象对应的类具有__getattr__()方法，则会调用该方法来满足查找要求。通过__getattr__()，一个类的所有属性和方法调用就全部被动态化处理了，即原先没有的属性/方法用__getattr__()去做处理。属性赋值和删除会更新实例对象的字典，但不会更新对应类的字典。如果类具有__setattr__()或__delattr__()方法，则将调用该方法，而不再直接更新实例的字典。

另一类实例属性引用称为方法，详见下文"4.方法对象"。

4．方法对象

方法是"从属于"对象的函数，经常使用 obj.methodname(参数)方式调用。在 Python 中，方法这个术语并不是类实例所特有的，其他对象也可以有方法。例如，列表对象具有 append()、insert()、remove()、sort()等方法。在下文中，除非另外显式地说明，使用方法一词将专指类实例对象的方法，即方法以函数的形式被定义在类内部。

实例对象的有效方法名称依赖于其所属的类。根据定义，一个类中所有为函数对象的属性都是定义了其实例的相应方法。因此在上例中，c.method 是有效的方法引用，因为 MyClass.method 是一个函数；c.i 不是方法，因为 MyClass.i 不是一个函数。但是 c.method 与 MyClass.method 不同，前者是一个方法对象，后者是函数对象。

在类内部的方法定义通常具有一种特别形式的参数列表，这是方法调用的约定规范所指明的。没有用于从其方法引用实例对象成员的简写：方法函数使用表示实例对象的显式第一个参数声明，该参数由隐式调用提供，这为导入和重命名提供了语义。内置类型可以用作用户扩展的基类。此外，大多数具有特殊语法（算术运算符、下标等）的内置运算符都可以为类实例而重新定义。

静态方法对象提供了一种将函数对象转换为方法对象的方式。静态方法对象为对任意其他对象的封装，通常用来封装用户定义方法对象。当从类或类实例获取一个静态方法对象时，实际返回的对象是封装的对象，它不会被进一步转换。静态方法对象自身不可调用，但它们所封装的对象，通常都可调用。静态方法对象可通过内置的 staticmethod() 构造器来创建。

类方法对象和静态方法一样，是对其他对象的封装，且会改变从类或类实例获取该对象的方式。类方法对象可通过内置的 classmethod() 构造器来创建。

通常，方法在绑定后立即被调用，例如：

```
>>> c.method()
'属性引用'
```

在 MyClass 示例中，调用方法返回字符串"属性引用"。但是，立即调用一个方法并不是必需的：c.method 是一个方法对象，它可以被保存起来以后再调用。例如：

```
>>> cm = c.method
>>> print(cm())
属性引用
```

上面调用 c.method() 时并没有带参数，尽管 method() 的函数定义指定了一个参数。当不带参数地调用一个需要参数的函数时，在 Python 中肯定会引发异常——即使参数实际未被使用。这就是方法的特殊之处，即实例对象会作为函数的第一个参数被传入。在上例中，调用 c.method() 就相当于 MyClass.method(c)。总之，调用一个具有 n 个参数的方法，就相当于调用再多一个参数的对应函数，这个参数值为方法所属实例对象，其位置在其他参数之前。也就是说，当一个实例的非数据属性被引用时，将搜索实例所属的类。如果名称表示一个属于函数对象的有效类属性，会通过合并打包（指向）实例对象和函数对象到一个抽象对象中的方式来创建一个方法对象，这个抽象对象就是方法对象。当附带参数列表调用方法对象时，将基于实例对象和参数列表构建一个新的参数列表，并使用这个新参数列表调用相应的函数对象。

如果类实例具有某些特殊名称的方法，就可以伪装为数字、序列或映射。其中，特殊属性 __dict__ 是属性字典，__class__ 是实例对应的类。

5. 类变量和实例变量

一般来说，实例变量是用于每个实例的唯一数据，而类变量是用于类的所有实例共享的属性和方法。例如：

```
>>> c1 = Cat("喵星人")
>>> c2 = Cat("本地猫")
>>> print(c1.kind)
miao
>>> print(c2.kind)
miao
>>> print(c1.name)     #实例 c1 的唯一标识
喵星人
>>> print(c2.name)     #实例 c2 的唯一标识
本地猫
```

共享数据可能在涉及可变对象（列表或字典）时，导致出现令人惊讶的结果。例如，以下代码中的 actions 列表不应该被用作类变量，因为所有的 Cat 实例将只共享一个单独的列表。

```
>>> class Cat:
    action = []  #错误地使用类变量
    def __init__(self, name):
```

```
        self.name = name       #实例变量对于每个实例是唯一的

    def add_action(self, action):
        self.action.append(action)

>>> c1 = Cat("喵星人")
>>> c2 = Cat("本地猫")
>>> c1.add_action("Play")
>>> c2.add_action("Eat")
>>> print(c1.action)
['Play', 'Eat']
```
正确的类设计应该使用实例变量：
```
>>> class Cat:
    def __init__(self, name):
        self.name = name       #实例变量对于每个实例是唯一的
        self.actions = []
    def add_action(self, action):
        self.actions.append(action)

>>> c1 = Cat("喵星人")
>>> c2 = Cat("本地猫")
>>> c1.add_action("Play")
>>> c2.add_action("Eat")
>>> print(c1.actions)
['Play']
>>> print(c2.actions)
['Eat']
```

6. 私有名称——标识符的保留类别

某些标识符（除了关键字）具有特殊含义。当以文本形式出现在类定义中的一个标识符以两个或更多下画线开头且不以两个或更多下画线结尾（形如__*）时，它会被视为该类的私有名称。为了避免基类和派生类的"私有"属性之间的名称冲突，存在对于类的私有成员的有效使用场景，私有名称会在为其生成代码之前，被转换为一种更长的形式，因此存在对此种机制的有限支持，称为名称改写。也就是说，私有名称转换时，会插入类名、移除打头的下画线，并在名称前增加一个下画线。例如，出现在一个名为 Cat 的类中的标识符__age 会被转换为_Cat__age，这种转换独立于标识符所使用的相关句法。如果转换后的名称太长（超过 255 个字符），可能发生由具体实现定义的截断情况；如果类名仅由下画线组成，则不会进行转换。名称改写有助于让子类重载方法而不破坏基类内的方法调用，如下面的示例代码。

```
>>> class Mapping:
    def __init__(self, iterable):
        self.items_list = []
        self.__update(iterable)
    def update(self, iterable):
        for item in iterable:
            self.items_list.append(item)
    __update = update    #私有变量复制原始的 update()方法

>>> class MappingSubclass(Mapping):
    def update(self, keys, values):
        #提供新的 update()方法的标识
```

```
#但是没有终止 __init__()
for item in zip(keys, values):
    self.items_list.append(item)
```

上面的示例即使 MappingSubclass 引入了一个 __update 标识符，也不会出错，因为它会在 Mapping 类中被替换为_Mapping__update，在 MappingSubclass 类中被替换为_MappingSubclass__update。

注意：改写规则的设计主要是为了避免意外冲突，访问或修改被视为私有的变量仍然是可能的。这一特性在特殊情况（如在调试器中）下甚至会很有用。

此外，注意传递给 exec() 或 eval() 的代码不会将发起调用类的类名视作当前类，这类似于 global 语句的效果，因此，这种效果仅限于同时经过字节码编译的代码。同样的限制也适用于 getattr()、setattr() 和 delattr()，以及对于 __dict__ 的直接引用。

形如 __*__ 的标识符是系统定义的名称，非正式时称为"dunder"。这些名称由解释器及其实现定义。当前系统名称在特殊方法名称部分和其他地方进行了一些说明。在任何上下文中，任何使用 __*__ 形式名称的行为如果没有明确记录在案，都会受到破坏而没有任何警告。因此，在类定义时也应避免使用该类名称，除非是为了覆盖相应的对象。

16.3 相关情况说明

1. 数据属性

当数据属性和方法属性名称相同时，方法可能被覆盖。在大型程序中要避免这样的问题出现。一般比较规范的做法是对名称的命名进行一定的约定。常用的约定方式有：方法的名称使用大写字母、动词来命名；数据属性的名称加上独特的短字符前缀（或许只加一个下画线），数据属性的名称用名词来命名。

```
>>> class Dog:
    "数据属性和方法属性名称相同时"
    iden = '属性'
    def iden(self):
        return '方法'


>>> print(Dog.iden)
<function Dog.iden at 0x0000000003832DC8>
>>> d = Dog()
>>> d.iden = '属性重新赋值后，函数被覆盖'
>>> print(d.iden)
属性重新赋值后，函数被覆盖
```

数据属性可以被对象的方法引用，也可以被对象的普通用户（"客户端"）引用，即类不可被用于实现纯抽象数据类型（这种类型是没有数据属性的）。事实上，在 Python 中的任何东西都不可能强制执行数据隐藏——它们都是基于约定的。而用 C 编写的 Python 扩展实现可以完全隐藏实现细节，并在必要时控制对对象的访问。

客户端应该小心谨慎地使用数据属性——客户端可能会直接操作数据属性，从而弄乱原有设计只使用方法维护的固定变量。注意只要避免名称冲突，客户端可以在不影响方法有效性的情况下，将自己的数据属性添加到实例对象中。同样，命名约定可以在这里减少很多麻烦。

在方法内部引用数据属性（或其他方法）并没有简便的方式，这样实际上增加了方法的可读性，即当浏览一个方法时，不会存在混淆局部变量和实例变量的可能。

2．方法

方法对象的第一个参数通常被命名为 self，这只是一个约定。self 这一名称在 Python 中没有特殊含义，但如果不遵循此约定，对其他 Python 程序员来说，你的代码会缺乏可读性。

任意一个作为类属性的函数对象都为该类的实例定义了一个方法。函数定义不必以文本形式包含在类定义中，将函数对象赋值给类中的局部变量也是可以的。示例代码如下：

```
>>> def of1(self, x, y):  #类外部定义函数
    return max(x, x+y)

>>> class CM:
    inf = of1
    def m(self):
        return '不同形式的方法'
    i = m
```

现在 inf、m 和 i 都是 CM 类的引用函数对象的属性，因而它们都是 CM 类实例的方法——其中 i 完全等同于 m。注意：我们不提倡这么使用，这个方法通常会令程序的阅读者感到迷惑。

方法可以通过使用 self 参数的方法属性调用其他方法。示例代码如下：

```
>>> class Cat:
    def __init__(self, name):
        self.name = name    #实例变量对于每个实例是唯一的
        self.actions = []
    def add_action(self, action):
        self.actions.append(action)
    def add_twice(self, action):
        self.add_action(action)
        self.add_action(action)
```

方法可通过与普通函数相同的方式引用全局名称。与方法相关联的全局作用域就是包含其定义的模块（类永远不会被作为全局作用域）。在方法中，全局作用域存在许多合法的使用场景。例如，导入全局作用域的函数和模块可以被方法所使用，在其中定义的函数和类也一样。通常，包含该方法的类本身是在全局作用域中定义的。

每个值都是一个对象，并对应一个类（也称为类型），且存储为 object.__class__。

3．类中的名称的解析

类定义是可能使用并定义名称的可执行语句。这些引用遵循正常的名称解析规则，例外之处在于未绑定的局部变量将会在全局命名空间中查找。类定义的命名空间会成为该类的属性字典。在类代码块中定义的名称的作用域会被限制在类代码块中，不会扩展到方法的代码块中。这一限制也包括推导式和生成器表达式，因为它们都是使用函数作用域实现的。这意味着以下代码将会运行失败。

```
class A:
    a = 42
    b = list(a + i for i in range(10))
```

16.4 继承

一个类能基于一个或者多个其他的类进行设计与实现，这些其他的类被称为基类或父类，这个

类被称为派生类或子类。派生类会继承它基类的各种数据属性和方法。我们可以通过不断继承的方式来连续细化对象模型，以设计出各种细化的类。当然，如果不支持继承，语言特性就不配称为"类"。派生类定义的语法如下：

```
class DerivedClassName(BaseClassName):
    <statement-1>
        ⋮
    <statement-N>
```

名称 BaseClassName 必须定义于包含派生类定义的作用域中，也允许用其他任意表达式代替基类名称所在的位置。这一点有时可能会用得上，例如，当基类定义在另一个模块中时：

```
class DerivedClassName(modname.BaseClassName):
```

派生类定义的执行过程与基类定义的执行过程相同。当构造类对象时，基类会被记住并将用来解析属性引用。如果请求的属性在类中找不到，搜索将转往基类中进行查找。如果基类本身也派生自其他某个类，此规则将被递归地应用。

派生类的实例化没有任何特殊之处，DerivedClassName() 会创建该类的一个新实例。方法引用将按以下方式解析：搜索相应的类属性，如有必要将按基类继承链逐步向下查找，如果产生了一个函数对象则方法引用生效。

派生类可以覆盖其基类的方法，因为所有方法在调用同一对象的其他方法时，都没有特殊权限。定义在同一个基类中被称为另一个方法的基类方法，最终可能调用覆盖它的派生类的方法（针对 C++ 程序员提示：Python 所有的方法实际上都是有效的 virtual 方法）。

在派生类中的覆盖方法，实际上可能想要扩展而非简单地替换同名的基类方法。调用 BaseClassName.methodname(self, arguments) 可以简单地直接调用基类方法（注意仅当此基类可在全局作用域中以 BaseClassName 的名称被访问时，才可以使用此方式）。

1. 内置函数

Python 有两个内置函数可被用于继承机制。

使用 isinstance() 来检查一个实例的类型，函数的完整形式为 isinstance(obj, class_or_tuple)。当对象 obj 是一个类或这个类的子类的实例时，返回 True；当第二个位置参数被传入元组类型时，只要是元组中的任意一个类型的实例，就返回 True。isinstance(obj, int) 仅会在 obj.__class__ 为 int 或某个派生自 int 型的类时为 True，例如：

```
>>> isinstance(True, int)          >>> isinstance(False, (float, str, int))
True                               True
```

需要注意的是，type 不会检查继承关系，例如：

```
>>> type(True) == bool             >>> type(True) == int
True                               False
```

使用 issubclass() 来检查类的继承关系，函数的完整形式为 issubclass(cls, class_or_tuple)。当 cls 是一个派生类或是类本身时，返回 True；第二个位置参数也可传入类型组成的元组，例如，issubclass(bool,int) 为 True，issubclass(float, int) 为 False。因为 bool 型是 int 型的子类，而 float 型不是。

```
>>> issubclass(bool, int)
True
>>> issubclass(float, int)
False
>>> issubclass(float, (int, float))
True
```

2. 多重继承

多重继承是 Python 支持面向对象程序的重要特征。具体表现为，定义的类同时带有多个基类作为继承列表，基本语法结构如下：

```
class DerivedClassName(Base1, Base2, Base3, …):
    <statement-1>
        ⋮
    <statement-N>
```

对大多数程序来说，最简单的情况可以认为，搜索从父类所继承属性的操作是深度优先、从左至右的；当层次结构中存在重叠时，不会在同一个类中搜索两次。多重继承的属性查找流程如图 16-5 所示。因此，如果某一属性在 DerivedClassName 中未找到，则会到 Base1 中搜索它，然后（递归地）到 Base1 的基类中搜索；如果在那里未找到，再到 Base2 中搜索，以此类推。

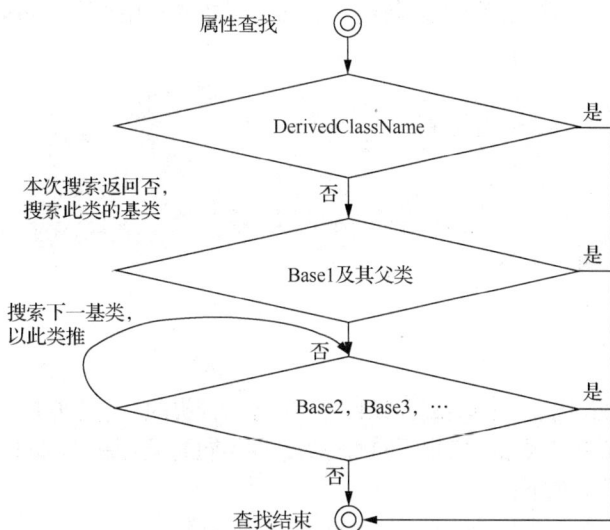

图 16-5　多重继承的属性查找流程

真实的搜索情况比这个要复杂一些，方法解析顺序会动态改变，以支持对 super()（父类的实例）的协同调用。这种方式在其他某些多重继承型语言中被称为后续方法调用，它比单重继承型语言中的 super() 调用更强大。

动态改变顺序是有必要的，因为所有多重继承的情况都会显示出一个或更多的菱形关联（即至少有一个父类可通过多条路径，被底层类所访问）。例如，所有类都继承自 object，因此任何多重继承的情况都提供了一条以上的路径，可以通向 object。为了确保基类不会被访问一次以上，动态算法会用一种特殊方式将搜索顺序线性化，保留每个类所指定的从左至右的顺序，只调用每个父类一次，并且保持单调（即一个类可以被子类化，而不影响其父类的优先顺序）。总之，这些特性使设计具有多重继承的可靠且可扩展的类成为可能。

3. 字典的子类

对于内置的类型，我们也可以编写其子类。不过有些子类使用时有些注意事项。如果自定义一个字典的子类，并且这个子类中定义了方法 __missing__()，那么，当 key 不存在时，d[key]操作将调用 __missing__()方法，并附带键 key 作为参数。d[key]随后将返回（或引发）__missing__(key)调用所返回（或引发）的任何对象（或异常）。没有其他操作或方法会发起调用 __missing__()。如果未定义 __missing__()，则会引发 KeyError。__missing__()必须是一个方法，它不能是一个实例变量。具体示例代码如下：

```
>>> class Counter(dict):
    def __missing__(self, key):
```

```
        return 0

>>> c = Counter()
>>> print(c['red'])
0
>>> c['red'] += 1
>>> print(c['red'])
1
```

上面的例子显示了 collections.Counter 实现的部分代码。还有另一个 __missing__()方法是由 collections.defaultdict 所使用的 str.format_map(mapping)方法，其类似于 str.format(**mapping)，不同之处在于，mapping 会被直接使用而不是复制到一个 dict。此方法适用于当 mapping 为 dict 的子类的情况，例如：

```
>>> class MappingSubdict(dict):
    def __missing__(self, key):
        return key

>>> '{name} was born in {country}'.format_map(MappingSubdict(name='Guido'))
'Guido was born in country'
```

16.5 多态

Python 的多态是相对于方法而言，并以封装和继承为前提的。它主要是针对多分支单重继承中的方法，通过对父类方法的覆盖，实现不同的行为，即不同的子类调用相同的方法会产生不同的行为结果。简单的示例代码如下：

```
>>> class Animal():
    def talk(self):
        return "大部分动物都会发出各自不同的声音"

>>> class Dog(Animal):
    def talk(self):
        return "汪汪"

>>> class Cat(Animal):
    def talk(self):
        return "喵喵"

>>> d = Dog()
>>> c = Cat()
>>> d.talk()
'汪汪'
>>> c.talk()
'喵喵'
```

因为 Python 是动态语言，所以多态性对其就无足轻重了。

16.6 特殊方法名称

Python 中大部分特定操作都是通过特殊的方法实现的。因此，一个类可以通

Python 的面向对象
程序设计（3）

过定义具有特殊名称的方法来实现由特殊语法所引发的特定操作（如算术运算或下标与切片）。这也是 Python 实现操作符重载的方式，允许每个类自行定义基于操作符的特定行为。例如，如果一个类定义了名为__getitem__()的方法，并且 x 为该类的一个实例，则 x[i] 基本就等同于 type(x).__getitem__(x, i)。在没有定义适当方法的情况下（除非有说明例外的情况），尝试执行一种操作将触发一个异常（通常为 AttributeError 或 TypeError）。

将一个特殊方法设置为 None，表示对应的操作不可用。例如，如果一个类将__iter__()设置为 None，则该类就是不可迭代的。因此对其实例调用 iter()，将触发一个 TypeError，而不会回退至__getitem__()。

在实现模拟任何内置类型的类时，模拟的实现程度对被模拟对象来说，应当是有意义的。例如，提取单个元素的操作对某些序列来说是适宜的，但提取切片可能就没有意义。

1．基本定制

基本定制中涉及属于 object（对象）的特殊方法名称如表 16-2 所示，其中方法的第一个参数 self 简写为 s。

表 16-2　基本定制中的特殊方法名称

序号	特殊方法名称	含义描述	返回值
1	__new__(cls[,…]	调用以创建一个 cls 类的新实例。静态方法	返回值应为新对象实例（通常是 cls 的实例）
2	__init__(s[,…])	在实例（通过__new__()）被创建之后，返回调用者之前调用	定制对象实例，但返回的值只能是 None
3	__del__(s)	在实例将被销毁时调用	—
4	__repr__(s)	由内置函数 repr()调用以输出一个对象的"官方"字符串表示	必须返回一个字符串对象
5	__str__(s)	生成一个对象的"非正式"或格式良好的字符串表示	必须返回一个字符串对象
6	__bytes__(s)	通过 bytes 调用以生成一个对象的字节串表示	应该返回一个 bytes 对象
7	__format__(s, format_spec)	生成一个对象的"格式化"字符串表示	必须返回一个字符串对象
8	__lt__(s, other)	s<other 时，调用此方法	
9	__le__(s, other)	s<=other 时，调用此方法	如指定的参数对没有相应的实现，"富比较"方法会返回单例对象 NotImplemented。通常，成功比较会返回 False 或 True。实际上，这些方法可以返回任意值
10	__eq__(s, other)	s==other 时，调用此方法	
11	__ne__(s, other)	s!=other 时，调用此方法	
12	__gt__(s, other)	s>other 时，调用此方法	
13	__ge__(s, other)	s>=other 时，调用此方法	
14	__hash__(s)	通过内置函数 hash()调用以对散列集的成员进行操作	应该返回一个整数
15	__bool__(s)	调用此方法以实现真值检测以及内置的 bool()操作	应该返回 False 或 True

2．自定义属性访问

我们可以定义一些方法来自定义对类实例属性访问（x.name 的使用、赋值或删除）的具体含义。自定义属性访问中涉及属于 object（对象）的特殊方法名称如表 16-3 所示，其中方法的第一个参数 self 简写为 s。

表 16-3   自定义属性访问中的特殊方法名称

序号	特殊方法名称	含义描述	返回值
1	__getattr__(s, name)	当默认属性访问（序号 2）因引发 AttributeError 而失败时被调用	此方法应当返回（找到的）属性值或是触发一个 AttributeError 异常
2	__getattribute__(s, name)	此方法会无条件地被调用以实现对类实例属性的访问	
3	__setattr__(s, name, value)	此方法在一个属性被尝试赋值时被调用	这个调用会取代正常机制（即将值保存到实例字典）。name 为属性名称，value 为要赋予属性的值
4	__delattr__(s, name)	类似于__setattr__()，但其作用为删除而非赋值	此方法应该仅在 del obj.name 对于该对象有意义时才被实现
5	__dir__(s)	此方法会在对相应对象调用 dir()时被调用	返回值必须为一个序列。dir()会把返回的序列转换为列表并对其排序

特殊方法名称__getattr__和__dir__还可被用来自定义对模块属性的访问。模块层级的__getattr__()函数，应当接收一个参数，其名称为一个属性名，并返回计算结果值或触发一个 AttributeError。同时，还有涉及实现描述器、发起调用描述器、__slots__等相关的特殊方法名称。

16.7 迭代器

迭代器（iterator）用来表示一连串数据流的对象，它在 Python 中也是一种独立的类型。迭代器的主要功能是实现对对象的迭代（即可以循环获取对象中的元素的操作，或者进行成员判断）。这个功能主要是用迭代器的方法__next__()实现的，也可通过内置函数 next()实现对数据流中的元素进行——获取。当迭代器对象没有数据元素可用时，则触发 StopIteration 异常。这表示在迭代器对象中的元素耗尽时，继续调用方法__next__()只会触发 StopIteration 异常。

1. 迭代器类型

迭代器对象的协议是指其自身需要支持表 16-4 所示的两个方法。

表 16-4   迭代器对象自身需要支持的两个方法

序号	方法名称	返回值	说明	方法对应于 Python/C API 中 Python 对象类型结构体的槽位
1	iterator.__iter__()	返回迭代器对象本身	这是同时允许容器和迭代器配合 for 和 in 语句使用所必需的	tp_iter 槽位
2	iterator.__next__()	从容器中返回下一项	如果已经没有项可返回，则会触发 StopIteration 异常	tp_iternext 槽位

Python 中定义了几种迭代器对象，用于支持对序列类型、字典和其他更特别的形式进行迭代操作。同时，迭代器对象的协议才是支持迭代操作的基本实现规则，特定类型的其他性质对迭代操作来说都无重要意义。

迭代器对象耗尽时，继续调用迭代器的__next__()方法，将会触发 StopIteration 异常，此机制必须保证对后续的调用一直触发同样的异常。如果不遵循此行为的特性，实现将无法正常使用。

容器对象如果要支持迭代操作，必须定义表 16-5 所列的__iter__()方法。

表 16-5　容器支持迭代所要定义的 __iter__()方法

方法名称	返回值	说明	方法对应于 Python/C API 中 Python 对象类型结构体的槽位
container. __iter__()	返回一个迭代器对象	如果容器支持不同的迭代类型，则可以提供额外的方法来专门请求不同迭代类型的迭代器	tp_iter 槽位

容器中__iter__()方法返回的对象需要支持上文所述的迭代器对象的协议。容器支持多种迭代形式对象的迭代，又同时支持广度优先和深度优先遍历的树结构。

2. 容器中的迭代

Python 支持在容器中进行迭代，最直接的迭代使用就是 for 循环语句。序列类型对象（list、str、bytes、range 和 tuple）、集合、字典等类型都可使用 for 语句，例如：

```
for element in ['a', 'b', 'c']:
    print(element)
for element in ('a', 'b', 'c'):
    print(element)
for key in {'one':'a', 'two':'b'}:
    print(key)
for char in "abc":
    print(char)
for char in {"a", "b", "c"}:
    print(char)
for line in open("myfile.txt"):
    print(line, end='')
```

上面清晰、简洁、方便的代码风格，就是迭代器在支持。for 语句在执行时，Python 后台会在容器对象上调用 iter()。该函数返回一个定义了__next__()方法的迭代器对象，__next__()方法将逐一访问迭代器中的元素。当元素用尽时，__next__()将引发 StopIteration 异常来通知终止 for 循环。

上例中的序列等数据类型都是可迭代对象，但不是迭代器。可迭代对象包括上文提到的对象，还包括文件对象，以及定义了__iter__()方法或是实现了 Sequence 语义的__getitem__()方法的任意自定义类对象。同时，迭代器必须具有__iter__()方法，用来返回该迭代器对象自身。因此，迭代器必定也是可迭代对象，可被用于其他可迭代对象适用的大部分场合。从语法结构上，我们更能直接看出可迭代对象是迭代器的基类。

多次重复访问迭代项的代码会有特殊情况。容器对象（如 tuple、list 等）在每次将其传入函数 iter()或是在 for 循环中使用时，都会生成一个新的迭代器。此时，如果尝试使用迭代器，则会返回在之前迭代过程中被耗尽的同一迭代器对象，使其看起来就像一个空容器。

程序脚本中也可直接使用内置函数 next()来调用__next__()方法。简单的迭代器使用的例子如下：

```
>>> l = (1, 2, 3)
>>> it = iter(l)
>>> it
<tuple_iterator object at 0x00000000029D1348>
>>> next(it)
1
>>> next(it)
2
>>> next(it)
3
>>> next(it)
Traceback (most recent call last):
```

```
    File "<pyshell#6>", line 1, in <module>
      next(it)
  StopIteration
```

其中内置函数 iter()和 next()的含义如下。

（1）iter(object[, sentinel])

iter(object[,sentinel])函数返回一个迭代器（iterator）对象，该函数的第二个参数 sentinel 是可选的，但如果存在第二个参数，对于第一个参数的解读是完全不同的。

只有第一个参数时，object 必须是支持迭代器对象的协议（有__iter__()方法）的容器对象或必须支持序列协议（有__getitem__()方法，且数字参数从 0 开始）。如果传入的实参 object 不支持这些协议，则会触发 TypeError。

有第二个参数 sentinel 时，object 必须是可调用的。此时创建的迭代器对象每次调用它的__next__()方法时，都会不带实参地调用 object；如果返回的结果是 sentinel，则触发 StopIteration 异常，否则返回调用结果。简单的示例代码如下：

```
>>> def x():
return 4

>>> it = iter(x,3)
>>> next(it)
4
>>> next(it)
4
>>> it = iter(x,4)
>>> next(it)
Traceback (most recent call last):
  File "<pyshell#41>", line 1, in <module>
    next(it)
StopIteration
```

真正适合 iter()的第二种形式的应用之一，是构建块读取器。例如，从二进制数据库文件中读取固定宽度的块，直至到达文件的末尾，Python 提供的示例代码如下：

```
from functools import partial
with open('mydata.db', 'rb') as f:
    for block in iter(partial(f.read, 64), b''):
        process_block(block)
```

（2）next(iterator[, default])

内置函数 next()的主要功能是通过调用迭代器（iterator）的__next__()方法，获取下一个元素。如果迭代器对象中的元素耗尽，则返回给定的可选参数 default；如果没有默认值 default，则会触发 StopIteration 异常。

3. 自定义类实现迭代器的行为

通过对迭代器对象的协议及上述 for 循环执行过程的分析，不难看出，Python 是通过使用__iter__()和__next__()两个独立的特殊名称方法来实现迭代器行为的。它们可被用于允许用户自定义类来实现对迭代器的支持。具体在自定义类中实现对迭代器的支持，可通过以下两种方式进行。

方式一：类中定义一个__iter__()方法，并且此方法返回一个带有__next__()方法的对象。

方式二：类中定义__next__()方法，则__iter__()方法可以简单地返回实例对象 self。Python 中的示例代码如下：

```
>>> class Reverse:
    """通过循环一个序列实现对自身进行反转的迭代器操作。"""
```

```
    def __init__(self, data):
        self.data = data
        self.index = len(data)
    def __iter__(self):
        return self
    def __next__(self):
        if self.index == 0:
            raise StopIteration
        self.index = self.index - 1
        return self.data[self.index]

>>> rev = Reverse('语言学习')
>>> iter(rev)
<__main__.Reverse object at 0x00000000029C3348>
>>> for char in rev:
    print(char)


习
学
言
语
```

4. 异步迭代器

异步迭代器（asynchronous iterator）是指实现了__aiter__()和__anext__()两个特殊名称方法的对象，而且__anext__()方法必须返回一个可等待（awaitable）对象。async for 会处理异步迭代器的__anext__()方法所返回的可等待对象，直到其触发一个 StopAsyncIteration 异常。

可等待对象是指能在 await 表达式中使用的对象。它可以是协程（coroutine），或是具有特殊名称方法__await__()的对象。协程是指协程函数，并通过 async def 语句来实现。Python 协程可以在多个位置挂起和恢复执行，具体包括在多个不同的点进入、退出和恢复。协程是子例程的更一般形式，而子例程只是可以在某一点进入并在另一点退出。总之，使用 async def 语法定义的函数总是为协程函数，即使这些函数体内不包含 await 或 async 关键字。这是由于在协程函数体内部，await 和 async 标识符已成为保留关键字。await 表达式、async for 及 async with 只能在协程函数体中使用。另外，在协程函数体中使用 yield from 表达式将触发 SyntaxError。

异步迭代器可以在其__anext__()方法中调用异步代码，还可以在 async for 语句中被使用。异步迭代器的两个特殊名称方法如表 16-6 所示。

表 16-6   异步迭代器的两个特殊名称方法

名称及形式	返回值	补充说明
object.__aiter__(self)	必须返回一个异步迭代器对象	从 Python 3.7 版本开始必须返回异步迭代器对象，返回任何其他对象都将导致 TypeError
object.__anext__(self)	必须返回一个可迭代对象以输出迭代器的下一结果值	当迭代结束时应该引发 StopAsyncIteration 异常

异步可迭代对象的一个示例代码如下：

```
class Reader:
    async def readline(self):
        pass
```

```
    def __aiter__(self):
        return self
    async def __anext__(self):
        val = await self.readline()
        if val == b'':
            raise StopAsyncIteration
        return val
```

在 Python 3.7 之前，__aiter__()可以返回一个可迭代对象，并解析为异步迭代器。从 Python 3.7 开始，__aiter__()必须返回一个异步迭代器对象，返回任何其他对象都将导致 TypeError。

Python 的面向对象程序设计（4）

16.8 生成器

生成器（generator）是一个用于创建迭代器的简单而强大的工具。生成器通常是指生成器函数，这个函数会返回一个生成器迭代器（generator iterator）。其在形式上与标准函数没多大的区别；不同点主要在于，其返回语句会包含 yield 表达式，以便生成一系列值供 for 循环使用，或是通过函数 next() 逐一获取。每次对生成器函数调用 next() 时，它会从上次离开位置恢复执行（它会记住上次执行语句时的所有数据值）。另外，如果容器对象__iter__()方法被实现为一个生成器，它将自动返回一个迭代器对象（从技术上说是一个生成器对象，但在某些情况下也可能是指生成器迭代器），该对象提供__iter__()和__next__()方法。简单地创建一个生成器的示例代码如下：

```
>>> def 反转(data):
    for i in range(len(data)-1, -1, -1):
        yield data[i]

>>> for c in 反转('gen'):
    print(c)

n
e
g
```

因为生成器函数会生成一个生成器迭代器，所以用生成器可完成的操作同样可用基于类的迭代器来完成。但生成器函数的写法更为紧凑，因为生成器函数会自动创建__iter__()和__next__()方法。生成器函数的另一个关键特性是，在每次调用生成器函数期间，局部变量和执行状态会自动被保存。这样比使用 self.i 和 self.data 这种实例变量的方式，更易编写且更为清晰。也就是说，生成器函数会自动创建方法和保存程序状态。另外，当生成器函数终结时，还会自动触发 StopIteration 异常。这些特性使创建迭代器能与编写常规函数一样容易。

返回值为异步生成器迭代器（asynchronous generator iterator）的函数是异步生成器（asynchronous generator）函数所创建的对象。此对象属于异步迭代器，当使用__anext__()方法调用时会返回一个可等待对象来执行异步生成器函数的代码，直到下一个 yield 表达式。异步生成器通常是指异步生成器函数，但在某些情况下可能是指异步生成器迭代器。

每个 yield 会临时暂停处理，记住当前位置执行状态（包括局部变量和挂起的 try 语句）。当该异步生成器迭代器与其他__anext__()返回的可等待对象有效恢复时，它会从离开位置继续执行。

异步生成器函数与使用 asyncdef 定义的协程函数很相似，不同之处在于，它包含 yield 表达式以生成一系列可在 async for 循环中使用的值。一个异步生成器函数可能包含 await 表达式、async for 及 async with 语句。

1. 生成器表达式

某些简单的生成器可以写成简洁的表达式代码形式，所用语法类似列表推导式，但外层为小括号而非中括号，即生成器表达式是用小括号括起来的紧凑形式生成器表示法，具体语法如下：

```
generator_expression ::= "(" expression comp_for ")"
```

其中，comp_for 的语法如下：

```
comp_for ::= ["async"] "for" target_list "in" or_test [comp_iter]
comp_iter ::= comp_for | comp_if
comp_if ::= "if" expression_nocond [comp_iter]
```

生成器表达式会产生一个新的生成器对象，这种生成器表达式被设计用于生成器将立即被外层函数所使用的情况。生成器表达式相比完整的生成器形式，更紧凑，但不够灵活。虽其句法与推导式相同，但它是用小括号而不是用中括号或大括号括起来的，相比等效的列表推导式，更为节省内存。简单的示例代码如下：

```
>>> sum(n**2 for n in range(10))        #平方和: 0+1+4+9+…+81
285
>>> sum([n**2 for n in range(10)])      #等效的列表推导式方式
285
>>> xvec = [10, 20, 30]
>>> yvec = [7, 5, 3]
>>> sum(x*y for x,y in zip(xvec, yvec)) #点积
260
>>> from math import pi, sin
>>> sine_table = {x: sin(x*pi/180) for x in range(0, 91)}
>>> data = 'gen'
>>> list(data[i] for i in range(len(data)-1, -1, -1))
['n', 'e', 'g']
```

生成器表达式是返回一个迭代器的表达式，它看起来很像普通表达式后面带有一个定义了循环变量、范围的 for 子句，以及一个可选的 if 子句。下面的复合表达式会为外层函数生成一系列值。

```
>>> sum(i**2 for i in range(10) if i%2 == 0)
120
```

在生成器表达式中使用的变量会在为生成器对象调用__next__()方法时，以惰性方式被求值（即与普通生成器函数相同的方式）。但最左侧 for 子句内的可迭代对象会被立即求值，因此，它所造成的错误会在生成器表达式被定义时被检测到，而不是在获取第一个值时才被发现。后续的 for 子句以及最左侧 for 子句内的任何筛选条件无法在外层作用域内被求值，因为它们可能会依赖于从最左侧可迭代对象获取的值，例如，(x*y for x in range(10) for y in range(x, x+10))。

生成器表达式的小括号在只附带一个参数的调用中可被省略，如 sum ((x for x in range(10)))等效于 sum(x for x in range(10))，后者省略了小括号。

为避免干扰到生成器表达式本身预期的操作，Python 3.7 版本后的 yield 和 yield from 表达式被禁止在隐式定义的生成器中使用。在 Python 3.7 中，yield 和 yield from 表达式会在编译时触发 DeprecationWarning；在 Python 3.8.*中，它们将触发 SyntaxError。

Python 3.6 版本引入了异步生成器表达式。如果生成器表达式中包含 async for 子句或 await 表达式，则称该表达式为异步生成器表达式。异步生成器表达式会返回一个新的异步生成器对象，此对象属于异步迭代器。

在 Python 3.7 之前，异步生成器表达式只能在 async def 协同程序中出现。从 Python 3.7 开始，任何函数都可以使用异步生成器表达式。

2．yield 表达式

yield 表达式在定义生成器函数或是异步生成器函数时才会用到，具体语法结构如下：

```
yield_atom ::= "(" yield_expression ")"
yield_expression ::= "yield" [expression_list | "from" expression]
```

yield 表达式只能在函数定义的内部函数体中使用。在一个函数体内使用 yield 表达式会使这个函数变成一个生成器函数，并且在一个 async def 定义的函数体内使用 yield 表达式会让协程函数变成异步生成器函数。简单的示例代码如下：

```
>>> def gen():          #定义一个生成器函数
    yield 'abc'

>>> async def agen():   #定义一个异步生成器函数
    yield 'abc'


>>> gen = gen()
>>> next(gen)
'abc'
>>> next(gen)
Traceback (most recent call last):
  File "<pyshell#106>", line 1, in <module>
    next(gen)
StopIteration
```

由于 yield 表达式会对外层作用域造成附带影响，因此它不被允许作为用于实现推导式和生成器表达式的隐式定义作用域的一部分。

生成器函数的具体描述如下：当调用一个生成器函数时，会返回一个被称为生成器的迭代器，这个生成器负责控制生成器函数的执行。当这个生成器的某一个方法被调用时，生成器函数就开始执行。直至执行到第一个 yield 表达式，此函数的执行会被再次挂起，给生成器函数的调用者返回 expression_list 的值。挂起后，生成器函数所有局部状态都被保留下来，包括局部变量的当前绑定、指令指针、内部求值栈和任何异常处理的状态。通过调用生成器的某一个方法，生成器函数就会继续执行。此时函数的运行就与 yield 表达式只是一个外部函数调用的情况完全一致。恢复后，yield 表达式的值取决于调用的哪个方法来恢复执行。如果用的是__next__()方法（通常通过 Python 内置的 for 或是 next()来调用），那么结果就是 None；如果用的是 send()，那么结果就是传递给 send()的值。

程序使用 yield from <expression>形式时，Python 会将所提供的 expression 表达式视为一个子迭代器。这个子迭代器产生的所有值都直接被传递给当前生成器方法的调用者。通过 send()传入的任何值以及通过 throw()传入的任何异常，如果有适当的方法则会被传给下层迭代器，否则 send()将引发 AttributeError 或 TypeError，而 throw()将立即引发所传入的异常。

在 try 结构（异常处理）中的任何位置都允许出现 yield 表达式。如果生成器在（因为引用计数到 0 或是因为被垃圾回收）销毁之前没有恢复执行，将调用生成器迭代器的 close()。close()允许任何挂起的 finally 子语句执行。

当下层迭代器完成时，被触发的 StopIteration 实例的 value 属性会成为 yield 表达式的值。它可以在触发 StopIteration 时被显式地设置，也可以在子迭代器是一个生成器时自动地设置（通过从子生成器返回一个值）。

当 yield 表达式是赋值语句右侧的唯一表达式时，括号可以省略。

（1）生成器迭代器的方法

Python 提供了控制生成器函数执行的方法，这些方法主要是生成器迭代器的方法，具体如表 16-7 所示。

表16-7　生成器迭代器的方法

方法名称	主要功能	说明	补充说明
generator.__next__()	开始一个生成器函数的执行或是从上次执行的 yield 表达式位置恢复执行	当一个生成器函数通过 __next__()方法恢复执行时，当前 yield 表达式总是取值为 None。随后会继续执行到下一个 yield 表达式，其 expression_list 的值会返回给__next__()的调用者	如果生成器没有生成下一个值就退出，则将触发 StopIteration 异常。此方法通常是隐式地调用，如通过 for 循环或是内置的函数 next()
generator.send(value)	恢复执行并向生成器函数"发送"一个值。value 参数将成为当前 yield 表达式的结果	send()会返回生成器所生成的下一个值，或者如果生成器没有生成下一个值就退出，则会触发 StopIteration 异常	当调用 send()来启动生成器时，它必须以 None 为调用参数，因为这时没有可以接收值的 yield 表达式
generator.throw(type[, value[,traceback]])	在生成器暂停的位置触发 type 类型的异常，并返回该生成器函数所生成的下一个值	如果生成器没有生成下一个值就退出，则将触发 StopIteration 异常	如果生成器函数没有捕获传入的异常或触发了另一个异常，则该异常会被传递给调用者
generator.close()	在生成器函数暂停的位置触发 GeneratorExit	如果之后生成器函数正常退出、关闭或触发 GeneratorExit(由于未捕获该异常)，则关闭并返回其调用者。如生成器生成一个值，关闭会触发 RuntimeError	如果生成器触发任何其他异常，它会被传递给调用者。如果生成器已经由于异常或正常操作而退出，则 close()不会做任何事

注意：如果生成器已经在执行时，调用上述任何方法都会引发 ValueError。

表 16-7 中，生成器迭代器是生成器函数所创建的对象。当该生成器迭代器恢复时，它会从离开位置继续执行，这与每次调用都从新开始的普通函数差别很大。

（2）生成器函数的例子

下面是一个演示生成器和生成器函数行为的例子。

```
>>> def echo(value=None):
    print("当next()被第一次调用的时候执行开始。")
    try:
        while True:
            try:
                value = (yield value)
            except Exception as e:
                value = e
    finally:
        print("当close()被调用的时候不要忘记清理。")


>>> generator = echo(1)
>>> print(next(generator))
当next()被第一次调用的时候执行开始。
1
```

```
>>> print(next(generator))
None
>>> print(generator.send(2))
2
>>> generator.throw(TypeError, "Python")
TypeError('Python')
>>> generator.close()
```
当 close() 被调用的时候不要忘记清理。

3．生成器函数中的 return 语句

在一个生成器函数中，return 语句表示生成器已完成，并将导致 StopIteration 被触发。返回值（如果有的话）会被当作一个参数用来构建 StopIteration。在一个异步生成器函数中，一个空的 return 语句表示异步生成器已完成，并将导致 StopAsyncIteration 被触发。一个非空的 return 语句在异步生成器函数中，会导致语法错误。

16.9 习题

1．基础题

（1）简述什么叫面向对象程序设计。

（2）简述 Python 中类和实例的概念。

（3）简述面向对象的 3 大特征及其优势。

（4）简述以下类中三引号内文字的作用，并说明其在类中会被如何进行转换。

```
class numsum():
    '''求解两数之和'''
    Pass
```

（5）简述下面代码出现语法错误的原因。

```
class A:
    a = 42
    b = list(a + i for i in range(10))
```

（6）简述类对象支持的两种操作。

（7）简述类变量和实例变量为可变变量时的区别，并举例说明。

（8）简述类中私有方法的定义并说明为什么在继承中定义同样私有方法也不会出错。

（9）简述数据属性和方法属性名称相同时带来的问题，并说明方法和属性命名的规范。

（10）简述基类和派生类。

（11）简述 isinstance() 和 issubclass() 的作用。

（12）简述多重继承中关于某一属性的搜索过程。

（13）求下列代码的输出结果。

```
class Counter(dict):
    def __missing__(self, key):
        return 0
c = Counter()
for i in range(5):
    c['red'] += i
print(c['red'])
```

（14）简述多态的应用场景并举例说明。

（15）简述什么是迭代器、什么是可迭代对象。

（16）定义一个类，使其实现迭代器的功能。

（17）简述什么叫异步迭代器。

（18）简述什么叫生成器。

（19）简述 yield 表达式的作用。

2．综合题

（1）判断下列说法哪些是正确的。

a．在 Python 中定义类时，如果某个成员名称前有两个下画线，则表示是私有成员。

b．在类定义的外部没有任何办法可以访问对象的私有成员。

c．Python 中一切内容都可以称为对象。

d．在一款软件的设计与开发中，所有类名、函数名、变量名都应遵循统一风格和规范。

e．定义类时所有实例方法的第一个参数用来表示对象本身，在类的外部通过对象名来调用实例方法时不需要为该参数传值。

f．在面向对象程序设计中，函数和方法是完全一样的，都必须为所有参数进行传值。

g．Python 中没有严格意义上的私有成员。

h．对于 Python 类中的私有成员，我们可通过"对象名.__类名__私有成员名"的方式访问。

i．在派生类中可以通过"基类名.方法名()"的方式来调用基类中的方法。

j．Python 支持多继承，如果父类中有相同的方法名，而在子类中调用时没有指定父类名，则 Python 解释器将从左向右按顺序进行搜索。

k．在 Python 中定义类时实例方法的第一个参数名称必须是 self。

l．在 Python 中定义类时实例方法的第一个参数名称不管是什么，都表示对象自身。

（2）定义两个类来求三角形和正方形的面积，要求类中求面积的方法名相同，然后定义函数通过多态的方式实现底为 3、高为 4 的三角面积计算和边长为 5 的正方形面积计算。

（3）定义一个人的类，要求包含名字和年龄两个属性，以及吃饭和娱乐两个方法，并要求通过继承的方式实现两个类：学生类和老师类。然后在学生类中新添加属性年纪及正在学习课程的方法，在老师类中添加职称的属性及授课内容的方法，最后通过调用类的方式将你自己和老师的内容进行输出。

## 第 17 章

异常处理

在编写程序过程中会遇到各种各样的"错误"，Python 中将"错误"区分为语法错误和异常两种类型，其中语法错误又被称为解析错误，主要是不符合语法、句法等规定的错误，也是初学者经常遇到的错误；异常则更接近业务逻辑。总之，Python 解析器会在脚本运行并检测到错误（如 0 作为除数）时触发异常。

本章主要介绍 Python 中的异常，具体包括讲解异常的分类、异常处理的语法结构，并指出异常是可手动抛出的，进而讲解自定义异常类型、预定义的清理操作及内置异常等。本章词云图如图 17-1 所示。

图 17-1　本章词云图

17.1　异常及其分类

语法上编写正确的语句或表达式在尝试执行时，也可能引发错误。在执行时检测到的错误被称为异常。异常并不一定会导致严重后果。异常也是一种程序流程控制的手段，我们可根据异常的情况对程序的流程进行控制和跳转。也就是说，

异常及其分类

异常是中断 Python 代码块的正常控制流程，以便处理错误或其他异常的一种方式。同时，Python 解释器会在错误被检测到的位置触发异常，异常也可以被当前包围代码块或是任何直接或间接发起调用发生错误的代码块的其他代码块所处理。但是大部分异常不会被程序处理，如下面的错误提示信息。

```
>>> (1/0)*5
Traceback (most recent call last):
  File "<pyshell#1>", line 1, in <module>
    (1/0)*5
ZeroDivisionError: division by zero
>>> 3*n
Traceback (most recent call last):
  File "<pyshell#2>", line 1, in <module>
    3*n
NameError: name 'n' is not defined
>>> 3 + '3'
Traceback (most recent call last):
  File "<pyshell#3>", line 1, in <module>
    3 + '3'
TypeError: unsupported operand type(s) for +: 'int' and 'str'
```

上面输出的错误提示信息，特别是最后一行，提示程序运行遇到的错误类型，使程序设计者能更好地根据错误提示信息，对程序进行修改和完善。错误类型名称将作为错误提示信息的一部分被输出，上述代码中的错误类型依次是 ZeroDivisionError、NameError 和 TypeError。内置异常的名称都会作为异常类型中输出字符串的一部分，但用户自定义的异常就不一定有这样的规范（虽然这是一个有用的规范）。基于错误类型开头的这一行错误提示信息的剩下部分，是根据异常类型及其原因输出的更加详细的错误提示信息。

错误提示信息的前一部分以堆栈回溯的形式，显示发生异常时源代码的上下文信息。通常这部分信息会包含列出源代码行的堆栈回溯，但它不会显示从标准输入中读取的行。

Python 的错误处理采用的是"终止"模型：异常处理器可以找出发生了什么问题，并在外层继续执行，但不能修复错误的根源并重试失败的操作（除非通过从顶层重新进入出错的代码片段）。

当一个异常完全未被处理时，解释器会终止程序的执行，或者返回交互模式的主循环。无论是哪种情况，都会输出栈回溯信息，除非当异常为 SystemExit 的时候。

异常的"消息"不是 Python API 的组成部分。消息的具体"内容"可能在 Python 升级到新版本时，不经警告地发生改变，因此，程序设计中"消息"不应该被需要在多版本解释器中运行的代码所依赖，即大家不要依赖具体的异常"消息"内容进行程序处理。

标准的异常类型是内置的标识符（而不是保留关键字）。在 Python 中，所有异常必须为一个派生自 BaseException 的类的实例，即 Python 的内置异常都是基于类实现的，并且是对基类 BaseException 进行的直接或间接继承。类的继承关系和家谱结构有点相似，内置异常的类也按类的继承关系具有不同层级的结构。

17.2 异常处理——try 语句

程序出现异常，我们就需要编写处理所选异常的程序进行单独处理。具体方法是在 Python 中使用 try 语句进行异常处理，还可使用指定异常处理器和/或清理代码的方法处理。具体语法结构如下：

异常处理——try 语句

```
try_stmt ::= try1_stmt | try2_stmt
try1_stmt ::= "try" ":" suite
              ("except" [expression ["as" identifier]] ":" suite)+
              ["else" ":" suite]
              ["finally" ":" suite]
try2_stmt ::= "try" ":" suite
              "finally" ":" suite
```

综上可见，try 语句有下面 5 种形式，每种形式的 except 子句都可以增加。

```
try…except…
try…except…else…
try…except…else…finally…
try…except…except…else…finally…
try…finally…
```

我们结合下面一个验证输入是否为整数的例子，来进一步认识异常及异常处理。这个例子会让用户一直输入，直到输入有效的整数为止，我们也可利用 Control-C 或操作系统支持的其他操作中断程序的执行。用户引起的中断，可通过触发 KeyboardInterrupt 异常来指示。

```
>>> while True:
    try:
        x = int(input("请输入一个整数: "))
        break
    except ValueError:
        print("那不是有效的数字。继续尝试...")


请输入一个整数: dafd
那不是有效的数字。继续尝试...
请输入一个整数: 2
```

上例只是异常处理的一个简单示例。下面基于 try 语句结构，对异常进行全面说明。

首先，执行 try 子句，即 try 和 except 两个关键字之间的多行语句——suite；有时没有关键字 except，这时注意是紧跟 try 的第一级别缩进的语句体。

如果在执行 try 子句时没有异常发生，则跳过 except 子句并完成 try 语句的执行。此时如果有 else 子句就会去执行 else 子句的语句体。如果在执行 try 子句时发生了异常，则跳过 try 子句中剩下的部分；如果异常的类型与 except 关键字后面的异常类型匹配，则执行 except 子句；此时如果有 else 子句也不会被执行。无论执行 try 子句时是否发生异常，如果有 finally 子句，就会执行 finally 子句的语句体，直到执行完成。然后继续执行 try 语句之后的代码。

如果发生的异常与 except 子句中指定的异常不匹配，则将其传递到外部的 try 语句中；如果没有找到处理程序，则它是一个未处理异常，执行将停止并显示如上所示的错误消息。

程序员可以使用 raise 语句，强制触发指定的异常，并抛出异常（详解请参见 17.3 节），即 Python 程序可通过 raise 语句显式地触发异常。

1. except 子句

有 except 子句的前提是必须有 try 子句。但一个 try 子句可以有多个 except 子句，即 except 子句可指定一个或多个异常处理器（不同类型异常处理的程序，具体体现为异常类）。但并不是所有的 except 子句都可被执行，实际最多只会执行一个异常处理的程序，特别是当 try 子句没有异常发生时，一个异常处理器都不会被执行。异常处理器只会处理相应的 try 子句中发生的异常，而不会处理同一个 try 语句内其他处理器中的异常，即 try 和 except 是有级别和分组的，这一点与 if 和 else 的关系有些类似。一个 except 子句可以将多个异常命名为带括号的元组，如下面的代码所示。

```
except (RuntimeError, TypeError, NameError):
    pass
```

当 try 子句中发生异常时，将启动对异常处理器的搜索。此搜索会依次检查 except 子句，直至找到与该异常相匹配的子句。如果存在无表达式的 except 子句，它必须是最后一个，且它将匹配任何异常。对于带有表达式的 except 子句，其表达式会被求值。如果结果对象与发生的异常"兼容"，则该子句将匹配该异常。一个类对象如果是异常类对象所属的类或基类，或者是包含有兼容该异常类的元素的元组，则二者就是"兼容"的；但是反过来就不能成立——列出派生类的 except 子句与基类异常是不兼容的。我们可通过下面的简单例子，来认识异常的处理过程。

```
>>> class E(Exception):
    pass

>>> class F(E):
    pass

>>> class G(F):
    pass

>>> for exception_cls in [E, F, G, Exception]:
    try:
        raise exception_cls()
    except G:
        print("G")
    except F:
        print("F")
    except E:
        print("E")
    except :
        print("无表达式的异常子句会匹配任何异常")


E
F
G
无表达式的异常子句会匹配任何异常
```

注意：如果 except 子句的顺序被调整，特别是把 except E 放到第一个，那么程序将输出 E、E、E，这体现了第一个匹配的 except 子句被触发的含义。程序中的异常是通过类实例的机制进行标识的。except 子句会依据实例的类来选择：它必须引用实例的类或是其所属的基类。实例可通过处理器被接收，并可携带有关异常的具体条件的附加信息。

最后的 except 子句可以省略异常名称，以用作通配符。请谨慎使用，因为以这种方式进行异常处理很容易掩盖真正的编程错误。这种方式也可用于输出错误消息，然后重新触发异常，即同样允许调用者处理异常，例如：

```
import sys
try:
    f = open('myfile2.txt')
    s = f.readline()
    i = int(s.strip())
except OSError as err:
    print("系统 错误: {0}".format(err))
except ValueError:
    print("不能把数据转换成整数。")
except:
    print("不是预期的异常: ", sys.exc_info()[0])
    raise
```

对于具有 as 关键字的 except 子句，当此子句被匹配后，程序的异常实例将被赋值给该 except 子句在 as 关键字之后指定的标识符，并且该 except 子句的语句体将被执行。所有 except 子句都必须有可执行的子句的语句体，即 except 子句可在异常名称后面指定一个变量。同时，发生异常时，异常可能具有关联值，也称为异常参数，参数的存在和类型取决于异常类型。这个变量会与一个异常实例绑定，它的参数存储在 instance.args 中。为了方便起见，异常实例定义了方法__str__()，因此可直接输出参数而无须引用 ".args"。此外，也可在抛出异常之前首先实例化异常，并根据需要向其添加任何属性。简单的示例代码如下：

```
>>> try:
    raise Exception('panda', 'tiger')
except Exception as inst:
    print(type(inst))           #异常的实例
    print(inst.args)            #参数存储在.args 中
    print(inst)                 #__str__()允许参数可以直接输出
                                #但是可以在异常子类中被覆盖
    p, t = inst.args            #把参数进行解包
    print('p =', p)
    print('t =', t)


<class 'Exception'>
('panda', 'tiger')
('panda', 'tiger')
p = panda
t = tiger
```

如果异常有参数，它们将作为未处理异常消息的最后一部分（详细信息）输出。

当到达子句的语句体的末尾时，通常会转向整个 try 语句之后继续执行。也就是说，对于同一异常存在嵌套的两个处理器，如果异常发生于内层处理器的 try 子句中，则外层处理器将不会处理该异常。当使用 as 将目标标识符赋值为一个异常时，它将在 except 子句结束时被清除。这就相当于

```
except OSError as err:
    print("系统 错误: {0}".format(err))
```

被转写为

```
except OSError as err:
    try:
        print("系统 错误: {0}".format(err))
    finally:    #后面会重点讲解
        del err
```

也就是说，如果要在 except 子句之后引用异常，那么异常必须赋值给一个不同的标识符。例如，若上例中要使用 err 异常，那么必须把 err 异常赋值给其他名称，这样就可以在 except 子句之后引用 err 异常。异常实例会被自动清除，这是因为在附加了回溯信息的情况下，它们会形成堆栈帧的循环引用，使所有局部变量保持存活，直到发生下一次垃圾回收。

在一个 except 子句被执行之前，有关异常的详细信息被存放在 sys 模块中，可通过方法 sys.exc_info() 进行使用。方法 sys.exc_info() 返回一个由异常类、异常实例和回溯对象组成的三元组，用于在程序中标识异常发生点。当从处理异常的函数返回时，sys.exc_info() 的值会恢复为（调用前的）原值。

总之，异常处理程序不仅处理 try 子句中遇到的异常，还处理 try 子句中调用（即使是间接的）函数内部发生的异常。简单示例代码如下：

```
>>> def div_fails():
    x = 1/0


>>> try:
```

```
        div_fails()
except ZeroDivisionError as err:
    print('处理运行时的错误: ', err)
```

```
处理运行时的错误: division by zero
```

这里需要注意两点：如果没有 except 子句与异常相匹配，则会在周边代码和发起调用栈上继续搜索异常处理器。如果在对 except 子句头中的表达式求值时触发了异常，则原来对处理器的搜索会被取消，并在周边代码和调用栈上启动对新异常的搜索。这种情况会被视作整个 try 语句所触发的异常。

2. else 子句

Python 的 try…except 语句还有一个可选的 else 子句，在使用时必须放在所有的 except 子句后面。对 "在 try 子句不触发异常时必须执行且触发异常时不执行的代码" 来说，else 子句很有用。示例代码如下：

```
import sys
try:
    f = open('myfilen.txt')
    s = f.readline()
    i = int(s.strip())
except OSError as err:
    print("系统 错误: {0}".format(err))
except ValueError:
    print("不能把数据转换成整数。")
except:
    print("不是预期的异常: ", sys.exc_info()[0])
    raise
else:
    print(f,"共有",len(f.readlines()),"行")
    f.close()
```

使用 else 子句比向 try 子句添加额外的代码要好，这样可避免意外捕获非 try…except 语句保护的代码而触发的异常。

总之，如果控制流离开 try 子句的语句体时没有触发异常，并且没有执行 return、continue 或 break 语句，可选的 else 子句将被执行。else 语句中的异常不会由之前的 except 子句（其对应的 try 子句对应的 except 子句）处理。另外，如果 try 子句的语句体触发了异常，可选的 else 子句就不会被执行。

3. finally 子句——定义清理操作

try 语句还有一个可选子句——finally 子句。如果上述子句都存在，它位于最后。finally 子句也可单独配合 try 子句使用，用于实现必须在所有情况下执行的清理操作。也可以说，finally 子句是指定的 "清理" 处理器。

try 子句会被首先执行，然后执行包括任何 except 或 else 的子句。如果在这些子句（包括 try、except 或 else）中发生任何未被处理的异常，这个异常会被临时保存起来，finally 子句将被执行。如果存在被临时保存的异常，它会在 finally 子句的末尾（finally 子句执行之后）被重新触发。但是，如果 finally 子句触发了另一个异常，被保存的异常会被设为新异常的上下文。即这种情况下的异常错误不会同时被抛出，程序调试完一个异常之后，不等于程序就一定没有 bug 了。如果 finally 子句执行了 return 或 break 语句，被保存的异常会被丢弃，例子如下：

```
>>> def f():
    try:
        int('a')
```

```
    finally:
        return 97   #程序不能获取异常信息

>>> f()
97
>>> try:
    raise KeyboardInterrupt
finally:
    print('Hello World!')


Hello World!
Traceback (most recent call last):
  File "<pyshell#58>", line 2, in <module>
    raise KeyboardInterrupt
KeyboardInterrupt
```

总之，异常处理是通过 try…except 语句来指定的。如果存在 finally 子句，则 finally 子句可被用来指定清理代码，它并不处理异常，并将作为 try 语句结束前的最后一项任务被执行。finally 子句都会被执行，与 try 子句中是否产生了异常没有关系。同时，在 finally 子句执行期间，程序不能获取异常信息。下面说明当异常发生时 finally 子句的一些更复杂的情况。

（1）发生在 except 或 else 子句执行期间的异常

当异常发生在 except 或 else 子句执行期间时，新异常将会在 finally 子句执行后被重新触发。

（2）含有关键字 return、break 或 continue 语句的处理机制

当 return、break 或 continue 语句在一个 try…finally 语句的 try 子句的语句体中被执行时，finally 子句也会"在离开时"被执行，即如果在执行 try 语句时遇到一个 break、continue 或 return 语句，finally 子句将在执行 break、continue 或 return 语句之前被执行。目前的版本中，continue 语句在 finally 子句中是不合法的。

（3）函数的返回值是由最后被执行的 return 语句所决定的

在异常处理结构中，如果 finally 子句中包含一个 return 语句，返回值将来自 finally 子句的某个 return 语句的返回值，而非来自 try 子句的 return 语句的返回值，因为 finally 子句总是被执行。从这个层面上看，在 finally 子句中被执行的 return 语句总是最后被执行的。简单示例代码如下：

```
>>> def exce_finally():
    try:
        return 'try'
    finally:
        return 'finally'


>>> exce_finally()
'finally'
>>> def bool_return():
    try:
        return True
    finally:
        return False


>>> bool_return()
False
```

我们可以利用下面比较复杂的例子进一步理解带有 finally 子句的异常处理。

```
>>> def divide(x, y):
    try:
        result = x / y
    except ZeroDivisionError:
        print("除数不能是0!")
    else:
        print("结果是: ", result)
    finally:
        print("执行最后的语句")


>>> divide(2, 1)
结果是:  2.0
执行最后的语句
>>> divide(2, 0)
除数不能是0!
执行最后的语句
>>> divide("2", "1")
执行最后的语句
Traceback (most recent call last):
  File "<pyshell#69>", line 1, in <module>
    divide("2", "1")
  File "<pyshell#66>", line 3, in divide
    result = x / y
TypeError: unsupported operand type(s) for /: 'str' and 'str'
```

综上可见，finally 子句在任何情况下都会被执行。两个字符串相除所引发的 TypeError 不会由 except 子句处理，因此，它会在 finally 子句执行后被重新触发。

在实际应用程序中，finally 子句对于释放外部资源（如文件或者网络连接）非常有用，无论是否成功使用资源的情况都可以释放。

（4）其他补充说明

当 break 使控制流传出一个带有 finally 子句的 try 语句时，该 finally 子句会先被执行，然后程序执行真正离开该循环。

当 continue 使控制流传出一个带有 finally 子句的 try 语句时，该 finally 子句会先被执行，然后才真正开始循环的下一个轮次。

continue 在语法上只会出现在 while 或 for 循环所嵌套的代码中，但不会出现在该循环内部的函数、类定义或者 finally 子句所嵌套的代码中。

当 return 使控制流传出一个带有 finally 子句的 try 语句时，该 finally 子句会先被执行，然后程序执行才真正离开该函数。

17.3 抛出异常——raise 语句

程序员可以使用 raise 语句强制触发指定的异常，并抛出异常，其中 raise 语句的语法格式如下：

raise_stmt ::= "raise" [expression ["from" expression]]

简单示例代码如下：

```
>>> raise NameError('Hello raise!')
Traceback (most recent call last):
```

抛出异常——raise
语句

```
  File "<pyshell#0>", line 1, in <module>
    raise NameError('Hello raise!')
NameError: Hello raise!
```

如果具有表达式，raise 会将第一个表达式求值为异常对象，即 raise 唯一的参数就是要抛出的异常。这个参数必须是一个异常实例或者是一个异常类，具体形式是 BaseException 的子类或实例。如果给 raise 传递的是一个异常类，它将通过调用没有参数的构造函数来隐式实例化，示例代码如下：

```
raise TypeError  #是代码'raise TypeError()'的简写
```

基于语法结构，raise 可以不带表达式，此时 raise 语句会重新触发当前作用域内最后一个激活的异常。如果当前作用域内没有激活的异常，将会触发 RuntimeError 来提示错误。如果需要确定是否触发了异常但又不打算处理，则可使用更简单的 raise 语句形式重新触发异常。例如：

```
>>> try:
    raise NameError('Hello raise!')
except NameError:
    print("异常没有被处理")
    raise       #重新触发异常

异常没有被处理
Traceback (most recent call last):
  File "<pyshell#6>", line 2, in <module>
    raise NameError('Hello raise!')
NameError: Hello raise!
```

需要强调的是，异常的类型为异常实例的类，值为实例本身。

当异常被触发时，通常会自动创建一个回溯对象，并将其关联到可写的__traceback__属性。我们可以创建一个异常，并同时使用 with_traceback()异常方法（该方法将返回同一异常实例，并将回溯对象设置为其参数）设置自己的回溯，就像下面这样：

```
raise Exception("foo occurred").with_traceback(tracebackobj)
```

当触发一个新的异常（而不是简单地使用 raise 来重新触发当前在处理的异常）时，隐式的异常上下文可以通过使用 raise 的 from 子句来补充一个显式的原因，如下所示。

```
raise new_exc from original_exc
```

raise 语句可以使用 from 子句进行异常串连。如果有 from 子句，则第二个表达式（from 后面的表达式）必须是另一个异常或实例或者是 None，它将作为可写的__cause__属性，被关联到所触发的异常。设置__cause__属性还会隐式地将__suppress_context__属性的值设置为 True，这样使用 raise new_exc from None 可以有效地将旧异常替换为新异常来显示其异常发生的原因（如将 KeyError 转换为 AttributeError），同时让旧异常在__context__中保持可用状态，以便在调试时进行内省。

除了异常本身的回溯，默认的回溯还会显示这些串连的异常。__cause__中的显式串连异常总是显示（如果存在）；__context__中的隐式串连异常仅在__cause__为 None 且__suppress_context__为假时显示。如果触发的异常未被处理，两个异常都将被输出。示例代码如下：

```
>>> try:
    print(int('a'))
except Exception as exc:
    raise RuntimeError("非预计错误发生! ") from exc

Traceback (most recent call last):
  File "<pyshell#36>", line 2, in <module>
    print(int('a'))
ValueError: invalid literal for int() with base 10: 'a'
```

```
The above exception was the direct cause of the following exception:

Traceback (most recent call last):
  File "<pyshell#36>", line 4, in <module>
    raise RuntimeError("非预计错误发生! ") from exc
RuntimeError: 非预计错误发生!
```

当在 except 或 finally 子句中触发（或重新触发）异常时，__context__ 会被自动设置为所捕获的最后一个异常；如果新的异常未被特殊处理，则最终显示的回溯信息将包括原始的异常和最后的异常。也就是说，如果一个异常在异常处理器或 finally 子句中被触发，类似 from 子句的机制会隐式地发挥作用，之前的异常将被关联到新异常的 __context__ 属性。示例代码如下：

```
>>> try:
        print(int('a'))
except Exception as exc:
        raise RuntimeError("非预计错误发生! ")

Traceback (most recent call last):
  File "<pyshell#38>", line 2, in <module>
    print(int('a'))
ValueError: invalid literal for int() with base 10: 'a'

During handling of the above exception, another exception occurred:

Traceback (most recent call last):
  File "<pyshell#38>", line 4, in <module>
    raise RuntimeError("非预计错误发生! ")
RuntimeError: 非预计错误发生!
```

异常串连可通过在 from 子句中指定 None 来显式地加以抑制。示例代码如下：

```
>>> try:
        print(int('a'))
except Exception as exc:
        raise RuntimeError("非预计错误发生! ") from None

Traceback (most recent call last):
  File "<pyshell#40>", line 4, in <module>
    raise RuntimeError("非预计错误发生! ") from None
RuntimeError: 非预计错误发生!
```

总之，在任何情况下，最后出现的异常本身总会在任何串连异常之后显示，以便回溯的最后一行总是显示所触发的最后一个异常。

17.4 自定义异常类型

异常机制是基于"类"的方式进行创建和使用的，程序员可以定义自己的异常类，进行异常处理，即可以通过创建新的异常类来命名自己的异常。异常通常应该直接或间接地从 BaseException 类派生。

自定义异常类型

我们可以定义异常类来执行任何其他类可执行的任何操作。异常类通常保持简单的定义，只提供一些属性，这些属性允许处理程序为异常提取有关错误的信息。在创建可能触发多个不同错误的模块时，通常的做法是为该模块定义的异常创建基类，并为不同错误条件创建特定异常类的子类，例如：

```
>>> class Error(Exception):
```

```
    """在这个模块中的异常基类。"""
    pass

>>> class InputError(Error):
    """输入错误引发异常。

    属性:
        expression -- 输入发生错误的表达式
        message -- 错误的解释
    """
    def __init__(self, expression, message):
        self.expression = expression
        self.message = message


>>> class TransitionError(Error):
    """当操作尝试不允许的状态转换时触发。

    属性:
        previous -- 过渡开始时的状态
        next -- 尝试新状态
        message -- 解释为什么不允许特定的转换
    """

    def __init__(self, previous, next, message):
        self.previous = previous
        self.next = next
        self.message = message
```

大多数异常都定义为以"Error"为结尾的名称，该命名方式类似于标准异常的命名。

许多标准模块定义了自己的异常，以此告知所定义的函数可能出现的各种错误。注意通过子类化创建的两个不相关异常类永远是不等效的，即使它们具有相同的名称。

实际上，内置异常类都可被子类化以定义新的异常；基于业务功能可能出现的异常错误的角度考虑，Python 相关文档中明确建议程序员从 Exception 类或它的某个子类，而不是从 BaseException 来派生新的异常。

17.5 预定义的清理操作

某些对象定义了在不再需要该对象时要执行的标准清理操作。无论使用该对象的操作是成功还是失败，清理操作都会被执行。请看下面的示例代码，该代码尝试打开一个文件并把其内容输出到屏幕上。

预定义的清理操作

```
for line in open("myfile.txt"):
    print(line, end="")
```

这个代码的问题在于，在这部分代码执行完后，会使文件在一段不确定的时间内处于打开状态。这在简单脚本中不是问题，但对较大的应用程序来说，可能是一个问题。with 语句允许像文件这样的对象，能够以一种确保它们得到及时和正确清理的方式使用，具体例子如下:

```
with open("myfile.txt") as f:
    for line in f:
        print(line, end="")
```

执行完语句后，即使在处理其他语句行时遇到问题，文件 f 最终也会被关闭。与文件一样，提供预定义清理操作的对象将在其文档中指出这一点。清理操作常用于文件操作、数据库连接、网络通信连接、多线程与多进程同步时的锁对象管理等场合。

with 语句用于包装带有使用上下文管理器定义方法的代码块的执行。这允许对普通的 try…except…finally 使用模式进行封装，以便重用。

```
with_stmt ::= "with" with_item ("," with_item)* ":" suite
with_item ::= expression ["as" target]
```

带有一个"项目"的 with 语句的执行过程如下。

（1）对上下文表达式（with_item 中给出的表达式）求值，以获得一个上下文管理器。

（2）载入上下文管理器的__exit__()，以便后续使用。

（3）发起调用上下文管理器的__enter__()方法。

（4）如果 with 语句中包含一个目标，来自__enter__()的返回值将被赋值给它。

注意：如果__enter__()方法返回时未发生错误，则 with 语句保证__exit__()将总是被调用。因此，如果在对目标列表赋值期间发生错误，则会将其视为在语句体内部发生的错误。参见下面的（6）。

（5）执行语句体。

（6）发起调用上下文管理器的__exit__()方法。如果语句体的退出是由异常导致的，则其类型、值和回溯信息将被作为参数传递给__exit__()，否则将提供 3 个 None 参数。如果语句体的退出是由异常导致的，并且方法__exit__()的返回值为假，则该异常会被重新触发；如果返回值为真，则该异常会被抑制，并会继续执行 with 语句之后的语句。如果语句体由于异常以外的任何原因退出，则来自__exit__()的返回值会被忽略，并会在该类退出正常的发生位置继续执行。如果有多个项目，则会视作存在多个 with 语句嵌套来处理多个上下文管理器。例如：

```
with A() as a, B() as b:
    suite
```
等价于
```
with A() as a:
    with B() as b:
        suite
```

17.6 内置异常详解

内置异常可通过解释器或内置函数来生成（除非另有说明），且内置异常都具有一个提示导致错误详细原因的"关联值"。这个值可以是一个字符串或由多个信息项（如一个错误码和一个解释错误的字符串）组成的元组。"关联值"通常会作为参数被传递给异常类的构造器。

内置异常详解

用户代码可以触发内置异常，这一点可被用于测试异常处理程序或报告错误条件，就像在解释器触发了相同异常的情况时一样。没有任何机制能防止用户代码触发不当错误。

Python 内置异常可分为基类、具体异常和警告 3 大类。

1．基类

Python 的异常都需要直接或间接地继承 BaseException，一般不直接被用户自定义的异常类直接继承。如果在此类的实例上调用 str()，则会返回实例的参数表示；当没有参数时，返回空字符串。BaseException 本身具有静态方法、数据结构及其他的一些方法，其中方法 with_traceback(tb)将 tb 设置为异常的新回溯信息并返回该异常对象。此方法通常以 tb = sys.exc_info()[2]；raise OtherException(…).with_traceback(tb)的形式，在异常处理程序中被使用，同时 args 是传给异常构造器的参数元组。某些内置异常（如 OSError）接收特定数量的参数，并赋予此元组中的元素特殊的含义，而其他异常通常只接收一个给出错误提示信息的单独字符串。

基于 BaseException 直接派生的 Python 异常中，常用的基类如表 17-1 所示。

表 17-1　Python 异常常用的基类

	异常名称	异常解释
1	Exception	所有内置的非系统退出类异常都派生自此类。所有用户自定义异常也应当派生自此类
2	ArithmeticError	此基类用于派生针对各种算术类错误而触发的内置异常：OverflowError、ZeroDivisionError、FloatingPointError
3	BufferError	当与缓冲区相关的操作无法执行时将被触发
4	LookupError	此基类用于派生当映射或序列所使用的键或索引无效时触发的异常：IndexError、KeyError。这类异常可以通过 codecs.lookup() 来直接触发

2. 具体异常

经常被触发的部分异常如表 17-2 所示。

表 17-2　经常被触发的部分异常

	异常名称	异常解释
1	AssertionError	当 assert 语句失败时将被触发
2	AttributeError	当属性引用（参见属性引用）或赋值失败时将被触发（当一个对象根本不支持属性引用或属性赋值时则将触发 TypeError）
3	EOFError	当 input() 函数未读取任何数据即达到文件结束条件（EOF）时将被触发（另外，io.IOBase.read() 和 io.IOBase.readline() 方法在遇到 EOF 时将返回一个空字符串）
4	FloatingPointError	目前未被使用
5	GeneratorExit	当一个 generator 或 coroutine 被关闭时将被触发；参见 generator.close() 和 coroutine.close()。它直接继承自 BaseException 而不是继承自 Exception，因为从技术上来说，它并不是一个错误
6	ImportError	当 import 语句尝试加载模块遇到麻烦时将被触发。当 from…import 中的 "from list" 存在无法找到的名称时也会被触发。name 与 path 属性可通过对构造器使用仅关键字参数来设置。设置后它们将分别表示被尝试导入的模块名称与触发异常的任意文件所在路径
7	ModuleNotFoundError	ImportError 的子类，当一个模块无法被定位时将由 import 触发。当在 sys.modules 中找到 None 时也会被触发
8	IndexError	当序列抽取超出范围时将被触发（切片索引会被静默截短到允许的范围；如果指定索引不是整数，则 TypeError 会被触发）
9	KeyError	当在现有键集合中找不到指定的映射（字典）键时将被触发
10	KeyboardInterrupt	当用户按下中断键（通常为 Control-C 或 Delete）时将被触发。在执行期间，会定期检测中断信号。该异常继承自 BaseException 以确保不会被处理 Exception 的代码意外捕获，这样可以避免退出解释器
11	MemoryError	当一个操作耗尽内存但情况仍可（通过删除一些对象）进行挽救时将被触发。关联的值是一个字符串，指明是哪种（内部）操作耗尽了内存。请注意由于底层的内存管理架构（C 的 malloc() 函数），解释器也许并不总是能够从这种情况下完全恢复；但它毕竟可以触发一个异常，这样就能输出出栈回溯信息，以便找出导致问题的失控程序
12	NameError	当某个局部或全局名称未找到时将被触发。此异常仅用于非限定名称。关联的值是一条错误提示信息，其中包含未找到的名称
13	NotImplementedError	此异常派生自 RuntimeError
14	OverflowError	当算术运算的结果大到无法表示时将被触发。这对整数来说不可能发生（宁可触发 MemoryError 也不会放弃尝试）。但是出于历史原因，有时也会在整数超出要求范围的情况下触发 OverflowError。因为在 C 中缺少对浮点异常处理的标准化，大多数浮点运算都不会做检查

	异常名称	异常解释
15	RecursionError	此异常派生自 RuntimeError。它会在解释器检测发现超过最大递归深度（参见 sys.getrecursionlimit()）时被触发
16	ReferenceError	此异常将在使用 weakref.proxy()函数所创建的弱引用来访问该引用的某个已被作为垃圾回收的属性时被触发。有关弱引用的更多信息，请参阅 weakref 模块
17	RuntimeError	当检测到一个不归属于任何其他类别的错误时将被触发。关联的值是一个指明究竟发生了什么问题的字符串
18	StopIteration	由内置函数 next()和 iterator 的__next__()方法所触发，用来表示该迭代器不能产生下一项
19	SyntaxError	当解释器遇到语法错误时将被触发。这类异常可以发生在 import 语句，对内置函数 exec()或 eval()的调用，或者读取原始脚本或标准输入（也包括交互模式）的时候。 该类的实例包含属性 filename、lineno、offset 和 text，用于方便地访问相应的详细信息。异常实例的 str()仅返回消息文本
20	IndentationError	与不正确的缩进相关的语法错误的基类。这是 SyntaxError 的一个子类
21	TabError	当缩进包含对制表符和空格符不一致的使用时将被触发。这是 IndentationError 的一个子类
22	TypeError	当一个操作或函数被应用于类型不适当的对象时将被触发。关联的值是一个字符串，给出有关类型不匹配的详情。此异常可以由用户代码触发，以表明尝试对某个对象进行的操作不受支持，也不应当受支持。如果某个对象应当支持给定的操作但尚未提供相应的实现，所要触发的适当异常为 NotImplementedError。 传入参数的类型错误（如在要求 int 型时却传入 list 型）应当导致 TypeError，但传入参数的值错误（如传入要求范围之外的数值）应当导致 ValueError
23	UnboundLocalError	当在函数或方法中对某个局部变量进行引用，但该变量并未绑定任何值时将被触发。此异常是 NameError 的一个子类
24	ValueError	当操作或函数接收到具有正确类型但值不适合的参数，并且情况不能用更精确的异常（如 IndexError）来描述时将被触发
25	ZeroDivisionError	当除法或取模运算的第二个参数为 0 时将被触发。关联的值是一个字符串，指明操作数和运算的类型。

其中，OSError 异常在一个系统函数返回系统相关的错误时将被触发，此类错误常见的是 I/O 操作失败，如"文件未找到"或"磁盘已满"等（不包括非法参数类型或其他偶然性错误）。OSError 异常有两种构造方法，在使用构造器时往往返回 OSError 的某个子类，具体的子类是由 errno 值决定的。此行为仅在直接或通过别名来构造 OSError 时发生，并且在子类化时不会被继承。

表 17-3 中 OSError 的部分子类异常将根据系统错误代码被触发。

表 17-3　OSError 的部分子类异常

序号	异常名称	异常解释
1	BlockingIOError	当一个操作被某个设置为非阻塞操作的对象（如套接字）所阻塞时将被触发
2	ChildProcessError	当一个子进程上的操作失败时将被触发
3	ConnectionError	与连接相关问题的基类
4	FileExistsError	当试图创建一个已存在的文件或目录时将被触发
5	FileNotFoundError	当所请求的文件或目录不存在时将被触发
6	InterruptedError	当系统调用被输入信号中断时将被触发
7	TimeoutError	当一个系统函数在发生系统级超时的情况下将被触发

3．警告

警告消息通常在以下情况下发出：警告用户程序中的某个条件很有用，而该条件（通常）不保证触发异常并终止程序。例如，当程序使用过时的模块时，可能需要发出警告。表 17-4 所列部分异常被用作警告类别。

表 17-4 用于警告类别的部分异常

序号	异常名称	异常解释
1	Warning	警告类别的基类
2	UserWarning	用户代码所产生警告的基类
3	DeprecationWarning	如果所发出的警告是针对其他 Python 开发人员的，则以此作为与已弃用特性相关警告的基类
4	PendingDeprecationWarning	对于已过时并预计在未来弃用，但目前尚未弃用的特性相关警告的基类
5	SyntaxWarning	与模糊的语法相关的警告的基类
6	RuntimeWarning	与模糊的运行时行为相关的警告的基类
7	FutureWarning	如果所发出的警告是针对以 Python 所编写应用的最终用户的，则以此作为与已弃用特性相关警告的基类
8	ImportWarning	与在模块导入中可能的错误相关的警告的基类

17.7 习题

小结

1. 基础题

（1）简述两种错误的类型及其特点。

（2）当一个异常未被完全处理时，后续程序将如何进行？

（3）简述 try 语句的 5 种形式。

（4）简述 try 语句执行的流程。

（5）写出以下程序输出的结果。

```python
class E(Exception):
    pass
class F(E):
    pass
class G(F):
    pass
for exception_cls in [E, F, G, Exception]:
    try:
        raise exception_cls()
    except E:
        print("E")
    except G:
        print("G")
    except F:
        print("F")
    except:
        print("无表达式的异常子句会匹配任何异常")
```

（6）简述语句 except OSError as err 中 as 的作用。

（7）简述 else 语句在异常语句中的作用及优势。

（8）简述 finally 语句在异常语句中的作用。

（9）写出下列程序执行的结果并简述其逻辑过程。

```
def divide(x, y):
    try:
        result = x / y
    except ZeroDivisionError:
        print("除数不能是 0!")
    else:
        print("结果是: ", result)
    finally:
        print("执行最后的语句")
print(divide(2, 1))
print(divide(2, 0))
print(divide("2", "1"))
```

（10）简述 raise 语句的作用。

（11）简述自定义异常的基本要求。

（12）简述以下程序的问题，以及解决方案。

```
for line in open("myfile.txt"):
    print(line, end="")
```

（13）简述 Python 中异常常用的基类及其作用。

（14）简述异常 AttributeError、EOFError、ImportError、IndexError、NameError 产生的原因。

（15）简述警告产生的原因并举例警告类别的异常。

2．综合题

（1）定义一个年龄的异常类，要求年龄的范围在 1～100 岁，当在主程序中输入的年龄超出这个范围，则返回异常。

（2）程序如下所示，要求通过修改部分代码，使每一个 except 模块中的异常可以被触发。

```
name = 'Python language'
try:
    print(name[2])
except IndexError:
    print('IndexError')
except (EnvironmentError, SyntaxError, NameError) as E:
    print(E)
except:
    print('Exception')
else:
    pass
finally:
    print('结束')
print('This will be printed.')
```

（3）解释 with expression as target : suite 中 expression 和 target 的关系。

3．扩展题

已知一个列表['Python', 'pytorz', 'pyrolysis']，试编写一个函数，运用异常处理的方式实现其公共前缀的提取。

第18章 Python 中的模块

模块作为 Python 开源生态的重要支撑，是使用和学习的重要内容之一。前面讲解的主要是内置对象，这些内置对象主要包含于解释器启动后，自动导入的内置模块——builtins 模块之中。模块是 Python 的一种内置类型。除了内置模块，Python 还提供了一些强大的模块库，并且 Python 支持丰富的第三方模块库，这也是 Python 被广泛使用的重要原因之一。

本章主要介绍与模块相关的内容，包括自定义模块，模块的运行，模块相关的关键字——import、from，Python 的标准模块，dir()函数，包以及如何安装其他模块库等。本章词云图如图 18-1 所示。

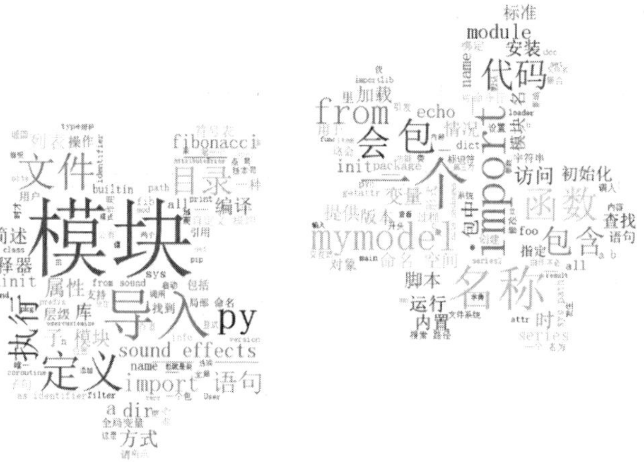

图 18-1　本章词云图

18.1　模块

模块与函数体、类定义一样，也是一种代码块。文件式开发环境可以把文件作为输入，进行程序的运行。这种程序文件也被称为脚本，它是解决交互式开发环境下代码不能保存问题的很好方法。随着程序的加长，完全把代码写在一个文件中不利于维护和使用，此时需要更好的方式去实现代码的维护，从而不必为使用一个函数而把这个函数复制到每一个程序中去。

Python 为此提供了一种方法，即把各种对象定义放在一个文件里，并在脚本或解释器的交互式实例中使用它们。Python 把按这样的思路实现的文件称作模块。模块中的定义可以导入其他模块或者主模块。模块具体包括各种函数对象以及可执行的语句。这些语句用于初始化模块，但它们仅在模块第一次被"导入"（导入方法参见 18.2 节）时才执行；如果模块文件被当作脚本运行，这些可执行语句也会被执行。

每个被使用的模块都有自己的私有符号表，该表是模块中定义的所有函数的全局符号表。因此，模块的编写者可在模块内使用全局变量，不必担心与使用者的全局变量发生意外冲突。如果程序编写者知道自己在做什么，则可以用与访问模块内函数的同样标记方法去访问一个模块的全局变量，即 modname.itemname。

总之，模块是一个包含 Python 定义和语句的文件，文件名就是模块名后跟文件扩展名（.py）。实际上模块的文件名会按 Python 的标识符命名规则去使用，因此，模块的文件名既要符合文件系统的命名要求，又要遵循 Python 标识符的规定。在一个模块内部，模块名（作为一个字符串）可以通过全局变量 __name__ 的值获得。

1．自定义模块

大家可能会觉得模块很神秘。其实，我们自己就可以动手实现一个模块。例如，我们可以使用文件编程方式创建一个名为 mymodel.py 的文件，文件中的代码内容如下：

```
# 自定义模块_mymodel.py
def func():
    print("第一个自定义模块的函数")
def fibonacci_series(n):    #输出 n 以内的斐波那契数列
    a, b = 0, 1
    while a < n:
        print(a, end='\t')
        a, b = b, a+b
    print()
def fibonacci_series2(n):    #返回 n 以内的斐波那契数列
    result = []
    a, b = 0, 1
    while a < n:
        result.append(a)
        a, b = b, a+b
    return result
```

现在进入 Python 解释器的交互式开发环境，并用以下命令导入该模块。

```
>>> import mymodel
```

在当前的符号表中，不会直接进入定义在 mymodel 模块内的函数名称，只会进入模块名 mymodel 中，这时就可以用模块名访问这些函数，例如：

```
>>> mymodel.func()
第一个自定义模块的函数
>>> mymodel.fibonacci_series(500)
0 1 1 2 3 5 8 13 21 34 55 89 144 233 377
>>> mymodel.fibonacci_series2(100)
[0, 1, 1, 2, 3, 5, 8, 13, 21, 34, 55, 89]
>>> mymodel.__name__
'mymodel'
```

如果某个函数经常被使用，那么就可以把它赋值给一个局部变量，例如：

```
>>> fib = mymodel.fibonacci_series

>>> fib(500)
0 1 1 2 3 5 8 13 21 34 55 89 144 233 377
```

Python 提供了两个钩子来让用户自定义模块：sitecustomize 和 usercustomize。要查看其工作原理，首先需要找到用户的 site-packages 目录的位置。启动 Python 并运行以下代码：

```
>>> import site
>>> site.getusersitepackages()
'C:\\Users\\460\\AppData\\Roaming\\Python\\Python 37\\site-packages'
```
注意：Python 也提供了命令行的方式查看用户的目录，具体命令如下。

```
C:\Users\460>Python -m site --user-site
C:\Users\460\AppData\Roaming\Python\Python 37\site-packages
```

接下来，就可以在该目录中创建一个名为 usercustomize.py 的文件，并将所需内容放入其中。它会影响 Python 的每次启动，除非它以-s 选项启动，以禁用自动导入。

sitecustomize 以相同的方式工作（通常由计算机管理员在全局 site-packages 目录中创建），并在 usercustomize 之前被导入。

2．以脚本方式执行模块

模块可用不同的方式执行，如脚本方式。我们可以在命令行中使用以下命令执行一个 Python 模块。

```
python mymodel.py <arguments>
```

这项操作与导入模块一样，也会执行模块里的代码；区别在于，此操作会把__name__赋值为"__main__"。现把下列代码添加到 mymodel 模块末尾。

```
if __name__ == "__main__":
    import sys
    fib(int(sys.argv[1]))
```

也就是说，既可以把这个 mymodel 模块文件当作脚本，又可以将其当作一个可调入的模块，因为那段解析命令行的代码，当且仅当模块是以 "main" 文件的方式执行时才会运行。

```
E:\>Python mymodel.py 50
0    1    1    2    3    5    8    13    21    34
```

如果模块是被导入的，那些代码是不运行的，如下所示。

```
>>> import mymodel
```

这种方法经常用于为模块提供一个方便的用户接口或用于测试（以脚本的方式执行模块，从而执行一些测试套件）。

3．模块的特殊操作

模块唯一的特殊操作是属性访问：m.name。其中 m 为一个模块，name 用于访问定义在模块 m 符号表中的一个标识符。模块属性不但可以被访问，还可以被赋值。

每个模块都有一个特殊属性__dict__，它是包含模块符号表的字典。修改此字典将实际改变模块的符号表，但无法直接对__dict__赋值。我们可以写成 m.__dict__['a'] = 1，这样会将 m.a 定义为 1，但不能写成 m.__dict__ = {}。我们不建议直接修改__dict__。

内置于解释器中的模块会写成这样：<module 'sys' (built-in)>。如果是从一个文件加载，则会写成<module 'os' from '/usr/local/lib/PythonX.Y/os.pyc'>。

特殊名称__getattr__和__dir__可被用来自定义对模块属性的访问。模块层级的__getattr__()函数应当接收一个参数，其名称为一个属性名，并返回计算结果值或引发一个 AttributeError。如果通过正常查找（即 object.__getattribute__()）未在模块对象中找到某个属性，则__getattr__()会在模块的__dict__中查找，未找到时会引发一个 AttributeError，找到时属性名会被调用并返回内部定义的计算结果值。

__dir__函数不接收任何参数，并且返回一个表示模块中可访问名称的字符串序列。此函数如果存在，将会重载一个模块中的标准 dir()查找。

我们还可以对模块的行为进行更加细致的定义，如将模块对象的__class__属性设置为一个

types.ModuleType 的子类。例如：

```
import sys
from types import ModuleType

class VerboseModule(ModuleType):
    def __repr__(self):
        return f'Verbose {self.__name__}'
    def __setattr__(self, attr, value):
        print(f'Setting {attr}...')
        super().__setattr__(attr, value)
sys.modules[__name__].__class__ = VerboseModule
```

定义模块的 __getattr__() 和设置模块的 __class__ 只会影响使用属性访问语法进行的查找，直接访问模块全局变量（不论是通过模块内的代码还是通过对模块全局字典的引用）是不受影响的。

4. 模块搜索路径

模块搜索过程如图 18-2 所示。

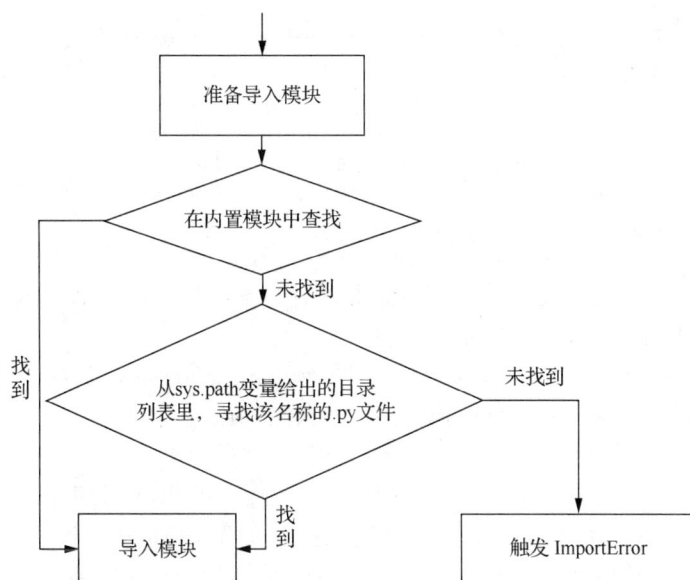

图 18-2　模块搜索过程

图 18-2 中，sys.path 默认情况下会包括以下目录地址：输入脚本的目录（或者未指定文件时的当前目录）；PYTHONPATH（一个包含目录名称的列表，它与 shell 变量 PATH 有一样的语法）；安装时的默认设置。

另外，在支持符号链接的文件系统上，包含输入脚本的目录是在追加符号链接后才计算出来的，即包含符号链接的目录并没有被添加到模块的搜索路径上。

在初始化后，Python 程序可以更改 sys.path。包含正在运行脚本的文件目录被放在搜索路径的开头处，在标准库路径之前。这意味着将加载此目录里的脚本，而不是标准库中的同名模块。除非有意更换，否则这是错误的。更多相关信息，请参阅 18.3 节。

5. "编译过的" Python 文件

为了加速模块载入，Python 在 __pycache__ 目录（会在模块所在目录下生成此子目录）里，缓存了每个模块的编译后版本，名称为 module.version.pyc。名称中的版本字段对编译文件的格式进行编码，一般使用 Python 版本号。例如，在 CPython 3.7 版本中，mymodel.py 的编译版本将被缓存为 __pycache__/mymodel.cpython-37.pyc。此命名约定允许来自不同发行版和不同版本的 Python 的已编译模块共存。

Python 根据编译版本检查源的修改日期，查看是否已过期并是否需要重新编译，这是一个完全自动化的过程。此外，编译的模块与平台无关，因此可以在具有不同体系结构的系统之间，共享相同的模块库。

Python 在以下两种情况下不会检查缓存：一是从命令行直接载入的模块，其都是重新编译且不存储编译结果的；二是没有源模块。为了支持无源文件（仅编译）发行版本，编译模块必须在源目录下，并且绝对不能有源模块。

18.2 import 语句

运用 import 语句实现对模块的导入，程序就可以使用模块的功能。import 语句的语法结构如下：

```
import_stmt ::= "import" module ["as" identifier] ("," module ["as" identifier])*
             | "from" relative_module "import" identifier ["as" identifier]
             ("," identifier ["as" identifier])*
             | "from" relative_module "import" "(" identifier ["as" identifier]
             ("," identifier ["as" identifier])* [","] ")"
             | "from" module "import" "*"
Module ::= (identifier ".")* identifier
relative_module ::= "."* module | "."+
```

一个模块可以导入其他模块，习惯上不要求把所有 import 语句放在模块（或脚本）的开头。被导入的模块名可存放在调入模块的全局符号表中。

严格来说，import 语句也是对模块对象的一种操作；import foo 不要求存在一个名为 foo 的模块对象，而是要求存在一个对于名为 foo 的模块的（永久性）定义。

1. 基本的 import 语句

基本的 import 语句（不带 from 子句）分两步执行：查找一个模块，如果有必要还会加载并初始化模块；在局部命名空间中，为 import 语句发生位置所处的作用域定义一个或多个名称。

当语句包含多个子句（由逗号分隔）时，这两个步骤将对每个子句分别执行，如同这些子句被分成独立的 import 语句一样。注意，若第一步失败，则可能说明模块无法找到，或者是在初始化模块或执行模块代码期间出现了错误。

如果成功获取到请求的模块，则可通过以下 3 种方式在局部命名空间中使用它：如果模块名称之后带有 as，则跟在 as 之后的名称将直接绑定到所导入的模块；如果没有指定其他名称，且被导入的模块为最高层级模块，则模块的名称将被绑定到局部命名空间，作为对所导入模块的引用；如果被导入的模块不是最高层级模块，则包含该模块的最高层级包的名称将被绑定到局部命名空间，作为对该最高层级包的引用。所导入的模块必须使用其完整限定名称来访问，而不能直接访问。例如：

```
import mymodel            #mymodel 模块被导入并被本地绑定
import mymodel as mm      #mymodel 模块被导入并被绑定到mm
```

2. from 形式的 import 语句

from 形式 import 语句的执行过程略微繁复一些。

首先，查找 from 子句中指定的模块，如有必要还会加载并初始化模块。

然后，对 import 子句中指定的每个标识符做如下操作：检查被导入模块是否有该名称的属性；

如果没有，则尝试导入具有该名称的子模块，再次检查被导入模块是否有该属性；如果未找到该属性，则引发 ImportError，否则将对该值的引用存入局部命名空间；如果有 as 子句，则使用其指定的名称，否则使用该属性的名称。

例如：

```
from foo.bar import baz    #foo.bar.baz imported and bound as baz
from foo import attr       #foo imported and foo.attr bound as attr
```

from 形式 import 语句是 import 语句的一个变体，它可以把名称从一个被调模块内，直接导入现模块的符号表里。例如：

```
>>> from mymodel import fibonacci_series, fibonacci_series2
>>> fibonacci_series(500)
0 1 1 2 3 5 8 13 21 34 55 89 144 233 377
```

这样并不会把被调模块名引入局部变量表中，因此在这个例子中，mymodel 是未被定义的。

还有以下一个变体，甚至可以导入模块内定义的所有名称。

```
>>> from mymodel import *
>>> fibonacci_series(500)
0 1 1 2 3 5 8 13 21 34 55 89 144 233 377
```

这样会调入所有非以下画线（_）开头的名称，即如果标识符列表改为一个星号（*），则在模块中定义的全部公有名称都将按 import 语句所在的作用域被绑定到局部命名空间。一个模块所定义的公有名称是由在模块的命名空间中检测一个名为 __all__ 的变量来确定的。如果有定义，则必须是一个字符串列表，其中的项为该模块所定义或导入的名称。在 __all__ 中所给出的名称都会被视为公有且应当存在。如果 __all__ 没有被定义，则公有名称的集合将包含在模块的命名空间中找到的所有不以下画线开头的名称。__all__ 应当包括整个公有 API，它的目标是避免意外地导出不属于 API 的一部分的项（如在模块内部被导入和使用的库模块）。在多数情况下，Python 程序员不会使用这个功能，因为它在解释器中引入了一组未知的名称，而它们很可能会覆盖一些已经定义过的内容。

注意：通常情况下，从一个模块或包内调入*的做法是不太被接受的，因为这通常会导致代码的可读性很差。不过，在交互式编译器中，为了少打字可以这么用。通配符形式的导入——from module import *，仅在模块层级上被允许。尝试在类或函数定义中使用它将引发 SyntaxError。

如果模块名称之后带有 as，则跟在 as 之后的名称将直接绑定到所导入的模块。

```
>>> import mymodel as mm
>>> mm.fibonacci_series(500)
0 1 1 2 3 5 8 13 21 34 55 89 144 233 377
```

这样会与 import mymodel 方式一样有效地调入模块；唯一的区别是，它以 mm 的名称存在。这种方式也可在用到 from 时使用，并会有类似的效果，如下所示。

```
>>> from mymodel import fibonacci_series as fib
>>> fib(500)
0 1 1 2 3 5 8 13 21 34 55 89 144 233 377
```

当指定要导入哪个模块时，不必指定模块的绝对名称。当一个模块或包被包含在另一个包中时，可在同一个最高层级包中进行相对导入，而不必提及包名称。通过在 from 之后指定的模块或包中使用前缀点号，就可在不指定确切名称的情况下，指明在当前包层级结构中要上溯多少级。一个前缀点号表示执行导入的模块所在的当前包，两个点号表示上溯一个包层级，3 个点号表示上溯两级，以此类推。因此，如果执行 from .import mod 时，所处位置为 pkg 包内的一个模块，则最终将导入 pkg.mod；如果此时执行的语句是 from ..subpkg2 import mod，所处位置为 pkg.subpkg1，则将导入 pkg.subpkg2.mod。有关相对导入的规范说明详见 18.5 节。

出于效率的考虑，每个模块在每个解释器会话中只被导入一次。因此，如果更改了相关模块，则必须重新启动解释器；如果只是一个要交互式地测试的模块，请使用 importlib.reload()，如 import importlib; importlib.reload(modulename)。importlib.import_module()用来为动态地确定要导入模块的应用提供支持。

18.3 标准模块

标准模块

Python 附带了一个标准模块库，在单独的文档 Python 库参考中进行了描述。一些模块内置于解释器中，提供对不属于语言核心但仍然内置的操作的访问，以提高效率或提供对系统调用等操作系统原语的访问。这些模块的集合是一个配置选项，取决于底层平台。例如，winreg 模块只在 Windows 操作系统上提供。一个特别值得注意的模块 sys，被内嵌到每一个 Python 解释器中。

sys.path 变量是一个字符串列表，用于确定解释器的模块搜索路径。该变量被初始化为从环境变量 PYTHONPATH 获取的默认路径，如果 PYTHONPATH 未设置，则从内置默认路径初始化。例如，我们可以用标准列表操作对其进行修改。

```
>>> import sys
>>> sys.path.append('d:\\')
```

18.4 dir()函数

dir()函数

内置函数 dir()用于查找模块定义的名称，它返回一个排序过的字符串列表。

```
>>> import mymodel, sys
>>> dir(mymodel)
['__builtins__', '__cached__', '__doc__', '__file__', '__loader__', '__name__',
'__package__','__spec__', 'fibonacci_series', 'fibonacci_series2', 'func']
>>> dir(sys)
['__breakpointhook__','__displayhook__','__doc__','__excepthook__','__interactivehook__',
'__loader__', '__name__', '__package__', '__spec__', '__stderr__', '__stdin__', '__stdout__',
'_base_executable', '_clear_type_cache', '_current_frames', '_debugmallocstats',
'_enablelegacywindowsfsencoding', '_framework', '_getframe', '_git', '_home','_xoptions',
'api_version', 'argv', 'base_exec_prefix', 'base_prefix', 'breakpointhook','builtin_module_
names', 'byteorder', 'call_tracing', 'callstats', 'copyright', 'displayhook', 'dllhandle',
'dont_write_bytecode', 'exc_info', 'excepthook', 'exec_prefix', 'executable', 'exit',
'flags','float_info','float_repr_style', 'get_asyncgen_hooks', 'get_coroutine_origin_
tracking_depth','get_coroutine_wrapper','getallocatedblocks', 'getcheckinterval', 'getdefaultencoding',
'getfilesystemencodeerrors', 'getfilesystemencoding', 'getprofile','getrecursionlimit',
'getrefcount','getsizeof','getswitchinterval','gettrace', 'getwindowsversion', 'hash_info',
'hexversion','implementation','int_info','intern', 'is_finalizing', 'last_traceback', 'last_type',
'last_value', 'maxsize', 'maxunicode', 'meta_path', 'modules','path','path_hooks','path_
importer_cache','platform', 'prefix', 'set_asyncgen_hooks', 'set_coroutine_origin_tracking_
depth','set_coroutine_wrapper','setcheckinterval', 'setprofile', 'setrecursionlimit',
'setswitchinterval', 'settrace', 'stderr', 'stdin', 'stdout', 'thread_info', 'version',
'version_info', 'warnoptions', 'winver']
```

如果没有参数，dir()会列出当前定义的名称。

```
>>> b = [1, 2, 3, 5, 8]
>>> import mymodel
>>> fib = mymodel.fibonacci_series
>>> dir()
['__annotations__','__builtins__','__doc__','__file__','__loader__','__name__',
'__package__', '__spec__', 'fib', 'mymodel', 'sys']
```

注意：它会列出所有类型的名称、变量、模块、函数等。

dir()不会列出内置函数和变量的名称。如果想要了解内置函数和变量，其定义在标准模块 builtins 中。列出内置函数和变量的方法如下：

```
>>> import builtins
>>> dir(builtins)
```

18.5 包

包是一种通过用"带点号的模块名"来构造 Python 模块命名空间的方法。例如，模块名 A.B 表示 A 包中名为 B 的子模块。正如模块的使用使不同模块的编写者不必担心彼此的全局变量名称一样，使用加点的模块名可使 NumPy 或 Pillow 等多模块软件包的开发者不必担心彼此的模块名称一样。

假设想要统一处理声音文件和声音数据，设计一个模块集合（一个"包"）。由于存在很多不同的声音文件格式（通常由它们的扩展名来识别，如.wav、.aiff 和.au），为了实现不同文件格式间的转换，我们可能需要创建和维护一个不断增长的模块集合。若还想对声音数据做更多不同的处理（如混声、添加回声、使用均衡器功能、创造人工立体声效果），则需要另外写一个无穷尽的模块流。包的可能结构示例如下（以分层文件系统的形式表示）：

```
sound/                          Top-level package
      __init__.py               Initialize the sound package
      formats/                  Subpackage for file format conversions
              __init__.py
              wavread.py
              wavwrite.py
              aiffread.py
              aiffwrite.py
              auread.py
              auwrite.py
              ...
      effects/                  Subpackage for sound effects
              __init__.py
              echo.py
              surround.py
              reverse.py
              ...
      filters/                  Subpackage for filters
              __init__.py
              equalizer.py
              vocoder.py
              karaoke.py
              ...
```

当导入这个包时，Python 搜索 sys.path 中的目录，查找包的子目录。必须有__init__.py 文件，这样才能让 Python 将包含该文件的目录当作包。这样可防止具有通常名称（如 string）的目录，在无意中隐藏在稍后模块搜索路径上出现的有效模块。在最简单的情况下，__init__.py 可只是一个空文件，但它也可以执行包的初始化代码或设置__all__变量（将在后文具体介绍）。

包的用户可以从包中导入单个模块，例如：

```
import sound.effects.echo
```

这样会加载子模块 sound.effects.echo，但引用它时必须使用它的全名。

```
sound.effects.echo.echofilter(input, output, delay=0.7, atten=4)
```

导入子模块的另一种方法如下：

```
from sound.effects import echo
```

这样也会加载子模块 echo，并使其在没有包前缀的情况下可用。此时可按以下方式使用：

```
echo.echofilter(input, output, delay=0.7, atten=4)
```

另一种形式是直接导入所需的函数或变量：

```
from sound.effects.echo import echofilter
```

同样，这样也会加载子模块 echo，但会使其函数 echofilter()直接可用：

```
echofilter(input, output, delay=0.7, atten=4)
```

当使用 from package import item 时，item 可以是包的子模块（或子包），也可是包中定义的其他名称，如函数、类或变量。import 语句首先测试是否在包中定义了 item；如没有，会假定它是一个模块并尝试加载它；如找不到它，则引发 ImportError。

当使用 import item.subitem.subsubitem 这样的语法时，除了最后一项之外的每一项都必须是一个包；最后一项可以是模块或包，但不能是前一项中定义的类、函数或变量。

1. 从包中导入*

当用户写语句 from sound.effects import *时，希望它会以某种方式传递给文件系统，找到包中存在哪些子模块，并将它们全部导入，这样可能需要很长时间。导入子模块可能会产生不必要的副作用，这种副作用只有在显式导入子模块时才会发生。唯一的解决方案是让包作者提供一个包的显式索引。

import 语句使用下面的规范：如果一个包的__init__.py 代码定义了一个名为__all__的列表，它会被视为在遇到 from package import *时应该导入的模块名列表。在发布该包的新版本时，包的开发者可以决定是否让此列表保持更新。包的开发者如果认为从他们的包中导入*的操作没有必要被使用，也可决定不支持此列表。例如，文件 sound/effects/__init__.py 可以包含以下代码。

```
__all__ = ["echo", "surround", "reverse"]
```

这意味着 from sound.effects import *将导入 sound 包的 3 个命名子模块。

如果没有定义__all__，from sound.effects import *语句不会从包 sound.effects 中导入所有子模块到当前命名空间，它只确保导入了包 sound.effects（可能运行任何在__init__.py 中的初始化代码），然后导入包中定义的任何名称，这里包括__init__.py 定义的任何名称以及显式加载的子模块，还包括由之前的 import 语句显式加载的包的任何子模块。思考下面的代码。

```
import sound.effects.echo
import sound.effects.surround
from sound.effects import *
```

在这个例子中，echo 和 surround 模块是在执行 from…import 语句时导入当前命名空间中的，因为它们定义在 sound.effects 包中。这一点在定义了__all__时也有效。

某些模块被设计为在使用 import *时只导出遵循某些模式的名称，但在生产代码中，这种做法仍然被认为是不好的做法。

请记住，使用 from package import specific_submodule 没有任何问题。实际上，除非导入的模块需要使用来自不同包的同名子模块，否则这是推荐的表示法。

2. 子包参考

当包被构造成子包时（与示例中的 sound 包一样），可使用绝对导入来引用兄弟包的子模块。例如，如果模块 sound.filters.vocoder 需要在 sound.effects 包中使用 echo 模块，此时可以使用 from sound.effects import echo。

此外，还可使用 import 语句的 from module import name 形式编写相对导入语句。这些导入使用前导点来指示相对导入中涉及的当前包和父包。例如，从 surround 模块可以使用：

```
from . import echo
from .. import formats
from ..filters import equalizer
```

注意：相对导入是基于当前模块的名称进行导入的。由于主模块的名称总是"__main__"，因此用作 Python 应用程序主模块的模块必须始终使用绝对导入。

18.6 安装其他模块库

安装 Python 解释器后，就可在命令行模式下使用 pip 命令安装第三方的模块库，具体在 Windows 操作系统下的安装方法如下：

```
pip install Django==3.1.7
```

Django 是 Python 的开源 Web 框架。上面的命令行指出了安装 Django 模块库，并且用符号"=="表示安装的版本号。如果没有符号"=="指明版本号表示安装最新版本，还可使用符号">=、<=、>、<"来指定一个版本号。

除了上面的简单方法，pip 命令还可以使用镜像进行模块库的安装，这样可以提升安装的速度。除了 pip 命令，还可以使用源码、其他工具进行第三方模块库的安装。

安装其他模块库

18.7 习题

小结

1．基础题

（1）简述模块的含义及作用。

（2）简述模块名定义的规则。

（3）简述私有符号表的内容及作用。

（4）创建一个输出斐波那契数列的自定义模块并在另一个 Python 文件中运行其内的函数。

（5）简述以脚本方式执行模块的代码及其原理。

（6）简述模块中__dict__、__getattr__()和__dir__()的作用。

（7）简述 sys.path 在默认情况下包含的一些目录地址。

（8）简述 Python 在哪两种情况下不会检查缓存。

（9）简述基本的 import（不带 from）语句执行的过程。

（10）简述模块导入之后，在进行调用的过程中什么情况下必须使用其完整限定名来访问，什么情况下可以不用。

（11）简述 from 形式 import 语句的调用过程。

（12）简述 Python 标准模块的含义。

（13）简述函数 dir()的作用，并列出列表包含的 5 种 dir(list())属性。

（14）简述包的含义及其作用。

2．综合题

（1）简述绝对路径和相对路径的含义及使用方法。

（2）查阅 Python 官方文档，写出 Python 中 time 模块的功能、常用函数及示例。

3．扩展题

除了 pip 命令，还可以使用什么方法进行第三方包的安装？

第 19 章 Python 的文件及文件系统操作

文件及文件系统相关操作是编程经常面临的问题，包括文件内容的操作、文件的操作以及文件所在文件夹的操作（查找文件夹、创建文件夹、修改文件夹的名称等）几个方面。有些操作与操作系统相关，特别是文件夹的相关操作。

本章主要介绍与文件及文件系统相关操作的模块，重点讲解内置函数 open()、io 模块、os 模块及 pathlib 模块，让学习者通过程序可以控制系统的文件或文件夹，实现操作的目的。本章词云图如图 19-1 所示。

图 19-1　本章词云图

19.1　文件

文件是计算机文件的简称，它是计算机保存数据的重要形式，也是日常办公等方面信息传递的重要手段。文件可以长期保存在计算机中，并可进行重复使用和修改。文件可用不同的格式和类型来区分，一般文件格式和用途都体现在文件扩展名中。文件也被看成辅助存储器，相对内存而言，在断电之后信息也不会被清除。一般文件分为文本文件和二进制文件。类似记事本、日志等文本文件，一般通过程序可以直接操作；类似数据库等二进制文件，需要借助相关的 API 进行读写等操作。对于文件的常用操作有打开、读取、写入和关闭等。

Python 中文件的相关操作都使用文件对象。文件对象对外提供面向文件操作的 API，API 通常用来使用下层资源的对象，并带有 read()或 write()这样的方法。根据创建方式的不同，文件对象可以处理真实磁盘文件，也可以访问其他类型存储或是通信设备中的抽象层面上的"文件"，如标准输入/输出、内存缓冲区、套接字、管道等。文件对象也被称为文件类对象或流。

Python 中共有 3 种文件对象：原始二进制文件、缓冲二进制文件及文本文件，它们的接口均定义在 io 模块中。io 模块提供了处理文件的常用操作，如打开、读取、写入、关闭等操作。

1．打开文件

我们可以用内置函数 open()打开或创建文件对象。open()函数主要功能是打开文件（file）并返回对应的文件对象。如果该文件不能打开，则触发 OSError。

open()函数的完整语法格式为 open(file, mode='r', buffering=-1, encoding=None, errors=None, newline=None, closefd=True, opener=None)，各参数含义如下。

file 是一个文本或字节字符串，提供要打开文件的名称（如果文件不在当前工作目录中，则需要提供完整路径或相对路径）。因此，file 被看成一个 path-like object，表示将要打开文件的路径（绝对路径或者当前工作目录的相对路径），或者是要被封装的文件的整数类型文件描述符。文件描述符是操作系统创建的对应程序已经打开的文件的整数索引。如果给定了文件描述符，则在关闭返回的 I/O 对象时关闭该描述符，除非 closefd 设置为 False。

mode 是一个可选字符串，指定打开文件的模式。mode 默认是字符串"r"，这意味着 file 是以文本模式打开并被读取。其他常用的模式值："w"表示写入（如果文件已存在，则截断文件）；"x"表示创建并写入新文件，特点是排他性创建，如果文件存在就会失败；"a"表示追加（在某些 UNIX 操作系统上，意味着所有写入都追加到文件的末尾，而不考虑当前的查找位置，即与当前文件指针的位置无关）。在文本模式下，如果具体的编码格式没有指定（encoding 没有指定），则使用的编码依赖于平台：locale.getpreferredencoding（False）将被调用以获得当前系统平台的 locale 编码。要读取和写入原始字节，我们需要使用二进制模式并不要指定编码格式（即不指定 encoding）。open()函数可用的模式值及含义如表 19-1 所示。

表 19-1　open()函数可用的模式值及含义

模式值	含义
r	读取（默认模式）
w	写入，并先截断文件
x	创建并写入新文件，排他性创建，如果文件已存在则失败
a	写入，如果文件存在则在末尾追加
b	二进制模式
t	文本模式（默认模式）
+	为更新而打开一个磁盘文件（读取并写入）
U	通用换行模式（已弃用），Python 3.0 中成为默认行为

默认的模式是"rt"（打开并读取文本）。对于二进制写入，"w+b"模式打开并把文件截断成 0 字节；"r+b"模式打开文件但不会截断文件。"x"模式写入新文件，会在文件出现的时候抛出 FileExistsError 异常，它是 Python 3.3 版本新增的模式，同时对触发异常进行了修改。

文件是 I/O 处理的主要内容之一。Python 的 io 模块提供了用于处理各种类型 I/O 的主要工具。3 种主要的 I/O 类型分别为：文本 I/O、二进制 I/O 和原始 I/O。Python 是区分二进制和文本 I/O 的，与底层的操作系统是否有区别无关。同时 Python 是自力更生型语言，它利用自身语言的实现处理各种文件，不依赖于具体的底层操作系统。以二进制模式打开的文件（包括 mode 参数中加上 "b" 的各种情况）把内容作为 bytes（字节）对象返回，而不会进行任何解码。在文本模式下（默认情况下，或者在 mode 参数中附加 "t" 的各种情况），文件内容会以字符串类型（str）返回，字符串是由字节首先使用指定的 encoding（如果给定）或者使用平台默认的字节编码进行解码得到的。

buffering 是一个可选的整数参数，用于设置缓冲的策略。buffering 参数相关传递值说明如表 19-2 所示。

表 19-2 buffering 参数相关传递值说明

序号	传递值	功能		适用情况	
1	传递 0	关闭缓冲		仅允许在二进制模式下使用	
2	传递 1	选择行缓冲		仅允许在文本模式下使用	
3	传递一个大于 1 的整数	以指示固定大小块缓冲区的大小（以字节为单位）			
4	未给定 buffering 缓冲参数	默认缓冲策略的工作方式	以固定大小的块进行缓冲，使用启发式方法选择缓冲区的大小，尝试确定底层设备的 "块大小" 或使用 io.DEFAULT_BUFFER_SIZE。在许多操作系统中，缓冲区的长度通常为 4096 或 8192 字节		二进制文件
				文本文件	其他文本文件
			行缓冲		"交互式" 文本文件（isatty() 返回 True 的文件）

encoding 是用于解码文件或编码文件的编码的名称，此参数只在文本模式下使用。默认编码是依赖于平台的（import locale 模块后，不管 locale.getpreferredencoding() 返回何值），但可以使用任何 Python 支持的文本编码格式。有些常见编码格式可以绕过编/解码器查找机制来提升性能。对 CPython 来说，这些优化机制仅通过一组有限的别名（对字母大小写不敏感）UTF-8、UTF8、latin-1、latin1、ISO-8859-1、ISO8859-1、mbcs（Windows 专属）、ascii、us-ascii、UTF-16、UTF16、UTF-32 和 UTF32 等来识别，也包括使用下画线替代连字符的形式。支持的其他更多的编码列表，请参阅 codecs 模块。

errors 是一个可选的字符串参数，用于指定如何处理编码和解码错误，因为二进制文件不能指定编码格式，所以 errors 参数不能在二进制模式下使用。errors 可以使用各种标准错误处理程序（列在错误处理方案），但使用 codecs.register_error() 注册的任何错误处理名称也是有效的。错误类型标准名称及含义如表 19-3 所示。

表 19-3 错误类型标准名称及含义

序号	错误类型名称	含义	备注
1	strict	如果存在编码错误，strict 会引发 ValueError	—
2	ignore	忽略错误	注意忽略编码错误可能会导致数据丢失
3	replace	会将替换标记（如 "?"）插入有错误数据的地方	—
4	surrogateescape	将表示任何不正确的字节作为 Unicode 专用区中的代码值，范围为 U+DC80～U+DCFF。写入数据时使用 surrogateescape 错误处理程序，这些私有代码值将被转回到相同的字节中	它对于处理未知编码的文件很有用
5	xmlcharrefreplace	编码不支持的字符将替换为相应的 XML 字符引用&#nnn;	只有在写入文件时才支持
6	backslashreplace	用 Python 的反向转义序列替换格式错误的数据	—
7	namereplace	用\N{…}转义序列替换不支持的字符	这是 Python 3.5 版本新增的错误处理接口

Python 程序设计基础教程（微课版） 278

newline 控制 universal newlines 模式如何生效（它仅适用于文本模式）。它可以是 None、''（空字符串）、'\n'、'\r'和'\r\n'。它的工作原理如下所述。

（1）从流中读取输入时，如果 newline 为 None，则启用通用换行模式。输入中的行可以用'\n'、'\r'或'\r\n'结尾，在返回给调用者之前这些行被翻译成'\n'。如果是''（空字符串），则启用通用换行模式，但行结尾将返回给调用者。如果具有任何其他合法值，则输入行仅由给定字符串终止，并且行结尾将返回给未调用的调用者。

（2）将输出写入流时，如果 newline 为 None，则写入的任何'\n'字符都将转换为系统默认行分隔符 os.linesep；如果 newline 是''或'\n'，则不进行翻译；如果 newline 是任何其他合法值，则写入的任何'\n'字符将被转换为给定的字符串。

如果 closefd 为 False 时且给出了文件描述符而不是文件名，那么当文件关闭时，底层文件描述符将保持打开状态。如果给出文件名，则 closefd 必须为 True（默认值），否则将触发错误。

通过传递可调用的 opener 来使用自定义开启器，然后通过使用参数（file、flags）调用 opener 获得文件对象的基础文件描述符。opener 必须返回一个打开的文件描述符（使用 os.open as opener 时与传递 None 的效果相同）。

从 Python 3.4 版本开始，新创建的文件是不可继承的。

下面的示例使用函数 os.open()的 dir_fd 形参，从给定的目录中用相对路径打开文件。

```
>>> import os
>>> dir_fd = os.open('somedir', os.O_RDONLY)
>>> def opener(path, flags):
        return os.open(path, flags, dir_fd=dir_fd)
...
>>> with open('spamspam.txt', 'w', opener=opener) as f:
        print('This will be written to somedir/spamspam.txt', file=f)
...
>>> os.close(dir_fd)   #不需要泄露文件描述符
```

open()所返回的文件对象类型取决于所用模式。当使用 open()以文本模式（w、r、wt、rt 等）打开文件时，将返回 io.TextIOBase（特别是 io.TextIOWrapper）的一个子类；当使用缓冲并以二进制模式打开文件时，返回的类是 io.BufferedIOBase 的一个子类。具体的类会有多种：在只读的二进制模式下，它将返回 io.BufferedReader；在写入二进制和追加二进制模式下，它将返回 io.BufferedWriter；而在读/写模式下，它将返回 io.BufferedRandom；当禁用缓冲时，则会返回原始流，即 io.RawIOBase 的一个子类 io.FileIO。

另外，Python 还提供了以下一些用于文件操作的模块。fileinput 模块实现了一个辅助类和一些函数用来快速编写访问标准输入或文件列表的循环。所有文件都默认以文本模式打开，也可以使用单个文件。tempfile 模块用于创建临时文件和目录，可以跨平台使用。该模块生成的文件名包括一串随机字符；在公共的临时目录中，这些字符可以让创建文件更加安全。shutil 模块提供了一系列对文件和文件集合的高阶操作，特别是提供了一些支持文件复制和删除的函数。

io.open(file, mode='r', buffering=-1, encoding=None, errors=None, newline=None, closefd=True, opener=None)是内置函数 open()的别名。Python 提供了很多模块进行文件操作，但是下文主要对 io 模块中的文件操作方法进行讲述，特别是 I/O 基类（IOBase）所定义的各种方法。

2．关闭文件及上下文管理器

关闭文件操作会把缓存中的数据写入文件，然后关闭文件，以腾出文件占用的内存空间。如果文件没有关闭，就会长期占用内存空间。

文件关闭操作的示例代码如下：

```
#新建一个文件, 文件名为test.txt, 如果存在则被覆盖
f = open('test.txt', 'w')
#关闭这个文件, 关闭后文件不能再进行读写操作, 除非又重新打开
f.close()
```

文件关闭后, 再对文件对象进行任何操作 (如读写等操作) 都会触发 ValueError。Python 出于方便考虑, 允许多次调用文件关闭方法也不会触发各种错误, 当且仅当第一个调用才会生效。

我们可以利用上下文管理语句 with 自动管理文件资源。不论什么原因跳出 with 语句块, 总能保证文件被正常关闭, 且可以在代码块执行完后, 自动还原进入该代码块时的上下文。上下文管理器具体示例代码如下:

```
with open ('test.txt', 'r' ) as srcf, open('test_new.txt' ,'w') as dstf:
    dstf.write(srcf.read())
```

3. 读写文件

io 模块中的 I/O 基类所定义的操作中与读写文件相关的操作如表 19-4 所示。

表 19-4   与读写文件相关的操作

序号	类别	方法	说明	
1	读	readline(size=-1)	读取整行并返回。对于二进制文件, 行结束符总是 "b'\n'"; 对于文本文件, 我们可以用 newline 参数传递给 open() 的方式来选择要识别的行结束符	
2		readlines(hint=-1)	读取并返回包括多行的列表, 我们可以指定 hint 来控制要读取的行数。如果(以字节/字符数表示的)所有行的总大小超出了 hint, 则不会读取更多的行	
3		seek(offset,whence=SEEK_SET)	移动文件读取指针到指定的 offset 位置。offset 将相对于由 whence 指定的位置进行解析	
4		tell()	返回当前文件的位置	
5		read(size=-1)	从文件读取指定的字节数,如果未给定或为负则读取所有	RawIOBase BufferedIOBase TextIOBase
6		write(b)	写入给定的 bytes-like object 为 b, 并返回写入的字节数	
7	写	truncate([size])	从文件的首行首字符开始截断, 截断文件为 size 个字符, 无 size 表示从当前位置截断; 截断之后, 后面的所有字符将被删除, 其中 Windows 操作系统下的换行代表两个字符大小。这个调整操作可扩展或减小当前文件大小	
8		flush()	刷新文件的写入缓冲区, 直接把缓冲区的数据立刻写入文件。这对只读和非阻塞流不起作用	
9		writelines(lines)	将行列表写入文件。如果需要换行, 则要自己加入每行的换行符	
10	判断	readable()	如果可以读取流, 则返回 True。如为 False, 则 read() 将触发 OSError	
11		writable()	如果流支持写入, 则返回 True。如为 False, 则 write() 和 truncate() 将触发 OSError	
12		seekable()	如果流支持随机访问, 则返回 True。如为 False, 则 seek()、tell() 和 truncate() 将触发 OSError	

表 19-4 中, size 默认为-1, 表示所有内容。如果指定了 size, 将至多读取 size 字节, 即文件大于 size 字节时, 读取 size 字节; 不足时, 读取文件所有内容。

注意: 使用 for line in file: … 就足够对文件对象进行迭代了, 此时可以不必调用 file.readlines()。

调用方法: 文件对象实例+"."+方法。I/O 基类为许多方法提供了空的抽象实现, 派生类可以有选择地重写; 默认实现表示无法读取、写入或查找的文件。

尽管 IOBase 没有声明 read() 或 write() (因为它们的签名会有所不同), 但是实现和客户端应该将这些方法视为接口的一部分。此外, 当调用不支持的操作时, 可能会触发 ValueError (或

UnsupportedOperation）。

从文件读取或写入文件的二进制数据的基本类型为 bytes，其他 bytes-like objects 也可作为方法参数。文本 I/O 类使用 str 数据。

4．其他操作

io 模块中除了定义了与读写文件相关的方法，还有一些其他方法，如表 19-5 所示。

表 19-5　io 模块的其他方法

序号	方法	说明	备注
1	fileno()	返回一个整型的文件描述符（file descriptor，FD），可以用在如 os 模块的 read()方法等一些底层操作上	如果 I/O 对象不使用文件描述符，则会引发 OSError
2	isatty()	如果文件是交互式的（即连接到终端设备），则返回 True	—

19.2　os 操作系统接口模块

在具体程序实现时，需要使用 os 模块来处理一些与文件系统相关操作。Python 标准库的 os 模块，除了提供使用操作系统功能和访问文件系统的简便方法，还提供了处理文件和目录的方法。操作路径的模块是 os.path 模块，高级文件目录处理的模块是 shutil 模块。

os 操作系统接口模块

1．基本表示

Python 使用字符串类型（str）表示文件名、命令行参数和环境变量。某些系统在将这些字符串传递给操作系统之前，必须将这些字符串编码为字节串。Python 使用文件系统编码来执行此转换"〔sys.getfilesystemencoding()〕"。

文件系统编码必须保证成功解码小于 128 的所有字节。如果文件系统编码无法提供此保证，API 函数可能会引发 UnicodeErrors。

2．进程参数

os 模块提供了一些操作当前进程和用户信息的函数及数据项。模块中有些函数只适用于 UNIX 操作系统（个别函数区分版本、类型等），有些只适用于 UNIX 和 Windows 操作系统。

3．创建文件对象

本部分的函数用来创建新的文件对象，具体方法：os.fdopen(fd, *args, **kwargs)。

返回打开文件描述符 fd 对应文件的对象，类似内置函数 open()，二者接收同样的参数，不同之处在于 fdopen()第一个参数为整数。

4．文件描述符操作

本部分的函数对文件描述符 fd 所引用的 I/O 流进行操作。

文件描述符 fd 是一些小的整数，对应于当前进程所打开的文件。例如，标准输入的文件描述符通常是 0，标准输出是 1，标准错误是 2。之后被进程打开的文件的文件描述符会被依次指定为 3、4、5 等。用"文件描述符"这个词并不贴切，在 UNIX 操作系统中套接字和管道也被文件描述符所引用。

用 io 模块中的函数 fileno()可获得 file object 所对应的文件描述符。直接使用文件描述符会绕过文件对象的方法，出现忽略数据内部缓冲等情况。

部分函数和类型支持查询终端的尺寸，如函数 os.get_terminal_size(fd = STDOUT_FILENO)，返回终端窗口的尺寸，格式为"(列,行)"，它是类型为 terminal_size 的元组。类型 os.terminal_size 是元组的子类，存储终端窗口尺寸为"(columns, lines)"，终端窗口尺寸分别为终端窗口的宽度和高度，单位为字符。

每个文件描述符都有一个"inheritable"（可继承）标志位，它控制了文件描述符是否可由子进程继承。从 Python 3.4 开始，由 Python 创建的文件描述符默认不可继承。

在 UNIX 操作系统上执行新程序时，子进程中不可继承的文件描述符会被关闭，其他文件描述符将被继承。在 Windows 操作系统上，不可继承的句柄和文件描述符在子进程中是关闭的，但标准流（文件描述符 0、1 和 2 即标准输入、标准输出和标准错误）是始终继承的。如果使用 spawn*函数，所有可继承的句柄和文件描述符都将被继承。如果使用 subprocess 模块，将关闭除标准流以外的所有文件描述符。当且仅当 close_fds 参数为 False 时，才继承可继承的句柄。

1．文件和目录

在某些 UNIX 平台上，许多函数支持指定文件描述符、相对于目录描述符的路径、不遵循符号链接等一项或多项功能。例如，函数 os.getcwd()表示返回表示当前工作目录的字符串等。从 Python 3.3 版本开始，有些函数只支持 Linux 操作系统。

2．进程管理

本部分的函数可用于创建和管理进程。所有名称符合 exec*式样的函数都接收一个参数列表，用来将新程序加载到它的进程中。在任何情况下，传递给新程序的第一个参数是程序本身的名称，不是用户在命令行上输入的参数。对 C 语言程序员来说，就是传递给 main()的 argv[0]。例如，os.execv('/bin/echo', ['foo', 'bar'])只会在标准输出上输出 bar，而 foo 会被忽略。

3．调度器接口

这些函数控制操作系统，为进程分配 CPU 时间，仅在某些 UNIX 平台上可用。

4．其他系统信息

这些函数用于返回字符串格式的系统配置信息、系统的 CPU 数量等。它还提供了一些数据值，用于支持对路径本身的操作，所有操作系统都有定义。

5．随机数

此模块包括了一些随机数函数和属性，如 os.getrandom(size, flags=0)，获得最多为 size 的随机字节，本函数返回的字节数可能少于请求的字节数；os.urandom(size)，返回大小为 size 的字符串，这是适合加密使用的随机字节。

19.3　os.path 常见路径操作模块

os.path 模块在路径名上实现了一些有用的功能，路径参数可用字符串或字节串形式传递，鼓励应用程序将文件名表示为（Unicode）字符串。不幸的是，某些文件名在 UNIX 操作系统上可能无法用字符串表示。在 UNIX 操作系统上需要支持任意文件名的应用程序，应使用字节串对象来表示路径名。在 Windows 操作系统上仅使用字节串对象，不能表示所有的文件名（以标准 MBCS 编码），应用程序应使用字符串对象来访问所有文件。

os.path 常见路径
操作模块

与 unix shell 不同，Python 不执行任何自动路径扩展。当应用程序需要类似 shell 的路径扩展时，可以显式地调用如 expanduser()和 expandvars()等函数。glob 模块提供了 UNIX 风格路径名模式扩展（也称为通配符扩展）的文件路径匹配功能。

os.path 模块中的所有函数都仅接收字符串或字符串对象作为其参数。如果这些函数返回路径或文件名，则结果（路径或文件名）是与传入参数相同类型的对象。

由于不同的操作系统具有不同的路径名称约定，因此标准库中有此模块的几个版本。os.path 模块始终是适合 Python 运行的操作系统的路径模块，因此可用于本地路径。如果操作的路径总是以一种不同的格式显示，此时也可分别导入和使用各个模块。各个模块都具有相同的界面，其中 posixpath 用于 UNIX 样式的路径，ntpath 用于 Windows 样式的路径，macpath 用于旧 macOS 样式的路径。

具体 os.path 模块包含的部分函数和属性对象如表 19-6 所示。

表 19-6　os.path 模块中的对象

对象（函数或属性）	说明
os.path.abspath(path)	返回路径 path 的绝对路径（标准化的）
os.path.basename(path)	返回路径 path 的基本名称
os.path.dirname(path)	返回路径 path 的目录名称
os.path.exists(path)	如果路径 path 存在或指向一个已打开的文件描述符，返回 True；对于失效的符号链接，返回 False
os.path.getsize(path)	返回文件 path 大小，以字节为单位。如文件不存在则抛出异常
os.path.isabs(path)	判断 path 是否为绝对路径
os.path.isfile(path)	判断 path 是否为文件
os.path.isdir(path)	判断 path 是否为目录
os.path.realpath(path)	返回 path 的规范路径
os.path.split(path)	把路径分割成 dirname 和 basename，返回一个元组
os.path.splitext(path)	分割路径，返回路径名和文件扩展名的元组

说明：在大多数操作系统上，abspath()函数等同于用 normpath(join(os.getcwd(), path))的方式调用 normpath()；basename()函数是将 path 传入函数 split()之后，返回的一对值中的第二个元素（此函数的结果与 UNIX basename 程序不同：basename 在/foo/bar/上返回 bar，而 basename()返回一个空字符串）；从 Python 3.6 版本开始，abspath()函数和 basename()函数可以接收一个 path-like object。

19.4　pathlib 面向对象的文件系统路径模块

pathlib 模块提供表示文件系统路径的类，其语义适用于不同的操作系统。路径类被分为提供纯计算操作而没有 I/O 的纯路径，以及从纯路径继承而来但提供 I/O 操作的具体路径。pathlib 模块的类结构如图 19-2 所示。

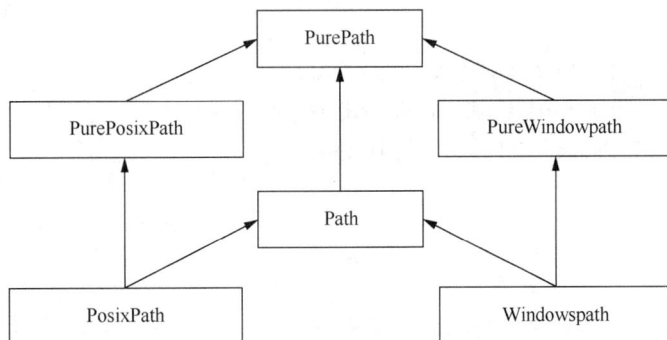

pathlib 面向对象的文件系统路径模块

图 19-2　pathlib 模块的类结构

如果开发人员以前从未使用过此模块，或者不确定在项目中使用哪一个类是正确的，则 Path 是开发人员的首选，它在运行代码的操作系统上实例化为一个具体路径。

对于底层的路径字符串操作，我们也可使用 os.path 模块。

表 19-7 是若干个映射了 os 模块与 PurePath/Path 模块对应相同的函数。os.path.relpath() 和 PurePath.relative_to() 拥有相同的重叠的用例，但它们语义相差很大，不能认为它们等价。

表 19-7　映射 os 模块与 PurePath/Path 模块对应相同的函数

os 和 os.path 模块	pathlib 模块	os 和 os.path 模块	pathlib 模块
os.path.abspath()	Path.resolve()	os.getcwd()	Path.cwd()
os.chmod()	Path.chmod()	os.path.exists()	Path.exists()
os.mkdir()	Path.mkdir()	os.path.isdir()	Path.is_dir()
os.rename()	Path.rename()	os.path.isfile()	Path.is_file()
os.rmdir()	Path.rmdir()	os.path.dirname()	PurePath.parent

19.5　习题

小结

1．基础题

（1）画出 pathlib 模块的类结构图。

（2）简述文件的基本含义和类型。

（3）简述 Python 中文件的类型及可执行的操作。

（4）简述 open() 中形参 mode 的可选类型及其含义。

（5）简述关闭文件的优势。

（6）阐述文件在空间中的转换过程。

（7）简述上下文管理器中 with 的作用。

（8）简述 os 模块有哪些作用。

（9）简述什么是进程管理和调度器接口。

（10）写出下列 os 模块对应的 pathlib 模块的函数。

表 19-8　os 模块对应的 pathlib 模块的函数

os 和 os.path 模块	pathlib 模块	os 和 os.path 模块	pathlib 模块
os.path.abspath()		os.replace()	
os.chmod()		os.rmdir()	
os.mkdir()		os.rename()	

2．综合题

（1）运用 open()，在空白文件中写入"I like Python"。

（2）简述 read()、read(size)、readline() 和 readlines() 的区别。

（3）任意编辑一个 Python 文件并返回其绝对路径。